模型中医学

——追寻生命演化密码

王全年 李秀美 著

中医古籍出版社

图书在版编目（CIP）数据

模型中医学：追寻生命演化密码/ 王全年，李秀美著. －北京：中医古籍出版社，2009. 5

ISBN 978－7－80174－710－5

Ⅰ. 模… Ⅱ. ①王…②李… Ⅲ. 生命科学－普及读物 Ⅳ. Q1－0

中国版本图书馆 CIP 数据核字（2009）第 035810 号

模型中医学

王全年　李秀美　著

责任编辑　孙志波
封面设计　回归线视觉传达
出版发行　中医古籍出版社
社　　址　北京东直门内南小街 16 号（100700）
印　　刷　北京亚太印务有限公司
开　　本　880mm×1230mm　1/32
印　　张　12. 5
字　　数　336 千字
版　　次　2009 年 5 月第 1 版　2009 年 5 月第 1 次印刷
印　　数　0001～4000 册
ISBN　978－7－80174－710－5
定　　价　26. 00 元

序　一

王全年博士及其夫人李秀美，经过近些年的潜心探索和研究，提出了《模型中医学》新学科。从东方特有的医学、哲学、宗教、文化中包含着的演化论、发生学，全方位探讨生命的演化原因、演化动力、演化模型和演化规律。

其探索的思路和研究的方法主要是：

1. 寻找中医承载的哲学模型：道、易、一、太极、阴阳、三才、五行等思维模型。

2. 将思维模型演替成数学模型，并推导出数学公式。

3. 用数学公式，推导生命演化在器官或基因层面上的数学规律表达。

4. 用人体器官、植物器官、基因杂交的演变规律，证明这种数学模型及公式表达的正确性。

5. 最终论证任何相对独立的生命结构单元具有统一的演化规律。

生命是演化、发生的结果。《模型中医学》从模型的观点，论述中医理论形成必然的演进轨迹。道，是物质系演化的元态物质；太极，是元态之物的核心“胚”成分；阴阳，为生命偶对演化铁律；三才，为太极以“一源三歧”而小化；五行，是太极以“一源五歧”而大化。生命呈奇数而演化，故太极之“1”，三才之“3”，五行之“5”，均可统一于同一个万有时空位奇数演化简式 $S=2m+1$。

王全年博士，试图解读生命演化最本质的谜团，揭示中医最潜在的理论演生主线，让古老的中医学，焕发出灿烂的科学光芒。其探索精神可倡可歌，研究思路也可借鉴，故欣然为之序。

孙广仁

2008年国庆节

山东中医药大学

序　二

建国以来的中医研究，基本遵循如下方法：文献研究方法；临床有效性研究方法；动物实验方法。中医的科学性，如何表达出来，一直是中医研究追寻的目标。因为中医的一切现行研究方法，很难做到定量研究，基本上是定性研究。

王全年博士，很早就注意到一个问题：中医理论看待整个宇宙万物演化，用了统一的思维模型、数学模型。“阴阳者，天地之道也”。这种万物一理的思维惯性，是否潜在着一个重大的问题思考：宇宙自然，是否具有统一的演化数学模型表达？数学表达不是将中医置于形而上学，而是找寻定性与定量的契点，使之科学的样式丰富多彩。

伽利略说过：自然之书，是以数字特征写成。中医科学的实质，应该从数学模型中做到定量研究。如果中医是科学的，那么验证这种科学的最佳研究思路，应该是从自然界生命演化中，寻找这种数学模型统一的潜演规律。就是说，在生物演化的器官或基因层面上，将这种统一的数学模型与数学模型公式表达推导出来。

用中医承载的思维模型与数学模型，读懂生命演化奥妙，是王全年博士与其夫人李秀美近几年来主要的研究目的，也是他们创立模型中医学主要的动机。中医研究一定要追赶时代潮流，在现代科学构架内寻找“话语权”与生存空间，而不只是中药定性意义上的所谓有效性研究。有效与科学的定量表达，有显然的距离。模型中医学作了一个开拓性的研究。比如，用模型的方式，研究生物在宏观器官层面、微观基因层面演化数学模型统一问题。

中医最典型的模型就是五行。五行，在模型中医学的解释中，表达一个同源物质系演化的“一元五歧”的数学模型 5 分法，却具有极强的生命演化优势。这里有一问：为什么弃原型而研究模型？因为在原型上，宇宙物质世界千差万别，没法统一，但可在“元素”这种认识的思维模型上统一起来。正如一朵杏花与一个杏子，根本没有可比性。一个是开放式的花状演化，一个是封闭式的球状演化。但如果将它们的原型升华到模型，忽略它们的原型差别，就会发现，二者其实具有统一的数学模型是5的演化潜变规律：

一朵杏花的开放式演化，绽放出了数学模型是5的所谓“五行”模型——花萼、花瓣、雄蕊、雌蕊、花轴（从外源向内源演化）。

一个杏子的封闭式演化，亦解析出数学模型是5的所谓“五行”模型——外果皮、中果肉、内果皮、种皮层、胚（从外源向内源演化）。

用等模还原原则，杏花与杏子，一个是花，一个是果，它们都可还原为数学模型完全相同的球状“果”。正像一个渐次吹大的气球，如果球吹炸开了，就是开放式演化的“花”；如果没有吹炸开就是球式演化的“果”。所以，花与果，只是外在原型不同，内在数学模型高度统一，都演化于统一的“太极”思维模型，以数学模型5大化其细，“一元五歧”绽放英姿。它们都是本质统一的“模型胚”。植物的根、茎、叶、花、果；人体同源演化的四肢骨、牙骨、头盖骨、五官、五指（趾）、五脏；生物每一个相对独立演化的器官或基因群落，均具有统一的数学模型表达与数学公式表达。这正是生命演化最大的秘密。

虎克的放大镜，延伸了人类的视野，发现了生命在细胞层面上统一起来的奥秘；孟德尔豌豆杂交实验发现的自由组合与分离定律，发现了生命在微观基因层面上演化统一的天秘。王全年博士，潜心研究，推导生命在宏观层面、微观基因层面，是否具有统一的数学模型表达与数学公式表达。无论如何，这都是一个令人鼓舞的研究思路。什么是科学？科学就是勇于探求未知自然的奥秘，科学也是纷繁复杂事物的多样性表达。牛顿的万有引力，将看似毫不相干的宇宙万物，统一在一个“万有”引力定律中。

王全年博士提出万有时空位演化假说，寻找生命乃至整个宇宙是否具有统一的演化数学模型公式表达，是否具有统一的“万有演化定律”。

成功与否，都不构成我们过早评价这种研究思路正确与否的理由。

本着鼓励创新、善于创新、大胆创新的科学研究态度，一如既往地支持创新性研究，是我们宁夏医科大学一贯的学术研究战备指导思想。

在《模型中医学》即将付梓之际，应邀为书作序。相信这本书的出版，会为中医学，尤其生命科学的研究，带来一丝亮光。

齐　岳

2009 年元旦

宁夏医科大学

序　三

很高兴为王全年博士及夫人李秀美所撰的新书作序。王博士毕业于山东中医药大学，曾出版论著三部，提出许多带有前瞻性的中医研究战略，是最积极开拓创新中医理论体系的博士之一，并自愿选择到处于国家大西部的宁夏医科大学工作，难能可贵！

本书在中医发展史上有特殊的意义。首先开创了从中医承载的哲学思维模型、数学模型，推导生命演化规律的全新研究领域；其次，让数学模型成为中医理论解释的主要工具，并从器官演化、骨骼演化、植物杂交等众多生命演化的现象，来论证数学模型的正确性。让司空见惯的生命现象，在数学模型中给出了耳目一新的全新认识：任何相对独立的生命演化单元具有统一的演化数学模型。脏腑，感官，骨骼，手指（趾），植物的根、茎、叶、花、果等等，这些看似不同的生命演化载体，却拥有雷同的演化数学模型：$S = 2m + 1$。传统的道、太极、三才、五行，这些哲学思维模型，却以精确的数学模型与数学公式，在生命演化中井然有序地潜在或表达着。

中医的哲学思维，却以数学模型的方式表达，并在生命演化中给出确然的证明。这说明中医理论是科学的，它的哲学性与科学性是有机统一的。在《模型中医学》即将出版之际，欣然为其作序。祝大家开卷有益。

孙　涛

2009 年元旦

宁夏医科大学

作 者 的 话

以最简洁的语言，揭示出中国传统医学背后最重要的科学依托，找到承载这个理论的思维模型、数学模型。从中医、生物、宇宙中寻求统一的演化密码，是我们一贯的目的。

庄子说“通天下一气耳”，就是说，宇宙万物是由统一的“气”演化而来。我们却说“通天下一理耳”，就是说，宇宙万物演化具有统一的“理”，那就是统一的哲学模型、思维模型、数学模型。

自然万物，看似五彩缤纷，气象万千。根、茎、叶、花、果，孟德尔豌豆杂交实验，人体脏腑、骨骼、五指、五趾、五官、七窍、九窍、牙齿，牛顿发现的七色光，五大自然力，元素周期表，太阳系星体分布等等，它们的背后，却令人吃惊地统一在同一个数学公式 $S = 2m + 1$ 中。

这就是中医理论演化的密码，这就是生物演化的密码，这就是宇宙演化的密码。

就让这本小册子，轻轻地告诉您。

王全年

2009－1－26

中国银川

目　录

上篇　古典哲学演化模型统一论

中篇　中医学演化模型统一论

下篇　生物学演化模型统一论

世界上有一门医学，是建立在模型思维之上的，它就是中医学。它用五行模型，在眼睛上找到了“五轮学说”，在舌体上划出了五个殖民地，让五脏瓜分；用三才模型，在手腕拭脉“寸、关、尺”三部。

中医看病，让外行人感到神秘莫测。耳、目、舌、脉，是中医洞察疾病的窗口；望、闻、问、切，是对疾病定性的依据。人们不禁要问：这样神奇的道理是什么？

模型中医学历史上第一次完整地回答了这个大问题：中医创造了一套相同的模型——按模索病。

因为任何器官，都是按着相同的数学模型演化而来。你的舌、脉、耳、目、五指、牙齿等每一个相对独立的生命单元，均潜在统一的数学模型展开。在每一朵花上都能预报着春天的信息。所以，在每一个部位上，中医都能捉到病，这就是恰当的解释！

模型中医学，是从思维模型、数学模型研究中医理论形成、发展和演进的一门边缘科学，并关注数学模型在生命演化、宇宙演化中的规律研究。

本书重点研究内容

1. 寻找中医理论统一的思维模型。

2. 寻找中医理论思维模型中的数学模型。

3. 推导数学模型中的数学公式。

4. 推论中医学演化模型统一：理论演化模型统一；治疗演化模型统一；诊断演化模型统一；经络学演化模型统一；辨证演化模型统一。

5. 推论生物演化模型统一：植物根、茎、叶、花、果在横向、纵向上演化模型统一；人体脏腑演化模型统一；人体骨骼演化模型统一；人体官窍演化模型统一；动物指（趾）演化数学模型统一；孟德尔豌豆杂交两大定律模型统一；张颖清生物全息胚演化数学模型统一；器官层面与基因层面演化数学模型统一。

宇宙自然，美丽的七色光、三元色，神秘的五大自然力，精巧排列的元素周期表，和生物演化，高度统一在同一个数学公式之中：揭示出万物演化井然有序的“结构美、力学美”。

也许上帝用了相同的数字密码，塑造了自然万类！

本书研究路线图

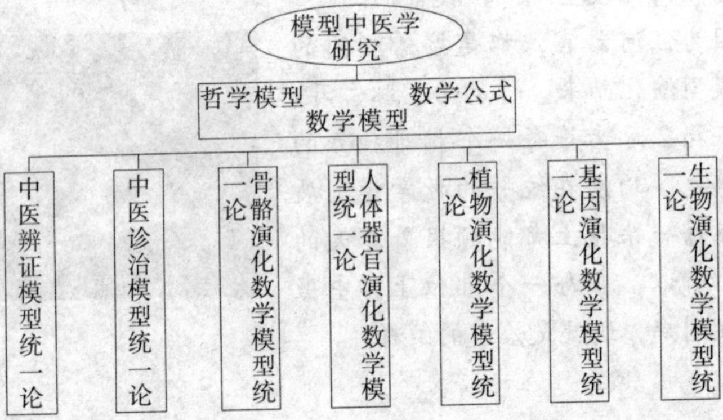

第一章　万有时空位演化原则

世界有把万能钥匙吗？

有！

中国古典哲学思想，就炮制了万能的思想模型，看宇宙万物，均用同样的思维模型、数学模型。中国古人，在心里，已经打造了一把万能钥匙，剩下的，就是我们用这把钥匙，打开不同的宇宙演化单元！

问：中医最神奇的地方是什么？

答：研究任何事物，都用统一的思维模型：太极、阴阳、三才、五行等等。不管是你的鼻子、眼睛、耳朵，或是一枝花、一根草，或是一只走在冰天雪地里的獭猸，都可用同样的思维模型、数学模型去分析。真可谓以不变应万变。

问：宇宙万物演化，具有统一的数学模型吗？

答：问得妙！

如果宇宙万物不是按着统一的数学模型演化的，凭什么中医有“阴阳者，天地之道也”？阴阳通吃宇宙的本领，其实早已预告了这样的事实：宇宙万物，老老实实地按照中国人的阴阳模型来演化。

正如，牛顿发现了万有引力；而中国古人，却幸运地发现了宇宙演化统一规则——万有演化原则。

一、时空位

所谓原则（principle），是指经过长期检验整理出来的所依据的准则。宇宙万物，无论是银河系、太阳系，也无论是微小的原子、基因，都有演化的共同原则。

宇宙（如图1－1），所有事物都有发生、发展、变化的时间，并占有一定的空间位置。这种“时间、空间单位”，称为“时空位”，英语名称Space－Time－Unit，简称STU。时空位不同，反映的物质演化的性质不同。

图1－1　美丽的宇宙

在这里，时空位含义有两个：

一是指**实际**时空位：如地球是太阳系的第三颗行星；人体嘴巴安放在脸的中间；植物具有顶端优势。

二是指**意识**时空位：如思想中的左派、右派，正数、负数。意识时空位，它们无需占有实际的时间和空间，只是人们在思想上制造出来的想法或模型。正如一幻想你就飞到火星上，不是真实的，所以不占有实际的空间。

无论实际时空位，也无论意识时空位，都可以用统一的思维模型、数学模型来表达，并具有统一的规律。

二、太极与“元”时空位

《说文》：“极者，栋也。”极的本意指“房屋的正梁”，最高最上，所以可认为是极端、唯一。《说文》：“元，始也。”元，会意字，从“一”，从“兀”。甲骨文字形，象人形，本义指“头”。《左传·襄公九年》：“元，体之长也。”元有“头、首、始、大”的意思。

宇宙任何物质系，均演化于自己相对独立的“元”物质。如人体演化于统一的“**受精卵**”；康德假设太阳系演化于统一的“**原始星云**”；一棵植物，演化于统一的“种子”；整个宇宙演化于伽莫夫推导出的“**奇点**”大爆炸。每一元物质，均占有一定的空间，并处于该物质系演化的时间刚开始的“元”端。所以，元时空位，是某一物质系演化的太极之“元端”。

太极，是一个哲学模型，它认为任何物质系都是从统一的元物质、从元时空位演化而来。它是一个物质系演化的唯一之“元”。由它启动了物质系的演化序幕。唯一性、极端性是它的两大特点。

三、阴阳与“偶对”时空位

笔者研究认为，任何太极母体的元物质，从元时空位演化，均潜在着“一阴一阳之谓道”的情怀。

什么意思？

就是元物质演化出有对比意义的物质或属性。就是说，太极之元物质，从“元”时空位开始，向外周演化出众多成“偶对”的时空位，容纳各自的物质演化。正如种子发芽，生出左子叶、右子叶，也如人体演化出左上肢、右上肢，左下肢、右下肢。所谓左与右，只是同源物质从“元”时空位，演化出来的具有对立或对比意义上的新的时空位。每一物质演化，都是在一定时空位中的演化。像这种具有明显的对立倾向或对比意义的物质结构或属性表达，中医用阴阳表示。如内与外，上与下，大与小，左与右，升与降，寒与热，明与暗等等。

图 1－2　美丽的太阳系

看看太阳系（如图 1－2），就会发现它的演化规律：太阳系从统一的原始星云演化而来；太阳系以太阳为核心组成了一个星系群；行星呈显然的阴阳“偶对”演化：

水星、金星——均没有卫星；

地球、火星——有卫星，并且气温适宜于生命演化；

木星、土星——体积巨大，且卫星较多；

天王星、海王星——像孪生兄弟，半径、重量很相似；

冥王星、齐娜——大小相当，且距离太阳最远。

阴阳对比意义还表现为太阳系行星以密度大小比较，分为两大类行星群：

类地行星——水星、金星、地球、火星，与地球相类似的行星，它们都具有坚硬的外壳，密度较大。

类木行星——木星、土星、天王星、海王星、冥王星、齐娜。它们都是以气体为主形成的气体团，没有坚硬的外壳，密度较小。

齐娜，是人类在 2003 年新发现的一颗行星。齐娜的公转轨道是个很扁的椭圆，它绕太阳公转一周需要 560 年，离太阳最近的距离是 38 个天文单位（1 天文单位为地球到太阳的距离，约 1.5 亿公里），最远时为 97 个天文单位。齐娜如此遥远，用哈勃望远镜的火眼金睛，也只能显示出一个分辨率极低的白色光点。齐娜直径为2 300~2 500公里，只比冥王星略大。有可能是冰和岩石的混合物，与冥王星类似。所以，本书将齐娜与冥王星作为“偶对”行星。

太阳系偶对行星的“对子”演化，反映着太阳系时空位呈井然有序的“偶对”递变规律。行星的每一运动轨道，恰好落在这些呈偶对变化的时空位中，深刻反映着**太阳系演化律**：

1. 元时空位演化　太阳系演化于统一的一团原始星云所在的元时空位。

2. 中时空位演化　原始星云演化出的众多时空位，只有一个时空位处于众多时空位的中央或中轴，以容纳最大质量的星体，如太阳。

3. 偶对时空位演化　总是成偶对的时空位绕中时空位向外依次排列演化。偶对时空位容纳质量、密度非常相近的两个“对子”星体演化分布。

4. 时空位三角式演化　每一偶对时空位，均与中时空位构成一个三角式分布关系。如地球、火星与太阳构成一个“三角式”关系。其余类推。

5. 时空位奇数类演化　包括中时空位在内的所有太阳系时空位永远是奇数。

这就是太阳系演化律。其实，每一子代时空位，也有如太阳系相似的时空位演化律。如木星、土星自己就有大量数目的卫星，也像模像样地与太阳一样，形成了自己一个个“木星系”“土星系”。地球只有一颗卫星，而水星、金星一颗卫星也没有。但每一时空位内的行星，它们外围的时空位演化，却与太阳系整体的时空位演化与分布是雷同的。

所以说，太阳系演化律，同样是宇宙任何星体的演化律：时空位有序演化分布规律。

四、三才与“三角式”时空位分布

三才，是中国古典哲学中一个思维模型，代表一个同源物质“一源三歧”的演化模型，就是“一分为三”。在几何学中对应物质演化分布的“三角式”关系，正像电视剧里的三角恋，总是三个人处于爱情的拉拉扯扯中。

同源物质由太极“元”时空位演化出的众多的子代时空位，总有一个时空位，处于核心或中心位置，我们称它为“中”时空位。任何可构成阴阳关系的“偶对”时空位，都可以和“中”时空位，构成一个“三角式”演化关系。这种“三角式”关系，老子称它为“三生万物”。说明“三角式”关系，构成了宇宙演化最普通的时空位分布关系。如太阳系中，任何成偶对存在的行星对，都与中心太阳构成一个“三角式”关系。三角关系具有相对的稳定性，这正是它广泛存在于宇宙各处的主要原因。如社会体制设计中的“三权分立”，是相对有效的抑制行政腐败的一种体制三角式设计。

三角关系是普遍存在的：

比如《三国演义》中的三国，处于“三足鼎立”关系；哲学思想中，有左派、右派、中间派；原子家族里有“电子、质子、中子”三个族谱；三元色“红、黄、蓝”可纺织出世界万紫千红……

五、万有时空位演化原则

中国古人心里，早已酝酿着这样雷同的观点：万物同源演化，阴阳模型对待演化，三才模型确立几何分布关系。自然万类，演化遵从统一的原则，简称“万有时空位演化原则”。

（一）万有时空位演化原则

1. 元时空位演化原则　宇宙任何相对独立的同源物质，演化于统一的元时空位。（简称元位原则）

2. 中时空位演化原则　同源物质演化所需要的众多时空位，总有一个时空位，处于众多时空位的中轴或核心。（简称中位原则）

3. 偶对时空位演化原则　总是构成对比意义上的时空位偶对，以中时空位为核心，向外对称分布。（简称偶对原则）

4. 三角式时空位演化原则　每一偶对时空位，均与中时空位构成三角式几何排列关系。（简称三角原则）

5. 奇数类时空位演化原则　宇宙任何相对独立的同源物质演化，所需要的时空位潜在数量永远是奇数。（简称奇数类原则）

6. 共时空位演化原则　同源演化的物质，总是最相似的物质或属性处于同--个时空位中。（简称共位原则）

所以，同源物质在时空位内演化，由于量变、质变、融合、演替等原因，演化的数量可以是偶数，也可以是奇数，也可以是无，但总是以时空位奇数类演化原则为时空位分布规律。

（二）数学公式推导

假设一个相对独立的物质系，演化时所需要的总时空位总数是S。唯一的中时空位用“O”表示；偶对时空位共有m对，分别用“A1A2、B1B2、C1C2、D1D2…”来表示。所以，包括1个“中”时空位在内的所有时空位数S，很容易推导出下列的数学公式：

$$S = 2m + 1$$

其中，每一对阴阳偶对时空位，由于它的阴阳势不同而分为两类：阳势时空位，阴势时空位。这里的阴阳之势，也是对比的意义。说明不同时空位容纳的物质性质是有差别的。如中医有“左阳、右阴”“男左、女右”。相邻两个元素，一个外围电子数是奇数，较活泼；一个外围电子数是偶数，较稳定。如氢与氦，电子数分别是1、2，所以氢远比氦活泼。所以可以将氢安排在“阳势”时空位，氦安排在“阴势”时空位。

所以，中医阴阳的比较，其实在某种意义上恰恰是这种时空位的比较。因为万物同源，从物质本体上读不出彼此的差别，但当物质处在不同的演化时空位，结构与性质就发生了重大变化。在宇宙大爆炸起点的元时空位上，万物高度统一于相同的“奇点”物质。但爆炸后的宇宙，每一时空位对应的物质演化均有质的不同：基本粒子、粒子、原子、分子、无机小分子、有机小分子、多分子体系、有机高分子、原始生命、人类社会……

中医的阴阳之比，其实就是时空位之比。所以，A1、B1、C1、D1…均表示阳势时空位，容纳呈“阳”属性的物质；A2、B2、C2、D2…均表示阴势时空位，容纳呈“阴”属性的物质。所以，左阳势、右阴势；外阳势、内阴势；上阳势、下阴势；升阳势、降阴势；热阳势、寒阴势……

因为物质的性质，都是演化的时空位不同造成的。（如图1-3）

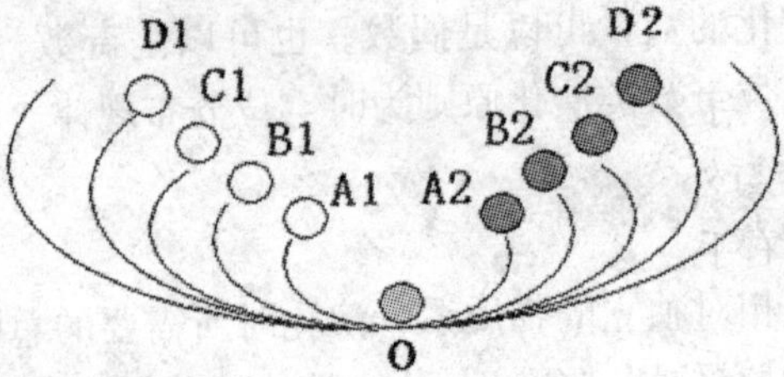

图1-3　宇宙同源物质演化时空位表达

（三）再解释

1. “元”时空位　这就是说，任何相对独立存在的同源物质，均自成一体，均构成自己的“元”性演化，均演化于元时空位。从元时空位演化开来所需要的任何子代时空位，均潜在着同样的奇数演化公式：$S=2m+1$。

正像一个受精卵，可以演化出一个人，但由受精卵演化出的任何一个体细胞，也可以克隆出一个人。单从产生一个人而言，受精卵与体细胞等价，都是一个新生命个体的演化“元”。正像一粒种子可发芽生出一棵树，树体中的每一个体“细胞”，均可潜在着同样生出一棵树的“潜力”。对于生出一棵树而言，种子与体细胞也是等价的。这就说明一个大问题，包括“元时空位”在内的所有后演子时空位，演化潜在是相同的。宇宙中任何一个物质均潜在着完全相同的演化模型。只是由于种种原因，它们的演化潜力表达得不一样。正如你身体上的体细胞，受你身体的制约，不会在自然状态下突然生出个“人”。含有一个胚芽的一节枝条，很容易以插扦的方式在地里长出一棵植物。

2. **阴阳“偶对”时空位** 至于阴阳偶对，在时空位的表达多种多样。如地球的地核、地幔、地壳，由内向外呈“层”状演化；植物根、茎、叶、花、果，呈“线性”演化；叶脉呈“面性”演化；人体五官，呈立体的“三维”演化……只要能抽象出可以成为对立或对比的属性，均可以用阴阳“偶对”来代表。如明暗、东西、南北、升降、浮沉……这种属性或方位的差异，其实已经明确无误地说明：宇宙万物演化的时空单位，是有质的区别。内在的“地幔”，肯定与外在的“地壳”显然有别，故可以构成“阴阳”偶对。左手与右手，互成镜像，“左阳右阴”对立演化，构成方位的“阴阳”。

3. **“中”时空位** 研究认为，任何相对独立的物质系，均绕着一个“中位”或“中轴”演化，就是说，绕着一个“中”时空位演化。果实以中心之“核”为核心；细胞以“核仁”为中心；人体上七窍以“口”为核心；地球之核心就是“地核”（如图1-4）；太阳系中心就是“太阳”；银河系中心就是一个巨无霸式的“黑洞”；也许宇宙也有自己的“核心”，是个无穷大的“黑洞”，或是更特殊意义上的一个“时空位”，不太清楚，你只能请教英国的霍金先生。七色光的核心是“绿光”；五大自然力的核心是“引力”；人类五指的核心是“中指”……

图 1－4　地球层式演化

本书将有专论。

4. S＝**2**m＋**1**　重点解释数字之“1”的含义。它有两层意义。一层意思是说任何相对独立的宇宙自组织物质，演化于同“1”个本体之“元”时空位；另一层意思，这同“1”个本体元时空位，演化出的众多子代时空位，总有“1”个中时空位处于“中”间位置。所以，1，“一箭双雕”，代表一个元时空位，一个中时空位。

正如原始太阳系，演化于统一的“1”团原始星云，处于元时空位；演化的结果，形成众多星体，但却只有“1”个最大质量的太阳，处于唯“1”的核心中时空位。其余行星，均呈偶对行星绕太阳转动。

5. **时空位**　时空位，可指实际的时间空间位置，也可以是一种纯抽象意义上的时空位置假设，却很好地解释了时空的演化，进而更好地解释了时空位中的物质演化。

正如楼的一个个房间就是一个个时空位或位格。房子的主人可以是男也可以是女，或男女兼有，或无。也可是偶数，也可以是奇数，也可以是“人去楼空”。传统中国的象数，究于机械的精确之“数”，不识模糊之“数”的奥妙。物质演化所需要的“时空位”是精确的，它是中国人民伟大智慧的结晶，在潜意识中创造了时空位演化的奇数定律。但时空位中物质演化，却是自由自在的，可奇数，可偶数，可以为无，但总是以时空位奇数演化律，反映着宇宙演化的本质。正如生命演化，一定演化出奇数类 3 大类型：动物、原核生物、植物。

万有时空位演化原则意义重大，它反映着宇宙万物演化的本质统一。也许这就是上帝创造万物的“密码”。它是一个数学简式 $S=2m+1$，一个永远的奇数类解。它是数学模型，同样是哲学模型。它表达的是时空位演化律，同样表达的是时空位里边的物质演化律。这正是本书研究的重大收获，其余均是为这一假设提供证据。

奇数类演化原则，是自然界的大则，如五大自然力是“引力、电力、磁力、强力、弱力”。还有自然界神奇的一束光，却在牛顿的三棱镜下“原形毕露”，折射出可见的七色光——红、橙、黄、绿、蓝、靛、紫。(如图1－5)

图1－5　光谱演化

以绿光为中时空位，其余光分别成偶对分布其外：红紫、橙靛、黄蓝。绿光处于中时空位，所以，它是生命的象征，如绿色植物统治着地球的“主色调”。一束无色的光，处于“元时空位”；绿色光，处于“中时空位”。每一双“偶对”颜色都与绿色光构成一个“三角式”关系，从而反映着光束是由折射率不同、体积质量不同的一群“光子”组成，并不是纯洁如“一”的，但却包含着一个万有奇数演化公式 $S=2m+1$。因为红外线、紫外线，它们外开的任何偶对光，同样落在这个公式的解值中。将七色光的每一色光放大开来，同样得到相同的光谱公式表达。自然真奇妙，时空位演化奇数律里找！

结论

1. 宇宙万物演化具有统一的原则，即宇宙万有时空位演化原则。

2. 宇宙万物“元”时空位同源演化　宇宙任何相对独立的物质系，演化于统一的元时空位。

3. 宇宙时空位“偶对”演化　每一相对独立的时空位，均以演化出有差别的子代偶对时空位为表达形式。

4. 宇宙“中”时空位演化　总有一个子代时空位，处于众多子时空位的中轴，称为中时空位。中时空位具有唯一性，正如你我只能有一个“口”。

5. 宇宙时空位奇数演化　每一相对独立的时空位，演化出的子代时空位潜在数量总是奇数，公式表达为 $S=2m+1$。

6. 宇宙时空位“三角式”分布演化　每一“偶对”时空位，均与“中”时空位构成三角式分布关系。这正是老子的“三生万物”模型。

7. 时空位内物质奇、偶数演化律　同源时空位中的物质演化，由于量变、质变，或融合、演替，演化出的具有相对独立的物质部分，可以是奇数，也可以是偶数，也可以是零。但总是以时空位奇数类演化为本质表达。公式为 $S=2m+1$。

8. “中”时空位具有唯一性、中轴性。

第二章 太极模型与元态演化原则

水质汪汪的嫩杏子，不能作种子，因为太嫩了，不能担当大任。当杏子出落得坚硬外壳，籽粒饱满，可以留作种子了，因为此时的杏仁（如图2－1），已经出落得“德才兼备”，是有形有质、独当演化之源的“太极”了！太极者，一个万物演化始端之“源”。

图2－1 果实累累

每一粒种子，都潜在着一个“含情脉脉”的太极！一个“调皮的总司令”！

中国人的大脑里，固执着这样的观点，那就是庄子所说的“通天下一气耳”。

什么意思？

就是认为整个宇宙，是由同一种很纯洁的物质演化而来。正如一棵大树，由同一颗种子演化而来。一只鸡，是由同一个蛋孵化而来。这就是同源演化观点，也叫种子学说。

在万有时空位演化原则中，当m取0，代入公式 $S = 2m + 1$，则 $S = 2 \times 0 + 1 = 1$

1，是什么意思？就是一个同源演化的物质系，处于演化的起点，与“元”时空位对应。它自我相恰，处于高度统一，阴阳潜在不显，没有演化出可表达差别属性的阴阳品质；或者说，在元时空位，阴阳是“混元”一体的，是统一的物质。

同源演化观，是中医界第一个，也是最重要的观点。离开了这个观点，中医就产生不出“命门”“元气”“元阴”“元阳”“一身之气”“整体观”等概念；更产生不出，在中国哲学史上光明磊落数千年的“道生论”“太极说”。

图 2-2 伽莫夫

应该说，世界上没有几个民族像中华民族一样，在古老的时代，就打磨出如此精湛的哲学思想。问题是，同源演化思想是我们民族的首创，或至少是我们民族较早就产生的思想。

为什么提出生命“同祖”演化观的是英国的达尔文?

提出“宇宙大爆炸”理论的是美国的伽莫夫?(如图 2-2)

将中国上千次古代天文记录综合了一下，大胆提出 76 年回归一次的那颗彗星，是英国的哈雷?

是什么原因，阻止了中国人在关键创新性方面，总是差那么一小步?

万物统一，归于“一”元。一，是基态，原始态或元态，它处于元时空位。“一”是什么意思呢?《说文》说：“一，惟初太始，道立于一，造分天地，化生万物。”它是“惟初太始”，任何演化内容，高度统“一”。如一个细胞、一个心、一个胃、一块子骨、相对独立的任何生命结构单元，都能找到它们演化的同源之物，找到这种同源之物演化对应的“元”时空位。

元态演化原则：任何相对独立的物质系，演化于统一的元态物质。

元态演化原则，又叫太极一值演化原则。

元态，就是一个同源物质群体演化的最初的形态，与太极思维模型对应。太极，是一个提供规律、法则，并行使绝对控制权的最根本物质结构单元。这就是中国古代哲学，对万物同源演化观的高度浓缩。不理解此原则，你就不能正确理解东方博大精深的哲学、文化，更不会将中医理论理解到高深的层面。不理解它，你充其量只是个能工巧匠，不可能是个设计师或学者。

元态演化原则（太极一值演化原则），促使了中医理论求“元”思维的产生：

1. 哲学求元思维　道、易；太极、一。

2. 医学理论求元思维　整体观、命门说。

3. 中医诊断求元思维　脉诊、眼诊、舌诊、耳诊、骨诊。

4. 中医治疗求元思维　大补元精、元气、元阴、元阳。

5. 方药求元思维　四物汤、四君子汤、补中益气汤；六味地黄丸、金匮肾气丸。

一、走近“道”“易”

对道生论、太极说详细研究后认为，道、易，一、太极，都是相同意义上的互词。“道”就是“易”，“一”可等同于“太极”。正如妈妈，在我们山东莒县叫“娘”，许多地方的洋名子叫“妈咪”。

道生论、太极说是中国古典哲学的重头戏，二者都是对自然物质演化模式的有意探索。强调的角度不同，反映的意义不同。

道、易，显然就是从宇宙演化的总规律上寻求一种演化的支配规律。二者在本源上，指一种物质处于“混元”的状态，是演化的起点。强调的是整体性、始端性，即是“元”的含义。不过这个元，是完整意义上的“元”物质。易，是个什么东西呢？仍让人费猜测。北京中医药大学张其成教授认为，易的含义有七种：[1]

（1）易为变易、易简、不易；

（2）易为日月；

（3）易为生生不息；

（4）易为逆数；

（5）易为卜筮；

（6）易为蜥蝎；

（7）易影射蚕和太阳。

但“易”到底是什么，还是没搞清楚，整个学术界均没搞清楚。笔者认为，“易”与“道”一样，同样是一种按着一定规律而演化的物质始基状态，有特殊的时空特点。没必要神神道道将简单的大自然搞复杂了。“道”和“易”，都代表一个同源物质系演化的“元”态之物质。“道”就是“易”。

（一）“道”“易”是自然物质系演化的“混元”状态

设定一个起点，那么就会有，先有种子，后有种子萌生的“根、茎、叶、花、果实”；先有蛋，后有鸡。正所谓，先简单后复杂。符合宇宙演化最简原则[2]：最简单的物质或系统最先演化出来。

“道”“易”在时间与空间上，是处于一个物质系演化的元点或始端。否则没法理解“道”“易”的物质性或时空性。它的最大特点：始端性、完整性。刚开始，又最完整。只是蒙眬有余，清楚不足。所以，老子把“道”定义为“有物混成”。“混成”，是说物质构成杂乱无序，看不出明确的方向性、目标性。正如一个水质汪汪的嫩花生果，一团混沌水质，还没见果仁形成的阶段。

也许宇宙的早期，就是一团混元如一的物质“团”，还没有核心的中流砥柱产生。

（二）“道”“易”在“混元”态中孕育一个演化方向

“道”或“易”虽然处于混然状态，但并不是无所作为，而是等待时势，孕育机会。它潜在着一个全新的唯“一”目的的到来。正如混元状态的嫩花生果，一团汪汪的混沌水质，最终演化出一个目标明确的花生果。可以说，花生仁的形成，或者花生仁中那个代表生命的“胚”，就是“道”或“易”这团混元物质，演化的目的或方向。虽然潜在，却是向着这个方向努力。这正是“道生**一**”“易有**太极**”最恰当的解释。一，或太极，就是混元之物“道”或“易”中最根本的演化目标或核心。正像原始宇宙中那团混元如一的一团物质，终于孕育出一个特异的点——奇点（如图2-3）。多么像一个水胖水胖的嫩杏子，最后在中心结出了种子。

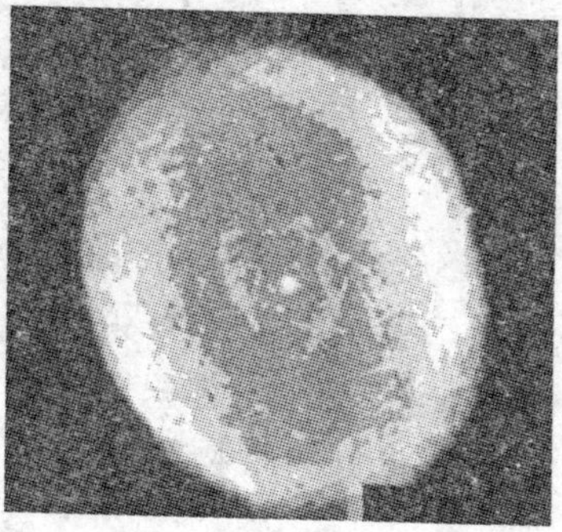

图2-3 宇宙奇点

（三）无序向有序的必然演化

道、易，是处于混然无序的状态，它先天而生，混然无序。这种无序状态的存在，为向有序状态演化提供了可能。“道生一”，或“易有太极”，就是这团混沌物质在看不见的内在规律的指导下，经过量变而质变，突然具有了“统一”的演化方向，向着有序的方向演化。

正如原始太阳系，一团星云交织在一起，混然无序、“糊糊涂涂”地过日子。当它达到一定的旋转速度和内在温度与压力时，这团混然物就突然变得目标明确：演化出一个太阳系。很像一个焦头烂额的流浪青年，无目的地在街上游逛，消耗着人生，偶然遇到了一个科学家受到了教诲和感动，突然有了明确的人生目标一样。正所谓“浪子回头金不换”。

宇宙自组织总是变着戏法创造奇迹：由无序变成有序，再由有序变成无序。从混元无序到井然有序，或从井然有序，再到混然无序。道，或易，是物质处于混元态无序阶段。它向有序的“一”元“太极”演化，是必然的。因为物极必反嘛。

二、解读“一”“太极”

“道生一”“易有太极”，一直没有得到学术界很好的解释，是因为没有从生命本质演化上，找到“道”与“一”，“易”与“太极”的本质区别。

中医习惯于浮在哲学层面上说事。正像一个人，老说大话，不说实话。为什么不说实话呢，因为不好说得“实”，因为中医之理，阴阳、五行，确实难说“实”，你只能大话连连，一出口就是“阴阳者，天地之道也”。将自然万物都抓到你的话题里，把外行人忽悠得只剩下晕头转向。

其实，“一”与“太极”，是对高度统一物质的相同的称呼，或说是互词。“一”就是太极。“一”是什么？《玉篇·一部》说：“一，数之始也。”

“一”是万物的本源。《庄子·天地》说：“一之所起，有一而未形。”说是说，“一”是高度统一的“元”物质，像生命基因。因为它还没造化出雌雄之体的生命，所以说“有一而未形”。它只是一挂基因类的生命潜在“密码”，还没有显示出实体生命的形状。

而“极”呢？

《说文》说：“极，栋也。”段玉裁《说文解字注·木部》：“极，凡至高至远皆谓之极。”《玉篇》：“极，尽也。”极的原始本意，指“屋脊之栋也”，就是农村老家盖的房子上边最高的一根栋梁。引申为一个物质演化系的“最高、尽头、最根本的状态”。如北极、泰山极顶。

“太”是什么意思？

“太”有“至”的意思，“极”有“极限”之义。就是至于极限，无有相匹之意。它“其大无外，其细无内”。什么意思呢？就是说，如果说最大，就没谁能比它更大；如果说最小，就没谁比它更小。所以，太极，是一个极限值。可以是最大值，也可以是最小值。总之，这总是处于事物或物质演化的一个“极点”上。它总是好极端。

太极，就是“一”；“一”就是太极。无非强调一个物质处于一个高度统一状态。此时阴阳混元如一，没有任何阴阳属性或形态此时表达出来。

可以说，太极说同样是另一种“道生论”。刘力红博士在《思考中医》中认为：“太极就是这样一个东西，惟有它，宇宙才能不断地循环下去；惟有它，生命才能终离复始。所以，太极就是这样一个如环无端的东西。”其实，这仍然是一个太笼统的泛说，仍然是一个哲学家的口气。听众还是听不懂这种高深的比喻。

如果说**“道、易”**，代表着一粒种子，那么**“一、太极”**就是种子之**“胚”**，或种子之**基因**。

只有胚，才演出生命，而种子里还有许多非生命物质，如糖、脂肪，它们供种子生长。恩格斯说：“生命是蛋白体的存在方式，这个存在方式的重要因素是在于与其周围的外部自然界不断地新陈代谢。”[3]

只有种子里的蛋白质，才是生命的最终载体，而其他是生命演化的物质条件。种子是什么？是生命类的胚与非生命类的其他物质混元而成。古人认识不到这种混元性的科学界定，所以用“有物混成，先天地生”而定义为“道”或“易”；而以“道生一”“易有太极”，强调了它潜含着最精华的演出生命部分：胚。准确地说，是胚里那套基因。这才是几千年学术界一直没弄清的真谛。

也就是说，元态，既可指“道”“易”，也可指“一”“太极”。它们均是物质系演化的始基物质成分。只是“道”“易”是整个演化的物质系总和，只是处于混然无序的状态。而“一”“太极”，是混然物质中，演化出了目标明确、方向鲜明的有序之“胚”，或细胞中的染色体基因。因为生命与非生命，单从原子层面上，看不出区别，都是混然的“道”或“易”。但当它们成为演化出生命的部件或染色体时，突然发生了革命性跃迁，从简单的原子变成了生命大分子。细胞里的那团基因链，突然让混沌状态的细胞，变得有了明确的演生方向：演出生命。

所以，整体与部分的关系，是有原则区别的。这才是几千年道生论、太极说研究之妙。**道（易）是刚开始演化的一团混杂不清的物质，而太极（一）就是这团物质终于演化出的精英或核心成分（胚，或胚芽）**。（如图2－4）

图2－4　春芽

是道（易）演出“一”（太极）。一，或太极，它是未来“道”或“易”演化的规律提供者或控制者。正如细胞分裂，染色体的基因，是主要的设计师与调控者。

所以，万物演化于混然意义上的“道”或“易”之体，却由统一意义上的核心“太极”或“一”，成为最终调控者。正如道（易）是人体，指挥部却是大脑这个太极（一）。如果说，当初形成太阳系的那团原始星云，是“道”或“易”，它混元一体，糊糊涂涂。那么，它里边最精干的统“一”的“太极”部分，形成了现在的太阳系。至于今天的太阳系星体质量，占原始星云的多大比重，我们认为可能只占很少的一部分。正如一个桃子，它的核仁只占桃子质量的一小部分。也许原始星云大部质量，都被抛到太阳系周边地区形成了宇宙尘埃。不时到访地球的彗星，就是证据。

三、读懂道生论、太极说

道生论、太极说，折磨中国人大脑有些年头了。几千年来人们读出了什么？不清楚。反正有一点是肯定的，没有哪个中国人，因为研究道生论、太极说而发现或提出了有重大影响的科学定律。至于说计算机与八卦硬套，六十四卦与六十四基因排列可有一比。仍然是自己家的父母，夸自己家的孩子，只是一厢情愿。准确地说，我们仍然没有让道生论、太极说造福于人类科学。

本书研究，显然有些收获，那就是拂去浮云，让道生论、太极说的本质，高度统一在“万有时空位奇数演化原则”中。外在的差别，掩盖不了内在的统一。万物演化确实一理，“统天下一理耳”。

（一）表象不同

道生论、太极说，外在的表象确实不同：

1. 演化的路径不同

道生论中有“道生一，一生二，二生三，三生万物，万物负阴而抱阳，冲气以为和”。强调的是一种数字依次递加规律。演化路径是：道—1—2—3—万物。

而太极说中有“易有太极，是生两仪，两仪生四象，四象生八卦”。强调数字倍加规律。演化路径是：易—太极—两仪—四象—八卦。

2. 强调的演化模型不同

道生论，强调的是“三生万物”，这是它的哲学命题。为什么是“三生万物”，显然是受了《易》中的一卦三爻的影响。一卦三爻产生了哲学中的“三才”理论，认为事物成功的前提有三个条件：天时、地利、人和。物质演化同样如此。

“万物负阴而抱阳，冲气以为和”

什么意思呢？

万物演化需要“阴气、阳气、冲气”三方面的作用。其中，阴气、阳气是事物演化发展的动力；而冲气，却起到调和发展的“中枢”作用。在万物时空位奇数演化中，冲气处于“中”时空位，用O代表；而阴阳，是处于偶对时空位，占据A1A2或B1B2，或其他偶对时空位。但却与守中的“冲气”构成“三角式”分布关系。

冲气是什么?

是先天母太极演化后形成的后天“太极”或子“太极”。因为太极具有变异性,所以,母太极与子太极,承载的形态可以不一样。如种子是先天之“道”体,其“胚”是先天之太极。种子萌发后形成的一个个芽苞就是后天之“道”体,其“胚”是后天之太极。种子、芽苞外在形态肯定不一样,但内在本质是一样的,都具有胚“元”性:均能演生出一棵植株。

而太极说,强调的是倍二演化关系,强调阴阳模型在演化中的主角作用。混然“易”体,演出统一的“太极”,太极成为演化的调控者,它“一阴一阳之谓道”而演化两仪。两仪就是阴阳之体。然后再按照同样的倍二规律演化四象。

什么是四象?答案多种多样:

少阳、老阳;少阴、老阴。

东、西;南、北。

春、夏;秋、冬。

青龙、白虎;朱雀、玄武。

金、木;水、火。

细心的读者很容易看出来,其实四象只是两对阴阳偶对。如东与西,南与北,两对阴阳偶对。其余类推。

八卦呢?

八卦亦称“经卦”。《周易》中的八种基本图形,以“—”代表阳,以“- -”代表阴。每卦由三爻组成。八卦指“乾、坎、艮、震、巽、离、坤、兑”,具体符号表示见下面的“八卦符号”。《易经》六十四卦皆由八卦两两相合组成。八卦起源于原始宗教的占卜。《易传》作者认为八卦主要象征天、地、雷、风、水、火、山、泽八种自然现象,每卦又象征多种事物,并认为“乾”“坤”两卦在“八卦”中占特别重要的地位,是自然界和人类社会一切现象的最初根源。

其实,八卦的本质,仍然是“阴阳”模型的对立“偶对”。如乾阳、坤阴，其余类推。

所以，**道生论**，强调“三生万物”的**三才模型**；**太极说**，强调的“一阴一阳之谓道”的**阴阳模型**。

3. 中时空位虚实不同

道生论，强调的是混元“道”体里的“一”气真元太极，演化出了三大类物质结构或属性分类：阴气、阳气、冲气。冲气，处于“中时空位”O；而阴气、阳气，占有偶对时空位，如A1A2时空位。所以，道生论的本质，高度符合于万有时空位奇数演化原则。物质演化部分与时空位奇数演化数量高度统一。所以说，道生论，就是另一个宇宙万有时空位奇数演化原则；或者说，“道生论”很好地解释了万有时空位奇数演化原则。

而太极说，强调的是“倍二”演化，强调阴阳对立。同源太极物质，演化出的物质结构或功能属性类型，高度反性或对立。如太极生两仪，一个是阴仪，一个肯定是阳仪。两仪生四象，产生的是对立意义上的“冬夏、春秋”。冬夏气温寒热有别；春秋对应生物萌生与收敛；而四象生八卦，也构成四对阴阳偶对。

这些对立意义上的物质或属性，只能占有对立意义上的阴阳“偶对”时空位，而中时空位空缺。

什么意义呢？

就是没有哪一物质或属性，占有具有“中庸之道”的“中”时空位O。正如无主而战，水火不容。只有极端性质的“左派、右派”，没有调和的“中间派”。最重要的中时空位“皇位”虚设，唱了空城计。正如氢元素同位素之一的氕（piě），只有一对冤家：一个带正电的质子，一个带负电的电子。没有中子。（如图2-5）

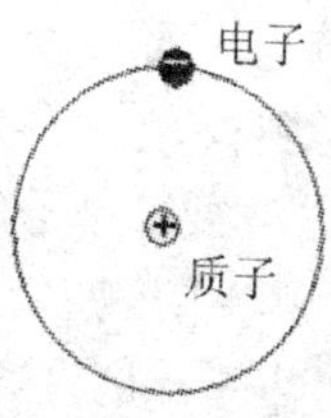

图2-5　电子质子对立演化

所以说，道生论与太极说，最大区别是：**道生论有占有“中”**

时空位 0 的部分；而太极说缺席占“中”时空位 0 的部分。道生论，有守“中”时空位“冲气”；而太极说，没有守“中”时空位的“冲气”，让中时空位荒废。道生论，强调了“三生万物”的宇宙和谐态；太极说，强调了“阴阳反演”的对立态。道生论，中时空位是“充实”的，而太极说，中时空位是“虚空”的。

（二）本质统一

道生论、太极说，虽然外在表象不一样，但本质上却高度统一在相同的万有时空位奇数演化公式 $S=2m+1$。

1. 均是同源演化

道生论，强调从同源混然“道”物质中的最精华的“一”体之胚，开始了物质系的演化。太极说，强调从同源混然“易”物质里最精华的“太极”之胚，开始了物质系的演化。所以，二者演化均高度一致：同源演化。

图 2-6　树叶对生、互生

从统一的“一”之“太极”，开始了有规律的演化，让混然“道”或“易”有了演化的规律与方向。道生论，以三才模型演化；太极说，以阴阳模型演化。而且，三才模型包含着阴阳模型。因为三才模型中有三类要素：阴气、阳气、冲气。其中阴气、阳气，显然就有对立意义上的“阴阳”偶对关系。而冲气，是另类太极，或子太极，它含有无穷阴阳演化之潜力，时刻演化出阴阳。正如一个芽胚（冲气），时刻可以演化出阴阳偶对的“互生叶”或“对生叶”。（如图 2-6）

所以，冲气，可看成潜在的阴气、阳气，而阴气、阳气只是冲气的显在。正像叶子将胚芽表现出来。

2. 均有中时空位

道生论，同源太极“一”气，演化出了三气：阴气、阳气、冲气。所以老子说“万物负阴而抱阳，冲气以为和”。道源里的“一”气演化，所需要的奇数个时空位，让冲气占有了中时空位O。如果说，道核心之“一”是个先天太极，那以，冲气就是后天子太极，仍然占有演化的核心位置，稳坐中时空位的“王”位上。

而太极说，同源太极一气，却将精力完全用于对立演化，演化出一对对阴阳偶对。阴阳的对立性或对待性，使它们谁也无心占“中”为“王”，谁也不愿意占领中时空位，谁也不稀罕小小的中时空位这个土“大王”。所以，太极说，同源太极演化的“易”体后代，它们的中时空位轮空。“王位”虚设，没有谁愿意当这个“王”。正像农村有些落后的地方，村子没有村长，也没有书记。“王”位虚空。只是村子里不缺对立的冤家（阴阳偶对）。

太极说，是强调二元意义上的“阴阳”偶对演化：

两仪——阴仪，阳仪

四象——阴象（冬、秋），阳象（夏、春）

八卦——阴卦（坤、震、坎、艮），阳卦（乾、巽、离、兑）

所以，道生论，道源物质在“一”的统治下，演化的后代，井然有序出三类：阴气、阳气、冲气；而太极说，易源物质在“太极”的统治下，只演化出对立意义上的阴阳两势偶对：阴仪、阳仪；阴象、阳象、阴卦、阳卦……太极说，从八卦的对立排列，内心虚空，就会发现，其实它有中心，只是中心“虚”之中时空位O，没有谁占有。也许宇宙从“奇点”爆炸而来，它原来的O时空位，现在是空荡荡的，空无一也？正如吹大的气球，里边却是空的。

所以，千古道生论、太极说，本质上都统一在同一个宇宙万有时空位奇数演化原则中，符合公式：$S=2m+1$。（如图2－7）

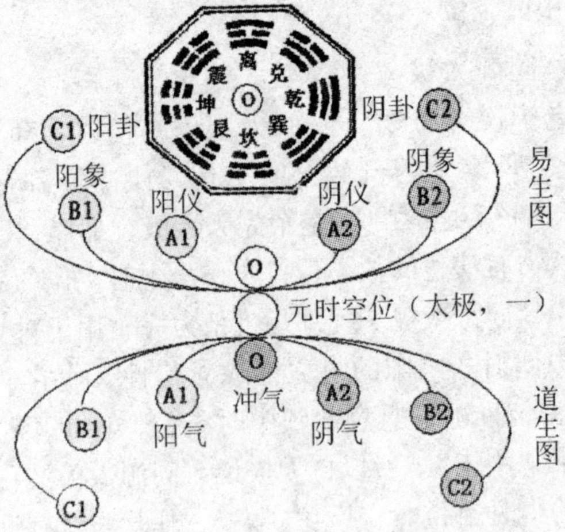

图2－7　道生论、太极说统一时空位演化分布

本节结论

1. 道生论、太极说，演化的路径不同。道生论为：道——一—二—三—三生万物；太极说为：易—太极—两仪—四象—八卦……

2. 演化的模型不同。道生论，强调的是“三生万物”的三才模型，是“阴气、阳气、冲气”三足鼎立的三角式演化。而太极说，强调的是“一阴一阳之谓道”的“倍二”阴阳模型，呈“偶对”演化。

3. 中时空位O虚实不同。道生论，让“冲气”占有了中时空位O。而太极说，中时空位O虚空，因为阴阳偶对物质或属性，均尽量占领阴阳反势的偶对时空位。正如到洗手间，男的争着去男厕，女的去女厕。

4. 道生论、太极说本质高度统一，就是它们均从同源的“元时空位”演化而来。它们的后演物，均具有完全统一的时空位演化奇数公式$S=2m+1$。同源“道”体之“一”而演化的物质，让后演物“冲气”占有中时空位O，而同源“易”体之“太极”演化的物质，却让中时空位O轮空，没有具体物质填充在中央O时空位中。

5. 道生论、太极说均潜在着统一的主旋律：阴阳对立演化律。只是太极说比较真率，仅仅以偶对“一阴一阳之谓道”而演化；而道生论非常老道（老子之道），却以“三生万物”迷惑人。其实，阴气、阳气，就是阴阳偶对。而“冲气”，潜在的阴阳，时刻可化出无数个阴阳之偶对。所以，本质而言，三生万物，内在的还是“阴阳”两体。只是冲气是阴阳之体的潜在罢了。或许，太极或“一”在本质上，潜在无穷阴阳偶对；或者，太极或“一”在本质上，是呈元态存在的不显任何阴阳属性的物质，只是它的对立演化，才产生了如此“多娇”的“一阴一阳之谓道”。本书作者比较倾向于后者。

四、中医诊断，杀卵取鸡为哪般

太极元态一值演化原则，促使了中医诊断求“元”理论的产生。如整体观、耳诊、目诊、舌诊、骨诊、脉诊等等从每一个相对独立器官上，诊断出“全身”疾病。

如果说，人类手的五指对应五行模型，谁也没多大意见。因为五指嘛，已经从同源一体之“掌”，炮制出五指。意见最大的是舌头，你我口里那一片红彤彤的肉团，一团混元如一的舌体，也来占五行的便宜，划出五个自治区和五脏五腑对应。（如图2－8）

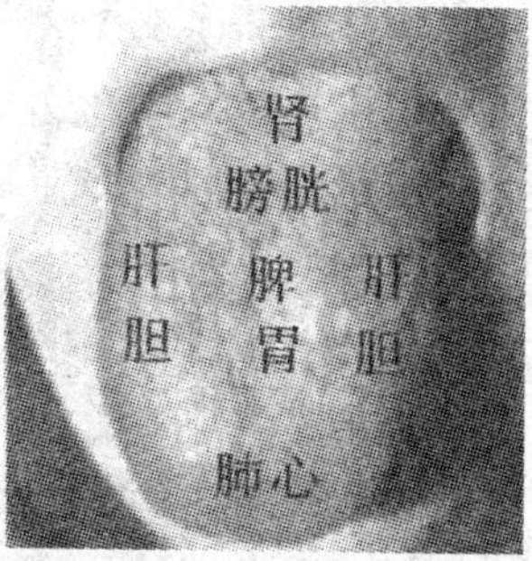

图2－8　舌体脏腑分布

舌尖：心肺、大小肠

舌中：脾胃

舌根：肾、膀胱

舌侧：肝、胆

这说明一个天大的问题，中医理论，对任何相对独立的生命单元，如张颖清教授所说的“全息胚”，都有统一的数学模型演化潜在。否则，你理解不了是什么动力，让我们的古人，将团团圆圆的一体之“舌头”，折磨得“满舌五脏”？

如果舌头像个卵，它混圆如一，那么五脏像只鸡，它五体投地（两翅、两趾、一头）。为什么中医理论，将好端端的舌体（像个卵），折腾出和五脏（像只鸡）对应？中医杀卵取鸡，为哪般？

这就考验我们，到底在哪一层面上，认识了中医精华！

因为中医理论，有一套完整意义上的数学模型表达。如三才之“3”，五行之“5”。如果没有这些数学模型，我们的祖宗，哪能聪明到在舌头上找到“五脏”，在眼睛上找到“五轮学说”，在寸口找到脉取三关？其实，这说明一个大问题：中医是“按模索骥”，先有一套思维模型，然后按照这些模型，炮制出相关理论。要正确理解这些思维模型，必须理解如下内容。

（一）现实中的模型

所谓现实中的模型，就是它已经演化出了可与思维模型、数学模型相对应的器官或功能部分。如人类五指，已经演化得五指秀丽了，有足够的现实资格与五行模型相般配。还有五趾、五官，当然肺也来凑热闹，演化得“五子登科”——左肺2叶，右肺3叶，一个十足的五行闹风流。

再如耳诊。显然耳朵演化的级别，可以与三才模型相对应。因为在耳的形态器官演化中，明显能读出“三才”的影子：

三角窝、耳甲艇、耳甲腔

还有眼睛，传统认为，它可以与五行模型对应，演化出五轮学说。但基于详细的研究观察，作者认为，眼睛作为独立的器官演化，只能与三才模型对应。作者提出新三轮学说：

瞳仁（黑，水之色，所以叫水轮，与三才之人对应，人不离水）

黑睛（青，木之色，所以叫木轮，与三才之地对应，因为地

中长木）

白睛（白，气之色，所以叫气轮，与三才之天对应，因天有阳光故称白天）

耳朵与眼睛，均是人体一个相对独立的器官演化单元，均具有“元”性，从各自统一的“元”物质演化而来，均对应着相同的万有时空位演化原则，与三才模型的“天、地、人”对应。其中，“人”处于中时空位O。眼睛的“瞳仁”，耳朵的“耳甲艇”，均处于中时空位O。符合中时空位的中轴演化原则。（如图2－9）

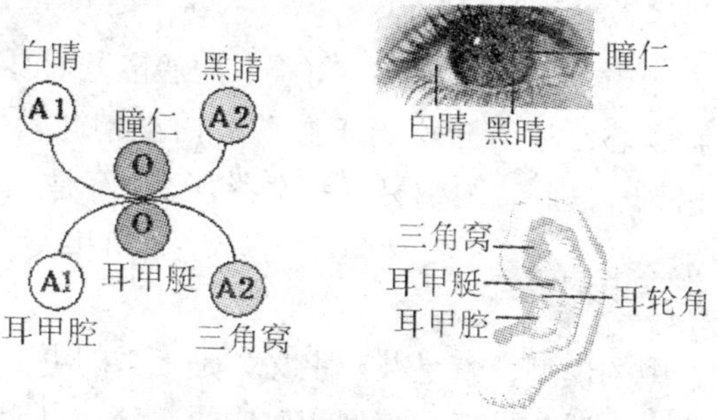

图2－9　耳、眼元性三才模型三值演化

中医诊断疾病，总给人一种神秘感觉，如望、闻、问、切。从身体外在的表现，就能把病人看得一清二楚，正所谓“见微知著”。好的中医先生，一定训练出“望而知之者谓之神”的火眼金睛。其实，这要归功于中医的求“模”诊断方法，也就是模型诊断方法。以模型思维，在器官上读出与模型相对应的部分。这就是“按模索部”。

人体每一个相对独立的“小整体”，都是一个基态或元态。用全息论的观点看，每个小整体都是“全息元”。这里的全息，不是信息量上的完全相等，而是生命单位具有相同的潜在模型演化储备，都能用阴阳、三才、五行等演化模型来读懂它。

以耳诊为例简述其要：

（1）耳元说：耳，是一个相对独立的结构单元，与太极模型相对应。张颖清教授称其为全息元。元的意义，在于它的完整性、胚元性。

(2) 三才说：耳演化出的外在形态，能找出三才的影子。什么是三才本书将有精论。简单说，就是元态之耳，按照三才模型的“一源三歧”而演化，产生出三个对应的部分。耳相当于一个倒挂的胎儿，三腔及其对应关系是：

耳甲腔——胸腔（天才）

耳甲艇——腹腔（中才）

三角窝——盆腔（地才）

耳轮角，相当于人体的膈肌，将胸、腹腔隔开。耳甲腔相当于胸腔，内纳肺、心；耳甲艇相当于腹腔，内纳消化器官、泌尿器官；三角窝相当于盆腔，内纳男、女性器官。

（二）潜在中的模型

所谓潜在中的模型，就是共产主义，是未来的事。生命器官还没有足够的能力，演化出可与模型相对应的部分，只能是初级阶段的社会主义，只能是潜在演化模型，或理想，或梦想，或潜在能力。正如我们说一个优秀的中学生是大学“苗子”，它只是好的模型材料，还不是现实中的大学生，还没成栋梁。

如舌体五分法，就是潜在中的五行模型应用。舌体，还是混元如初的一个太极之团，还处于“春眠不觉晓”的初春乍寒时候。因为舌毕竟没演化出现实中的相对独立的“五部”与五行模型对应。现实和潜在不同，显化与潜化不同。

再如脉，就是一段脉管，一个可与元态对应的“太极”模型。但中医却折磨它与三才模型对应，分出“寸、关、尺”三部取脉法，并变本加厉折磨它与五行模型对应，划分出五部取脉法，与五脏（五腑）对应。这就是杀卵取鸡现象，这就是货款透支过日子。还不具备现实的条件，提前共产主义，提前“大跃进”，提前使用三才、五行模型。正如买东西，没钱先借着。

各位不禁要问：还没演化出与模型对应的器官或功能部分，提前用这些模型，科学吗？

问得好，问得妙！

中医界普遍实用主义，几千年的老毛病：治病有效，不究科学实质。

《模型中医学》研究证明，生命确实符合这些模型演化，每一相对独立的生命结构单元，确实具有统一的演化模型储备。或者说，都处在这些模型依次表达的过程中。从本质而论，太极之一元，三才之三元，五行之五元，都是同源太极精气演化，都符合统一的数学演化公式表达，符合万有时空位演化原则。后几章将详讲。所以，在一个演化低级的器官上，应用还没有演化出来的潜在中的模型，也成立。提前贷款过日子，也是一种生活方式。

正如儿童早期教育，只要方法得当，为什么不能提前开发出成人的素质来？

从潜在变显在，从微观看宏观，是现代科学常用的方法。牛顿从苹果落地之“小事”，读出了万有引力之“大事”；孟德尔从区区的豌豆上，读出了著名的生物杂交定律。“见微知著”，就是从潜在，看出显在或未来或全身，科学认识之大宝，中医认识之大宝。因为无论是潜在部分，也无论是显在部分，都符合统一的万有时空位演化原则。

（三）整体观，一个元态模型

整体观含义有二：一，认为人体是一个有机整体，以五脏为中心，配合六腑，通过经络将全身生命要素，拷贝到五行模型上，形成了五个功能子系统。二，认为人体与外界环境也构成了统一的整体，就是天人一体。整体观强调人体自我的统一性（内统一），又强调人与自然、社会的统一性（外统一）。

人是自然界的人，同时也是社会的人。《灵枢·邪客》说：“人与天地相参也。”人是自然界的一个零件，或一个小天地。春夏，阳气充盛，所以阳气易补；秋冬阴气充盛，所以阴气易充。所以《素问·四气调神大论》有**“春夏养阳，秋冬养阴”**的养生观。阳虚怕冷的病人，最容易在春夏气候温热之时补阳，顺应春夏之阳气蓬勃之升势；阴虚烦热患者，最容易在秋冬气候阴冷之时补阴，顺应秋冬之阴气敛藏之降势。说白了，就是顺水推舟：春夏阳易盛，宜补阳；秋冬阴易盛，宜补阴。

而人又是社会的人，社会的文化、习俗、人情世事、宗教信仰，均作用于人体而产生不同的受病潜势。如果理解了人的社会性，对许多疾病治疗，可说抓住了要领。

病例：

山东招远一个五十岁的妇女求诊，笔者仅凭拭脉则断病无误。患者脉浮取不应，沉取弦而郁滞。笔者称此为“郁脉”。断其木郁为病（传统叫肝郁，但笔者叫木郁，一个郁滞的态，不唯肝主，只是中医附于肝说事，才叫肝郁）。推理：木郁为病，木疏泄外达受阻，在上可致脑缺血而头晕；在胸位可致胸闷咳嗽、心惊悸；在中可致消化不调。

病人大悦，说诊脉完全符合：头晕、咳，常有腹泻，数年求诊不效。丈夫有外遇，常自郁闷求死，痛不欲生。之所以还活着，盖因孩子也。

中医健康设计学：

（1）跪位疗法：每天跪床2次，采取头低臀高位（如妇女调胎位的跪位），每次30分钟。目的调先天阴阳。因为胎儿在先天母腹，多采取头低臀高位（头朝下），是顺重力方向的一种养生体位。

（2）易食疗法：换食谱，饥则以蔬菜水果充食，可喝稀粥。目的是减少血容量，食物减，则病愈快。正如饥寒交迫的人容易起来革命，穷则思变。饥饿状态，细胞奋起争食，则细胞变得活跃，并将多余的血液中的致病残物消化殆尽（如饥饿下血管壁沉积物容易消失）。

（3）阳光疗法：每天在阳光下走4 000m，与阳光接触，做阳光快乐之人。

（4）冥想疗法：想健康向上的事情，如大脑想念一个美景——漂亮的大草原，牛马成群，白云朵朵，暖风习习。将自己融入这个美妙的景况中。

（5）清水疗法：每天适量多饮温开水，直到保持小便发清。

（6）负压贴敷疗法：在胸部或背部拔火罐，开病闭，贴中药膏剂“开闭膏”：大黄、丹参等20味中药组成，具有开闭除满的功能。将局部“病区”强力开启，让“独裁”的病魔被迫开放，这是治疗成功的关键之策。因为内服药物，80%进入肝脏，而真正生病的“病区”反而药物过去得最少。正所谓穷人越穷，富人越富。因为“病者，闭也”。所以笔者发明了“负压贴服疗法”，并成了我们“中医健康设计学”中的重要治疗手段。所谓负压，就是在负于正常大气压强下，逼迫“独裁”的病区开放，让肌腠、毛窍松弛外开，为局部贴敷“开闭膏”创造了物理条件。正像中国开放，让生产力解放。

（7）方药：柴胡疏肝散、二陈汤加减：柴胡18g，白芍18g，枳壳18g，熟地10g，半夏12g，瓜蒌30g，陈皮10g，款冬10g，川贝10g，黄芩10g，桂枝10g，大黄10g（后下）。6副，水煎服，每日1剂。

次日电告：贴第一次膏药，服第一副药，病就大轻，3日后言压抑感消失，咳亦大减。病人感激再三。30日后患者告知病愈。

方解：柴胡疏肝散，疏散最速。用熟地者，因木性用阳而蓄阴，故不可一味疏（肝）木，还要补（肝）木。加桂枝者，取其通调三阳，发汗助其疏泄。毛孔开则木易疏。木郁者多用之良效。二陈汤加味治咳痰无疑。大黄者，通下三焦之浊气，是疏木良药。（如图2－10）

图2－10　大黄

所以，疏（肝）木之法，方法多多：可汗之，可疏之，可泻之、可吐之……。尤其大黄妙药，任何脏腑、细胞，均可清之，配伍得当，虚实之病均可用之。如治疗许多腰疼患者，无论虚实，笔者恒用大黄，大泻五脏六腑，待杂邪尽，然后言补。妙不可言。

故疏木（肝）方法多元：行气疏木（肝）、汗法疏木（肝）、吐法疏木（肝）、泻法疏木（肝）。凡是向外、向上引导的一切治法，无不疏木（肝）也。尤其泻大便，看似泻下，实是泻外，让病邪外泻。大便一通，百郁得解。为医不可不思考。

中医让肝为木，只是类比。

此处的肝，在藏象学说中意义有二：形态解剖之肝（原型），模型之肝（模型）。在中医几乎所有病例中，中医的肝多是模型之肝，而不一定指代真正的肝脏。肝只是个代号，别当真。凡是生气上火，气滞、气郁、气逆者，多归于肝说事。但这只是一种模型，不一定是真实的肝出了什么大问题。中医只是将气机调节的大任，让一个肝代表了，包干了。其实，真正的肝脏，说不定还在一边暗暗偷着乐呢，肝不一定参加了气的调节，只是中医思维中的一种模型，将动摇、急迫、速变、气机的症状，让肝承载，拿肝说事。最后用五行模型，将肝类比为“木”，一个特殊意义上的生命之“态”。此处的肝，是“木”的符号。正像中国的文化，夸聪明人，老是拿着诸葛亮说事。诸葛亮成了聪明的代名词，而对诸葛亮吃的败仗就闭口不言了。

（四）模型定义

其实，耳、眼、脉、舌均是一个相对独立的全息胚，潜在着统一的演化数学模型储备，都能反映人体全身的病。它们越特化，越与整体之“大人”相似，越近球状，越处于原始状态，如细胞的球状、眼球、舌近球状，所以越处于原始状态。而舌是与偏平球最接近的器官，它浑然一体，一个混沌之“道”体。因为有元态思维，所以可与太极模型对应。至于中医用五行将舌体划出五个版块，和五脏五腑对应，是一种杀卵取鸡现象，是透支未来的方法。舌体，是现实中的太极模型，只是潜在未来中的三才或五行模型。任何器官均潜着模型的演化储备，所以，中医敢于在舌体上“五权分立”，闹腾出五脏、五腑，很具有勇气。

什么是模型？

模型一词起源于拉丁语 Modulus，本意指样本、尺度、标准，可分为物质模型和思维模型。“物质模型是模拟实验赖以进行的物质手段。思维模型不是认识的物质手段。思维模型是人们思想中理想化、纯化的映象、摹写。思维模型是人们在头脑中创造出来的，并且运用它在思维中进行逻辑推理、数学演算和‘思想实验’，可分为形象的（唯象的）模型和符号的（标志性的）模型，前者是惟理想的或想象的形态去近似地反映客体的一种思想形式，后者是借助于专门的符号、线条等，并按一定的形式组合起来去描述客体。”[4]

模型思维反映着中医学对生命独特的思维方式。中医理论的模型，特指思维模型，一般不指物质模型。

中医“一方面将自然与人视为相关统一体；另一方面以自然界生化模式去类比、演绎人体的生命过程，以自然之常拟人体之生理，以自然之变喻人体之病理；并通过辩证思维予以归纳、综合为效法自然的抽象生理、病理模型，作为生命表现的‘神似物’，如藏象学说、经络学说、八纲辨证、六经辨证、卫气营血辨证等，都是经过思维再创的抽象模型，而不是对具体实在过程的机械描述”[5]。

可以说，中医不是拿大白兔做实验得到的实验医学，它不重视“原型”，而是在科学并不发达的古代，我们的祖先巧妙运用思维模型，解决了在那个时代难以解决的问题。道、太极、易、一、三才、五行、命门、元气、经络等等，无不是一种模型思维，但却有效地指导中医的理论与临床，不能不说是一个世界奇迹。本书所要做的，就是证明这种模型的真实性与科学性。它证明的方式，就是从生命演化的形态器官演化过程或痕迹表达，用数学模型及数学公式来表达，最终证明模型的科学性。可以说，中医的本质就是模型思维，中医学实质就是“模型中医学”。

（五）模型代表话命门

根据元态演化原则，中医学炮制出命门概念，一个人体最杰出的模型代表。

命门到底是什么？

是生命的门户，是承载生命本源的一个思维模型。它统一了生命所有本质要素，将各脏腑之阴，统一为“命门之阴，之水”，将各脏腑之阳，统一为“命门之阳，之火”。它像一个终源或平台，让任何脏腑，全身各处的器官或组织，在这里找到了统一的平台。这是藏象学说最本质的一层意义。

从生命源头思考，命门应该是细胞内的 DNA 链。这是詹姆斯·沃森、弗朗西斯克里克天才的发现。因为生命之奥秘，全锁在基因链中。（如图 2－11）

图 2－11　沃森、克里克创立 DNA 模型

“命门为生命之源，相火之主，具有阴阳相济的特性，因而有别于五脏、十二经脉，反映出太极层面下生命活动的内在规律和调节机制。”[6]

明代大家孙一奎在《医旨绪余·命门图说》云："命门乃两肾中动气，乃造化之枢纽，阴阳之根蒂，即先天之太极，五行由此而生，脏腑以继而成。"赵献可在《医贯》中亦云："命门为十二经之主。"将命门捧到无以复加的程度。可见，命门不是普通的脏腑，而是一个神秘的器官，或生命演化之源，最终抽象成一个代表生命本源的藏象模型。

命门在哪里？

中医的发展史，就是命门的求索史。命门在每一个细胞，在每一个相对独立的器官，在每一个显示生命的要素之中。每个脏腑均有命门，它是生命演化的一个个小"太极"，正像每个种子萌发后形成的一个个小"胚芽"。但在生命最本源处，一个个小命门统一于一身之命门。一身之命门，它是无数小命门的综合体或联合体。命门是元气演生之初源，《景岳全书》载有："命门为元气之根，为水火之宅，五脏之阴气非此不能滋，五脏之阳气非此不能发。"这是对命门最本源的思考。

在这时，五脏之气，统一为命门之气；五脏之阴，统一为命门之阴；五脏之阳，统一为命门之阳。中医之所以不同脏腑的气虚、阴虚、阳虚，所有的治疗方药基本相同。如补肝阴、肺阴、心阴、肾阴等任何脏腑之阴，用了相同的"熟地"，可用相同的"生脉饮"加减。这哪在补肝、肺、心、肾，简直在补一个最本源、最共性的东西，补一个"元态"之物，那就是抽象出来的"命门之水"或"命门之阴"。

再如，补肺、脾、心等任何脏腑之气，可用相同的四君子汤（人参、白术、茯苓、甘草）加减。中医认为异病同治，是由于异病对应的元态物质的虚亏相同，这就是元气之虚，与元气对应的"命门"之虚。即在各个实体脏腑背后，有一个相同的总命门，这才是中医藏象学说一直忽视的思维模型——命门藏象模型。

命门之位置？

从《灵枢·根结》的"命门者，目也"，到《难经·三十六难》的“肾有两者，非皆肾也。其左者为肾，右者为命门”，再到《素问·刺禁论》：“七节之旁，中有小心。”再到《本草纲目》：“肾脂、裹生两肾中间，似脂非脂，似肉非肉，乃人物之命门。”可以说，远没有最终答案。中医界对命门之位置的求索倍感兴趣。是否追问到细胞、基因，就能找到答案？请拭目以待。但命门概念的演生，显然有重大的医学意义或生命演化意义。在命门层面上，各个脏腑产生的不同藏象会得到本质的诠释。脏腑功能有别，但它们的物质基础却在命门层面上高度统一起来了。至于命门到底指代什么？正像我们自问，生命到底是什么？所以现在认为命门是生命最本质的一个模型，将命门暂且归纳为细胞的基因，或每一个相对独立器官的功能综合，透视着最本源的藏象学意义，应该是很具有远见思维的。中医应该在形态结构学上，跟随现代科学前进的步伐，尤其是基因的研究，将藏象学说的模型内涵涉及到基因层面上。因为基因，是中医“藏”的内容之一，是现代生命科学研究的焦点之一。

命门模型归纳如下：

（1）命门，本质上说是生命最本源的思考。至于它到底指代什么，至少现在还是个问号，正像生命还是个问号一样。但它肯定寄托了人类对生命一切的秘密与好奇。应该从对基因的研究中，增加对命门实质的认识，甚至认识还可再深入。是否操作基因排列顺序的最终生命调控机制，才是命门的本质所在？命门可否是操作基因表达的程序密码？

（2）在理论上，命门就是“道”体里统一的“太极”精气，是一团基因秘码，是生命演化之源、之动力、之图谱。命门与太极可互语。

（3）中医阴阳的本质，实际是命门之阴阳的本质　肾阴、肾阳，本质上指命门之阴、之阳。之所以中医对肾一往情深，是因为中医的肾，不再是具体器官，而是个模型器官，寄托了人类对生命本质一种蒙昽的寄托。

（4）在命门处，生命之源归于“太极”，统一精气。演化动力，归于“先天太极”和“后天太极”的“中气”潜在着的无穷的阴阳运动。太极，就是先天之命门；冲气，就是后天之命门。命门与太极，是等价的称呼，或一体二名。正如受精卵内的DNA，是先天之太极；而体细胞内的DNA，就是后天之太极。

太极、冲气之力，就是命门之火。生命之构（质），就是命门之水。命门靠“火”推动，以“水”化物。生命所用，是命门之精与命门之气。生命以精为演化单元，以气为演化推力。它“三才”演化为“阴气、阳气、冲气”，正如种子演化出“左子叶、顶芽（中胚）、右子叶”，成为任何脏腑三元之气的根本。如心腑有三气“心阴气、心阳气、心气”。心气者，呈中态存在的“冲气”也，它中庸冲和，左右逢源，阴平阳秘，使心跳动而有序，不卑不亢。当在病理状态时，或阴气盛，或阳气盛；或阴气虚，或阳气虚，这是心气受病理因素作用演化出了“过”或“不及”的成分。当心阳气盛时，产生实热；当心阴气盛时，产生实寒；当心阳气虚时，产生虚寒；当心阴气虚时，产生虚热。当心阴气与心阳气以相等的水平俱虚，就产生少气无力的“心气虚”证。当心阴气与心阳气以相等的程度俱实，则产生强有力的“神有余”证——“神有余则笑不休（心气实），神不足则悲（心气虚）”。（《素问·调经论》）

（5）先天太极元气（精气），就是先天命门元气，它以三才模型演化出元阴、元阳、元冲气。后天太极之元气，就是后天命门之元气，演出三气——阴气、阳气、冲气。再递次演化五气（五行之气，如五脏之气），再递次演化出七气（七行之气，如七脏之气），再九气（九行之气，如九脏之气）……。一个呈奇数而演化的递变律，符合万有时空位演化原则，统一于时空位奇数演化律公式 $S=2m+1$。说明无形之气、有形之器，均呈相同的数学公式演化。

(6) 任何相对独立的生命演化单元，如人体、脏腑、组织、器官、细胞，都有一个命门。命门含义有二：结构性命门，就是细胞内的 DNA；功能性命门，就是每一相对独立生命单元的功能综合。

五、中医治病求元

《素问·阴阳应象大论》有“治病必求于本”。治病求本，实质指治病求元。这里的元，就是指本原之治、元态之治。这就是中医的灵魂。什么是中医治疗之元呢？简单说，就是命门之治。在命门这个最高层面上治疗疾病。这是元态演化原则在治疗学中的最本质应用。

命门是无形意义上的模型指代，是生命本质的最后寄托。任何器官、任何生命要素背后，命门是共同的后台老板。命门的中医学意义探讨如下：

（一）元态太极思维模型

任何相对独立的生命演化单元，如脏腑、器官、体细胞等等，它们的底片是相同的。这个底片，就是同源受精卵演化。同样，命门让生命任何单元找到了总代理或平台，在这个平台上，命门成了上帝，成了唯一操作者。命门的真实并不重要，重要的是，它成了一种思想中总括的偶象指代——元态太极思维模型。

（二）命门之治

命门之治，就是从本源上，补生命的元态之物或功能，即补元。这个元是什么？也是一种模型，依照从高到低的顺序，分别补元精、元气、元阴、元阳。在此只详述补元气，元精、元阴、元阳的治疗将在另章论述。

（三）补元气

图 2－12　神医扁鹊

元气，就是人体最重要之气。元气，演于先天之精，是人体最根本最重要的气。《难经》的作者扁鹊（如图 2－12），将元气称之为“原气”，《内经》称为“真气”。生命演化于精，由气推动。元气，是细胞才具有的推动人体生长、发育的精微物质。

“元”的意义，无非强调了它的元态性、始基性、先天性。元气，产生于太极意义上的受精卵中的基因成分，即命门成分。

而元气会随着细胞中 DNA 基因的分裂与复制而永恒存在与传承，并变成后天元气。正如一粒种子胚内的基因，是先天太极，由细微的先天元气组成。种子发育后形成的无数个胚芽，仍然复制与拷贝着种子胚内的那团基因。胚芽内的基因，就是后天太极，由细微的后天元气组成。

人体受精卵形态的消失，演生出构成身体的无数个体细胞，而每一个体细胞，都储存着与受精卵相同的基因。所以，每一个细胞，都由于有丝分裂而承载着有遗传意义的母本基因（先天太极）。这种基因的永恒性，决定了元气并不会随着受精卵形态的消失而消失，而是在新个体的细胞中，又以相同的形态存在着。生命克隆证明了体细胞的全能性、全息性。这说明体细胞与受精卵具有相同的基因储备。即每一体细胞，都储存着与母本受精卵完全相当的基因，它们仍然由细微的元气组成。

正如种子是大胚演小胚，大太极演小太极的无穷演化，元气也是大元气演小元气，无穷演化下去。元气显然因为基因的遗传性而具有了永恒的作用，人体自始至终受到不同层面的元气影响。元气可定义如下：

元气的定义：

元气是细胞内构成基因和维持基因调节活动的精微物质。

元气组装出有遗传功能的基因。随着细胞的分裂，基因本身的元气也会新陈代谢。但基因的遗传性，保证了元气在生命演化中自始至终发挥作用。它最大特点：始基性、遗传性、永恒性。如果把种子比喻成道，种子中的基因就是太极（命门），或称为先天太极（先天命门），而元气就是构成先天太极或先天命门的极细微的物质成分。由种子演化出的胚芽或体细胞，其基因就是后天太极或后天命门，由后天元气组成。

对于人体而言，**先天元气，就是受精卵中构成（先天太极）基因的细微物质；后天元气，就是构成体细胞（后天太极）基因的细微物质。**生命演于细胞之“精”，却最终由元气推动。所以，我们平时所说的补“元气”，实际不简单，在补细胞核里的调控者——基因的组成成分，而不是细胞基因之外的其他物质。正是由于元气是构成基因的精微物质，所以，元气才能作用于人体一生，影响先天（先天元气），又影响后天（后天元气），对生命起着关键的作用。对于人体，我们只能补后天元气。

中医自古至今，有两个最著名的补元气名方：

1. 四君子汤

［出处］《太平惠民和剂局方》

［组成］人参、白术、茯苓各9g，炙甘草6g。

［用法］现代用法，水煎服。

［功用］补元益气。

［主治］各级命门元气虚。在整体，补总体命门元气；在局部，补各器官、生命单元的元气，不只是补哪一器官的元气。可说是公平之补，民主之补。此方，补的是功能之命门，不是结构之命门。

命门气虚证：少气懒言，神疲乏力。面色白或萎黄，语音低微，食少便溏，舌淡苔白，脉虚弱。脾胃命门气虚，则气血生化不足，故面色白，语音低微，气短乏力。脾失健运，胃纳不振，湿浊内生，故饮食减少，大便溏薄。舌淡，苔薄白，脉虚弱，均为中焦脾胃命门气虚之象。

2. 补中益气汤

［方源］《脾胃论》卷中："气高而喘，身热而烦，其脉洪大而头痛，或渴不止，其皮肤不任风寒而生寒热。"

［组成］黄芪18g，炙甘草9g，白术9g，人参6g，当归3g，升麻、柴胡、橘皮各6g。

［用法］水煎服。

［功用］补元益气。

"内伤脾胃，乃伤其气；外感风寒，乃伤其形。伤其外为有余，有余者泻之；伤其内为不足，不足者补之。内伤不足之病，惟以甘温之剂，补其中而升其阳。"本方为补各级命门之主方。比四君子汤药力猛。

［主治］各级命门元气虚。从大命门到小命门。

补中益气汤传统之治：

（1）命门气虚证。饮食减少，体倦肢软，少气懒言，大便稀溏，脉大而虚软。

（2）命门气虚下陷证。脱肛，子宫脱垂，久泻，久痢，崩漏等，气短乏力，舌淡，脉虚者。

（3）命门气虚发热证。身热，自汗，渴喜热饮，气短乏力，舌淡，脉虚大无力。

命门元气虚（包括先天元气、后天元气），有两大共证：

（1）发育迟缓证：患者发育迟缓，身材短小。性功能障碍。

（2）气虚证：少气懒言，神疲乏力。

六、道生论千古之秘

《老子》第四十二章有："道生一，一生二，二生三，三生万物。万物负阴而抱阳，中气以为和。"

道生论的本质是什么？

它是古人对自然万物演化规律的高度概括。道生论，反映了古人的元态演化思想。万物演化于"道"，一团混然物质。元态指什么？可指混然物这个"道"。道、一、二、三，均是宇宙万物演化过程中的数学模型，各有深意。（如图 2－13）

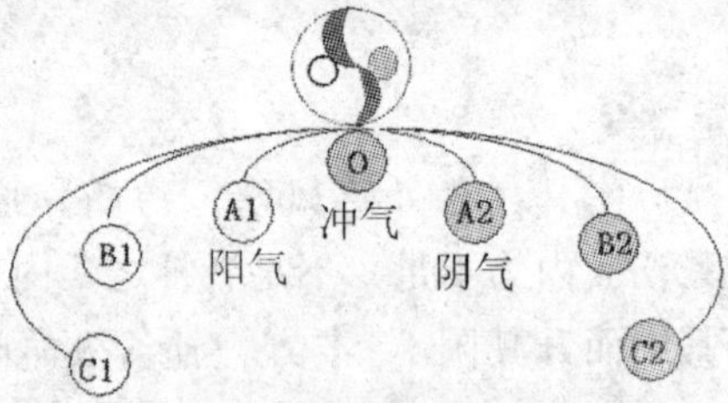

图 2－13　道生论模型演化时空位表达

（一）道体"混元"无界说

什么是"道"？

《老子》第二十五章说："有物混成，先天地生，独立而不改，可以为天地母。吾未知其名，字之曰道。"这团混然未知晓的东西是什么呢？就是"道"，是一团始态之物，潜在无穷机密，含有成物的规律、法则。它有两大特点：**物质处于混元态，还没演化出明确的方向**。正如一个不懂事的孩子，糊里湖涂过日子，还没形成明确的人生方向。相当于太极说中的"易"或"无极"状态。在图 2－13 中用一个圆代表。

（二）道生一

“道生一”，等于“易有太极”。《易·系辞》：“是故《易》有太极，是生两仪。”所以，“易”与“道”“一”与“太极”异名同体。“道”就是“易”，“一”就是“太极”。

道生一，就是“混成”之物，终于有了演化方向，演化出高度统一于“一”的“太极”之物。它是大圆的中轴核心“S”型曲线。如图2－13中大圆里演化出的呈“S”状的曲线。它是道体演化的核心或精华所在，正如灌浆期的花生果，一团混沌浆液（道），终于演变出了清晰可见的果仁。果仁核心的“胚”，确切说胚里的基因链，就是“一”或“太极”。它具有唯一性、极端性，所以每个生命结构单元只有一个胚。

（三）一生二

所谓“一生二”，就是太极之“一态”“S”状的精元基因，演化出两个呈对待部分的阴阳两体。图2－13中，“二”就是“S”曲线两边对称演化的黑、白两球。正如双子叶植物的大豆，萌芽后生出的两侧对称的双片子叶，也正如人体演化出左手、右手。左右器官的阴阳对称性镜像演化，是中医“一阴一阳之谓道”的最佳表现。

但“太极”具有永恒性、异变性，不会因为演化出“阴阳”之体而消灭了自己在后演系统中的独立自主的地位。种子植物发芽后产生的无数小枝芽，就是它的后代“子太极”的潜在。它们仍然像种子之胚一样，潜含无穷的阴阳演化之势能。如果种子内的基因，是先天之太极，那么，种子萌发后形成的任何芽苞或体细胞里的基因，就是后天太极，或子太极（相对于母体种子而言）。

（四）二生三

什么是“二生三”？

因为“一生二”很容易理解，就是太极之“S”曲线基因，演化出左右阴阳两体。其实，在万有时空位奇数演化原则中，已经述及到同源物质的“元时空位”演化；并且同源物质演化，需要的时空位排列有严格的规律：奇数律排列；并且总有一个中时空位“O”，处于众多时空位的中央或核心。

太极“一”体之基因物质演化，总是让与它最相似的演化物，处于中时空位。正如古代皇帝喜欢让与自已观点相同的儿子做皇太子，是一个道理。如果老皇帝，是一个先天太极，那么继承王位的皇太子，就是后天太极。一个处于元时空位（父辈），一个处于中时空位（子辈）。正如一个种子之胚（先天太极），演化出三部分“左子叶、顶芽、右子叶”。顶芽，就是后天太极，处于众多时空位的中央或核心。芽苞与种子胚，具有显然的全等性：演生出一棵新植株。

所以**“二生三”，实际就是“二成三”**，就是任何一对由太极“一”气演化出的阴阳两体（或部分），与中时空位里的核心（部分），都构成一个“三”。所以老子说“万物负阴而抱阳，冲气以为和”。这里的冲气，就是子太极，处于阴阳之气的中央或核心。冲气、阴气、阳气，就是“三”体或三部分。正如原始地球，从统一的太极一体“元”物质，演化出今天的地球三层：地核、地幔、地壳。只是让地核占领了中轴或核心时空位 O。

所以冲气，就是由先天太极演化出的后天太极。正如种子（太极）演化出了无数个芽（子太极），每一个芽，都同样以潜在的“一阴一阳之谓道”演化出阴阳两体。后天太极（冲气）在图 2－13 中用“S”来表示。它仍然和先天太极之“一”一样，可以演化出无数的阴阳两体，所以，它处于图的中央。

所以，“一”和“冲气”的关系，就是先天太极与后天太极的关系。正如受精卵里的基因是先天太极（一），那么由受精卵演化出的体细胞里的基因，就是后天太极（冲气）。现代克隆技术，早已证明了体细胞与受精卵 DNA 的全能与全等性，所以，先天太极

与后天太极，就演生出一个完整生命而言，是等价的。所以，先天太极与后天太极，均可用同样的“S”曲线代表。（如图2－13）

（五）三生万物

万有时空位演化原则，推导时空位奇数演化的秘密 $S=2m+1$。三生万物，强调了三才演化模型。三才是继太极“一”之后的一个演化数学模型，它以“一源三歧”而演化出三大部分，或三个类型：阴气、冲气、阳气。其中，阴气、阳气，是处于众多偶对时空位的众多阴阳演化之“对子”体。而冲气，处于中央O时空位。三才呈三足鼎立，它像一个配件一样，时刻大显身手。所以“三生万物”揭示出同源物质演化中广泛存在的“三角式”演化现象。所以说，老子的道生论，就是一个完美的万物时空位演化本质表达。

三角式关系，在人体演化中，表现得如此夸张：

如外在人体之大观，表现为“1”脐与“2”乳房也。脐为先天之用，乳为后天之使。在脏腑中，表现为三对“三角式”表达，即“1脾与左右2肺、1脾与左右2肾、1脾与左肝右胰”。在感官中，亦表现为三对“三角式”之窍对应关系：“1口2鼻孔、1口2眼、1口2耳。”在此，脾是五脏之“1”体之核心。同样，口，是五官演化的唯“1”核心。脾、口，都成为所在器官演化群落里的“太极”，或唯“一”中。

（六）道生图意义

道生论演化时空位表达图，意义重大。它揭示了万物同源演化的许多秘密：道体混然，演出极“一”。一为先天太极，以“S”线“曲曲动人”，然后“S”线再演化出阴阳两体，包括“S”线在内共有三部分：阴气、阳气、冲气（后天太极）。**冲气＋阴气＋阳气**，均是先天太极演化的结果，呈“三”元，“三生万物”也，三才模型也，三角式关系也。

像双子叶的西瓜苗，发芽时有三大部分：右子叶（阴气）、顶芽（冲气）、左子叶（阳气）。如果说，西瓜种子里的基因是先天太极，那么顶芽，就是后天太极。种子胚与芽里的胚，均具有全能性。一个顶芽，就像一粒种子，能演生出无穷叶子。因为二者都有自己独立的生命之奥妙——胚。（如图2－14）

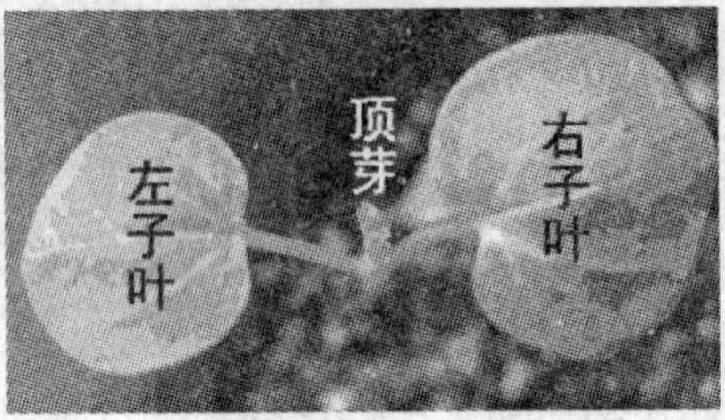

图2－14　胚性三才模型的三值演化

三才，万物之配件也。生生化化，妙处无穷，然喜奇数而演。大千世界，均蕴于“道生图”也。生命演化无穷，然奇数选项万千。只是务实的地球，多钟情“一、三、五”三个数学模型选项，奏响生命之歌，让人思绪万千。

结　论

1. 中医有一条理论演生潜在的主干线。它的始端理论，就是元态太极演化模型。理论要素是一组哲学模型：道、易、太极、一。由此推出中医重要的概念：整体观、命门、元气、元阴、元阳等等。

2. 道就是易，太极就是一。二者演化的公式、路径都不同。但二者却高度统一于相同的万物演化时空位奇数公式：$S=2m+1$。

3. 元态演化，此处的元态，含义有二：混然的“道”或“易”，亦可指高度统一的道体或易体里的“太极”或“一”。一个是糊涂的混然之“元”，一个是清楚的核心之“元”。一个糊涂蛋，一个精神猴。

4. 如果用种子来比喻，那么道（易）就是种子，而太极（一）就是种子里最精华的胚或基因链。

5. 元的意义，在于气血阴阳、一切生命要素高度凝缩在一个纯理想化的思维模型中，中医用命门来承载。命门就是“太极”或“一”，是“道”或“易”体里高度统一的基因，是“道”演“一”，“易”演“太极”。先有“道”“易”之混元之气，然后演出基因意义上的“一”或“太极”。而元气，就是构成基因的精微物质，所以才具有推动人体发育及遗传的功能。

6. 元态太极演化模型，在中医治疗学的贡献，就是找到了命门这个生命之“元”。补元气，就是补人体最本质之元态物质，如元精、元气，是第一层面上的物质或功能；而元阴、元阳，是第二层面上的物质或功能。

七、我看太极图

太极图，本质上就是“易”演图。太极，就是释“易”的图谱，是以日、月变化为指代，阐述宇宙万物演化简式。它强调的是“一阴一阳之谓道”的阴阳演化模型。易有演化出“太极”的潜力；而太极潜在着演化出阴阳两体的机制。如此简单。（如图2－15）

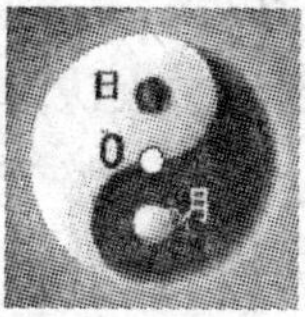

图2－15　太极演化模型中时空位“O”点

（一）易之意

“易”是什么意思？

是指日、月之变也！

古人以日、月为最重，故以日月说阴阳。日、月，给人类带来了唯一的光明。白天让“日”劳作，夜里让“月”操心。日、月给人类的视觉，是所有星体最明显的。从人类视角演化看，应该最重视“日、月”。因为最容易察觉到的事物，最容易引起人类注意。

春夏秋冬，一年四季，日、月在悄悄变化。“易”字是上下结构，上边是“日”，下边是“月”。上边“日”，代表阳势，主温热；下边“月”，代表阴势，主寒凉。日、月，代表阳、阴，所以，易“字”的本意，就是用日月之变化，代表阴阳之变化。可以说，传统所说的太极图，实为“易”图，即日月之变化图，张扬着阴阳变化的主旋律。

（二）易演图解

要问太极图何为？答：是“易”演图。不应该叫太极图，叫“易”演图更为确切。

它以“黑、白鱼”论昼、夜，以“黑、白鱼”眼代日、月。黑鱼代表阴主夜时，整个夜空黑暗如炲而潜在，衬着一轮明月；白鱼代表阳主白昼，整个天空明亮如镜而显在，托着一枚红日。且日、月视觉上大小相同，反映着“阴平阳秘”的势均力敌。

所以，“易”图均指天上的事，拿天上的日月说事罢了。

因为古人认为“天圆地方”。天“圆”的视觉效应，符合实际观察。所以，整个“易”图，用一个大“圆”代表“易”——一团混沌物质演化的广阔舞台。只是这个舞台是“圆”的。

以黑白区别白天与夜晚，以黑鱼之白眼，论月；以白鱼之黑眼，论日。切记，有一类太极图用红眼代表红日，青眼代表明月。本书作者认为，**两鱼“眼”是“红、白”颜色较符合视觉观察：**红睛（太阳为红色）、白睛（月亮为白色），而不应该是“黑睛、白睛”。

整个图，就是“易”演图，日、月变化之图。易者，“日、月”上下之变也。易之意，实为日月之变也。在卦书中，一个“—”表“日”代表阳爻，代表日的永恒不变；二个“-”（- -）表“月”代表阴爻，代表月的一月两相（圆、缺）。日恒、月缺，影响万物造化。古人有崇天、敬天的习惯，认为“天人相应”，地之大事，均日月促成，所谓“天时”或“天意”。故有用日月附说万事的习惯。反映古人对日、月的重视和无比的敬畏。这里的“天”，还有一层是人格化或神化的“上帝”。上帝是任何民族都敬畏的底线，不管上帝存在与否。

（三）无极、太极说

无极就是“易”；无极生“太极”，就是“易有太极”。其实，中国古代许多哲学概念之所以有歧义性，均因为它们太哲学化，不用具体的事物来明言。

道、易、无极，三者等价，均指一团混沌的物质，相当于原始太阳系星云，一团混元物质，所以老子说它“有物混成，先天地生”。当它们演化出有明确边界，明确目标的时候，混沌星云终于演化出一个清晰可辨的太阳系，就是“道生一”，就是“易有太极”，就是“无极生太极”，就是一团嫩花生浆液（混沌），演化出有血有肉的花生果之“胚”。胚是什么？一团物质系的演化核心与调控机制指令图。

太极，在太极图中没有表达出来。它是一个端点，一团混然之物的演化精华。因为它是“极端”物质，所以，它应该是阴阳鱼相交边界上的“S”曲线，可以用一个特化的小圆点“O”代表她，占有中时空位。守“中位”或“核心位”，是太极的特点。正像巨大恒星形成的黑洞，总是在“中位”是一样的。其实，种子之胚，就占种子的“中位”或“核心”。“点”，是宇宙物质演化的一种思维模型，是个“极端”。

极者，端也，所谓极端。无极者，无“端”也。什么是无端？就是那团圆润可爱的“大圆”，绕它走，怎么也走不到头，走不到端。为什么？因为是“圆”，它有限而无“极”无“端”。

太极，就是选中了唯一之“端”也。如果说，无极是群众，太极就是个体也。全国人民就是无极，不容易数清楚，是一国（团体）；一个人就是太极，一数知“一”。无极，就是浑然一体的

"圆"形天空，它无穷之大，深不可度；太极，就是在这无穷天空之"圆"中，划出了一块有限的"特区"，用一个"极点"来表示它的唯一性或始端性。

太极生两仪，就是从太极之物，演化出了阴阳两体。正如从种子元胚中，演化出了左右子叶。太极图的喻意：一团同源演化的物质（易），演化出核心之中央（太极），中央调控，以"一阴一阳之谓道"而演化万物（阴阳之体）。正是**"易—太极—阴气、阳气"**。

"易有太极"，就是"硕大"之混"圆"物质，产生出一个极端的物质或部分，潜在中时空位0。用黑鱼、白鱼，代表阴、阳两体或阴阳两势。用两个鱼眼"黑睛、白睛"代表阴阳两体的代表。白黑睛（实为红眼），代表白天的太阳；白鱼，代表夜晚中的月亮。

无极就是"易"，物质处于混然不决状态；太极，就是选择了一个端"点"，有了明确目标。正如小伙子找姑娘，在没找到以前，选择对象只要是没有血缘关系的合适的妙龄女，均是候选之"妻"，之"太极"。多少？无数也，无极也，易也。四海内外，火星姑娘、月亮妹妹，均可以，故无极也。无极，就是"易"，无穷多也。当一旦选到一个，就是无极中找到了太极。所以，太极具有唯一性。正如一夫配"一"妻也，而不像中东国家的那些花花男子，可一男娶四女，四个太极。

再如，男女媾精，无数精子与一个卵子杂合而居，处于交争的无序状态，是混沌而在的"道""易"或"无极"态。但当一个最优秀的精子俘虏了卵子，成为一个受精卵，突然有了远大目标：孕育儿子，或可生男，或可孕女。这就是无极生太极。卵子从众多精子（无极），选了一个最满意的精子（太极）。

（四）太极图与万有演化原则时空位表达

太极图强调的是"一阴一阳之谓道"的"倍二"演化律。不像道生论强调"三生万物"的三才演化律。太极演化的模式，强调同源物质，以绝对意义的阴阳模型，只演化出一对对有显然对立表达的“阴阳”之体：太极—两仪（阴仪、阳仪）—四象（阴象、阳象）—八卦（阴卦、阳卦）……所以，从元时空位太极演化的后代，它们在万有演化原则的奇数时空位中，只占领对立意义上的偶对时空位，却让中时空位 0 虚空。因为太极说，只强调“一阴一阳”，不重视“中”时空位的占有。

其实，生物演化如此之妙，在细胞层面上，多以太极模型演化。什么是太极模型，就是倍二演化，阴阳对立演化。如受精卵，在细胞层面上，是“一元二歧”“一分为二”演化。一个细胞产生两个细胞，这两个细胞很相似。还有磁铁，总是在极端处，演化出一对冤家：正极、负极。无论怎样切割磁铁，正、负两极总是存在。

但宇宙有些演化却遵从道生论模型。什么是道生论模型？就是“一元三歧”或“一分为三”演化，一个东西变成三个。如倍二裂变的受精卵，最后却形成“三胚层”——三大类细胞。地球也凑热闹，形成三胚层：地核、地幔、地壳。从全息胚观点，任何相对独立的部分都是全息胚，所以，双子叶种子发芽，形成三个全息胚：左子叶、顶芽、右子叶。

本书研究发现，生物在细胞层面上，多以“一分为二”的太极说模型演化；在器官层面上，多以“一分为三”的道生论模型演化。(如图 2－16)

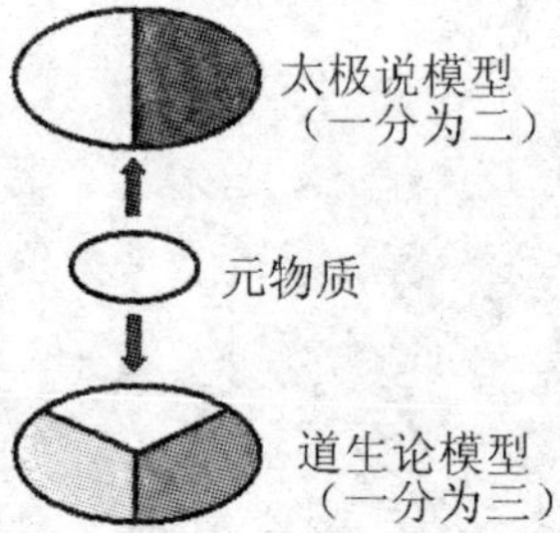

图 2－16　同源物质太极说、道生论两大演化模型比较

（五）太极宇宙观

太极图，可以促生这样的宇宙观：

宇宙从统一的一个“同源”奇点爆炸而形成。演化的每一步，都以“一阴一阳之谓道”，演化出属性相反的物质。宇宙演化对立又统一。

对立，就是反属性演化出对立的物质或属性：物质、反物质，电子与质子，植物与动物，大与小，寒与热，内与外等等。这个宇宙确实有众多物质演化，是以太极说“阴阳”演化模型来演化。统一，就是任何阴阳之体，都能找到它们演化的同一归宿，就是同根娘家之“太极”。

但太极说，不是万物演化的唯一模型，它有显然的缺陷，就是只强调阴阳的对立，而忽略了中态的存在。正如左派、右派、中间派，是三派，而不是两派。原子结构多三元配件：电子、质子、中子。这一点上，道生论就显得更完美些：强调阴阳对立同时，不忘“中庸之道”。老子强调的“三生万物”，显然高明于太极说许多。

也许整个宇宙，大势演化是三才模型（道生论）；极端演化是阴阳模型（太极说）。

第三章 阴阳模型与二值演化原则

也许有一天，上帝开玩笑地说：就让宇宙，按照中国人的阴阳来造生万物吧！（如图3－1：上帝之子耶和华）

于是，宇宙万物一股脑地“一阴一阳之谓道”——恒星、行星；正电子、负电子；质子、反质子；物质、反物质；动物、植物；男人、女人；雄蕊、雌蕊；升和降；寒和热；虚和实；大和小；内和外；左和右……

图3－1　上帝之子耶和华

就这样，中国的阴阳，就广泛地在宇宙各个角落安营扎寨，战斗在“希望的田野里”。

而且从不会下岗，更不会失业。

应该说，阴阳学说，最招人喜欢，也最招人讨厌。

为什么？

因为离开了阴阳，中医理论就没法“理论”了，“人生有形，不离阴阳”（《素问·宝命全形论》）。但阴阳又捕风捉影，变化多端，让人摸不到头脑，“阴阳者，有名而无形”（《灵枢·阴阳系日月》）。

所以，要吃透阴阳，不是件容易的事。细细品尝阴阳，应该**多层面认识：**

物质、功能、信息，三个层面来界定阴阳。它有具体的物质寄托，又以不同的功能或能量表达其质，并以不同的信息，产生出人类可认识的“现象”。它寄存于物质、功能、信息等多层面的载体上。

阴阳，就是差别，同源物演化由于量变、质变，产生的可比较的差别。这种差别，表现在物质结构、功能表达、信息显现等多层面。正所谓“一母生百般”。

一、给阴阳定方寸

常听到这样的谬论：男左女右，男阳女阴。

就是“铁杆”中医，包括许多中医教师，也常这样乱哼哼。我不知道“男阳女阴”的根据是什么，男女在此比较的内容到底是什么？我只知道，如果比力气，雅典奥运会冠军唐功红（如图3－2），女儿国里的“南霸天”，肯定是我这个杀不死一只鸡的“小男人”力所不及的。如果以力气大小定阴阳，力大者为阳，力小者为阴，我和唐妹妹如何比，谁是阴谁是阳？

图3－2　奥运会冠军唐功红

所以，有必要对阴阳作本质上的研究，首先要弄清楚一个大问题，阴阳一定纳入**统一的可比较范畴**，才能成立。

否则笑话百出！

（一）广义阴阳

所谓广义阴阳，是指宇宙的任何事物或现象，能抽象出在统一范畴内可比较的相对待属性。

它适用于宇宙一切事物或现象——**自然界、人类社会**。即包含在自然宇宙、人类社会、意识形态等一切领域中。这个定义的最大价值，在于消灭了传统阴阳定义中的界定模糊，强调只要在某一或某些范畴中，抽象出有比较意义的属性，均可以用阴阳来说事。正如上边谈到的比力气，单就力气大小，力大者规定为阳，力小者为阴。在力量范畴内比，唐功红为阳，我为阴。而不是性别之比。找到可比较的范畴，是广义阴阳最显著的特点，否则无法定阴阳。举例如下：

力量范畴：力大者为阳，力小者为阴。

空间范畴：大为阳，小为阴。外（显露）为阳，内（潜含）为阴。

温度范畴：暑、火、热，为阳；寒、凉、冷，为阴。

颜色范畴：红、橙、黄，是温调颜色为阳；绿、蓝、靛、紫，是冷调颜色为阴。明亮为阳，灰暗为阴。

味觉范畴：辛、辣、甘发散，为阳；酸、苦、咸涌泻，为阴。

方向范畴：上为阳，下为阴；升为阳，降为阴。

声音范畴：声高为阳，声低为阴。

运动范畴：快为阳，慢为阴；动为阳，静为阴。

生命反射范畴：兴奋为阳，抑制为阴。

性别范畴：授精方为阳，纳精方为阴。雄性为阳（授精方），雌性为阴（受精方）。

在此，传统中医认为的“气为阳，血为阴”，是有原则缺陷的。气多表示功能意义，而血则表达物质意义，没有可比性。但如果纳入运动范畴，就可完美地解释为：气，宜动为阳；血，宜静被气推动为阴。

（二）狭义阴阳

所谓狭义阴阳，指宇宙的一切呈自然状态演化的物质。在其演化的每一步，都以产生出有比较意义的物质属性为结果。一类物质属性，一定会演化出另一类相对待有差别的物质属性来对应。

它的适用范围：宇宙**自然界**。

此处排除人类社会，因为社会或意识范畴，可有较大的人类人为的成分。如个人英雄主义，往往左右着一个国家发展的模型或体制。

而自然界，却是比较让人放心的“自然而然”，而不是你随便捏把的泥团。如星体演化、元素演化、生命演化，都是自然物质系的演化。它们的最大特点，不受意识支配或人为控制。例如：宇宙元素演化，表现在元素周期表里，相邻两个元素电子数，一个奇数，一个偶数。奇数电子者，多活泼，所以可定为阳；偶数电子者，多稳定，可定为阴。

狭义阴阳，一个“万能上帝”炮制宇宙的祖传秘方！如电子带负电，质子带相反的正电；强相互作用力、弱相互作用力；冷色调光、温色调光；雄性、雌性等等。如下图，雌蕊孤芳自赏，处于众星捧月的“核心”，让成群结队的“卫兵”雄蕊，争风吃醋，暗送秋波。多么像一群男孩子，在齐追一个女孩子。（如图3－3）

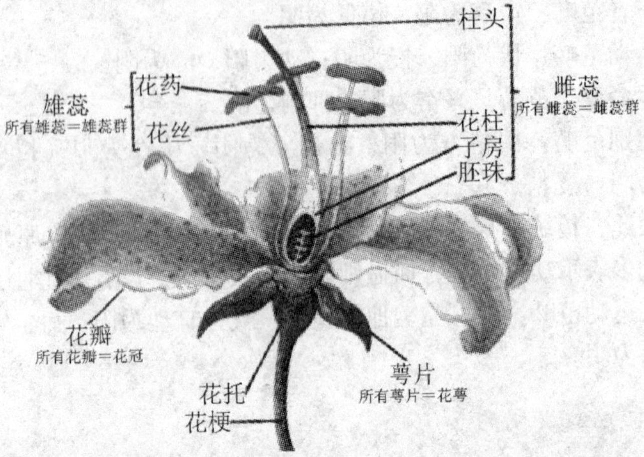

图3－3　花儿开了

（三）同属阴阳

即要比较的阴阳属性，在同一个比较的范畴内属性相同，但有程度的差异。

如从统计学研究，男子力大（为阳），女子力小（为阴）。所以，从大样本上，可界定男阳女阴。但同性中，也有力大力小之分。男人间的比较，力大者，为阳中之阳；力小者，为阳中之阴。女人间的比较，力大者，为阴中之阳；力小者，为阴中之阴。

中医有许多同属阴阳比较，比如痰和饮、津和液、寒和凉、火和热。如“火、热”均为阳邪，是同属类的，只是又有了程度区别，才具有了再比较的“同属阴阳”差别。如“**热为温之渐、火为热之极**”。热性弥散，火性结聚；热属阳，火属阴。[7]

（四）异属阴阳

即要比较的阴阳属性，在同一可比较的范畴内具有显然的本质差别。这是最常见的一些阴阳比较，因为它们表现得很夸张，水火不相容：如黑与白、水与火、上与下、升与降、内与外、好与歹等等。异属对待构成了中医最大量的阴阳属性归纳。如升降、浮沉、寒热、温凉、营卫、表里、虚实等等。

（五）阴阳的物质性

阴阳属性上的对待可以找到具体的物质来承担。就是说，单从物质结构上，就能找到阴阳对待的论据。虽然万物同源演化，但演化度不同，演化层面不同，同源演化的物质，可以有“你死我活”的斗争性。如阴气、阳气，质子、反质子。这种对待属性的物质存在，说同源演化的宇宙万物，结构发生了根本性变化，是结构，决定了功能，产生了这种“势不两立”的脾气。正电子、负电子，一对“冤家下凡”，一见面就“有你无我”，“嘭”一声响后“同归于尽”，只产生孤零零的光子，逃之夭夭！

（六）阴阳的能量性

宇宙的变化，从本质上说，是能量的变化，尤其是温度的变化。自然万物，均是应“温度”而生。物质演化序列，对应温度递变序列。温度，是物质微粒存在的运动状态。运动剧烈无序，表现为高温；反之为低温。热者为阳，寒者为阴；功能大者为阳，反者为阴。

（七）阴阳的信息性

即阴阳的判断，承载于外在信息之“象”的差别上。中医是唯象医学，就是说，从外在的表象，推求人体里面所藏的内容。如舌苔白主寒，为阴；红主热，为阳。

（八）阴阳的相对性

阴阳，就是差别。无论是同属也好，异属也罢，只是表现明显与不明显的问题。

阴阳是相对存在。如一杯 80℃的水为阳，79℃的水为阴。这其实是同属阴阳的比较。

（九）二值演化原则

《类经·阴阳类》有句名言：“阴阳者，一分为二也。”《易经》的“一阴一阳之谓道”，同样说明了阴阳二分法的深入人心。这就是二值演化定律。

二值演化原则：

任何相对独立演化的物质系，均能演化出在统一范畴内有比较意义的相对待属性。

二值演化原则，说明一个自然物质系的演化，只要演化出有比较意义的相对待属性，阴阳均成立。这里需要格外重视的是，道生论、太极说中的阴阳表达方式不同：

1. 道生论　“道生一，一生二，二生三，三生万物。万物负阴而抱阳，冲气以为和。”此处的道生一，就是混然物质演生出太极一气；一生二，就是太极演生出“阴阳两体”；二生三，就是二成三，因为阴阳两体加中轴存在的“冲气”部分为“三”。三生万物，就是三才的“一源三歧”的“一分为三”演化模式，是阴气、冲气（子太极）、阳气三部分，所以老子说“三生万物”。阴气、阳气，不是独立存在的，而是与“冲气”共同存在；或者说，离开“中气”，阴气、阳气就产生不出来，或表达不出来。这是问题之重所在。冲气，意义有三：是阴阳存在与成立的坐标；演出阴阳；调节阴阳。所以才有“调冲”之意。它是和事佬，左拉右扯，处事中庸，一个老媒婆子。

2. 太极说　《易》有太极，是生两仪，两仪生四象，四象生八卦。一派“一源二歧”或“一分为二”的演生方式。就是原来的太极母体，均匀地分成彼此相同的二等份，演生出几乎完全一样的两个子个体。如一个母细胞，有丝分裂，DNA 双链分离，形成几乎一模一样的两条子链，再按照相同的碱基配对原则，形成与母本 DNA 完全相同的两条子代双链，最后一个细胞演生出两个细胞，是“一演二”。原来的母本细胞消失了，形成了两个新的细胞。而不像“道生论”，阴阳两体不能独立存在，只能与“冲气”相依为命，同舟共济。

所以，太极说，就是一卵孪生，生出像一个模子做出的两个娃。

3. 道生论、太极说与生命演生　道生论提出的“三生万物”的三才模型，适应于细胞层面以上的生命演化，如器官演化。太极说提出的“一分为二”的相对待演化，适应于细胞层面上的演化。如受精卵，在胎元期细胞是以“一分为二”的太极模型而演化。

但道生论与太极说具有联系：当细胞以太极说的阴阳模型演化达到一定的度，就会量变到质变，突然以道生论的三才模型而演化。如受精卵，以阴阳倍二演化，达到一定积累度，就突然跃迁到三才模型，形成“三胚层”。宇宙演化，时刻要聪明，闹腾着玩！

二、孔子、老子，文明古国里的两元老

孔子、老子，两位历史人物，影响了中国的文化，又影响了中国的哲学。老子以“尊阴”为主，孔子以“崇阳”见长。二老对中医阴阳学派的形成，有重大影响。

（一）走近孔子

孔子出生在山东曲阜，是春秋末期思想家、政治家、教育家，是儒家学派的创始人。孔子一生不得志，却以一本《论语》让后人念叨再三。在两千多年漫长的历史长河中，儒家文化逐渐成为中国的正统文化，并影响到东亚及世界各国，成为整个东方文化的基石。他被中国人尊为“至圣先师”“万世师表”，是中国唯一被尊为“圣人”的幸运之人。（如图3－4）

图3－4　孔子

其实，孔子只是个学问家，他有自己的政治主张。他的伟大是后人封的。孔子的一生，是疲于奔命、不被赏识的一生。他的优秀人格与才华，并没有得到当时统治阶级的青睐。历代帝王，要么将他捧上天，要么将他打下地，全凭统治技术的需要。最典型例子莫过于汉武帝对他“独尊儒术”，而毛泽东却对他“斩草除根”。

孔子提倡“知天命”（《为政》），宣扬“畏天命、畏大人、畏圣人之言”（《季氏》），从理论上，炮制了君权是由天命决定的，这种等级秩序，体现了“尊阳”的思想。西汉时期，儒生董仲舒，更提出“罢黜百家，独尊儒术”的独裁理论。“道之大原出于天，天不变，道亦不变”。他把孔子的“君君、臣臣、父父、子子”的思想，发展为“三纲”，并在《春秋繁露》有专列，体现了“男尊女卑、阳强阴弱”的“尊阳”思想。

孔子儒家思想，对中医界的影响主要表现在：

1. 强调秩序性　如以上下分阴阳，则上为阳，下为阴。

2. 强调等级性　重阳轻阴。

3. 强调畏天命　敬畏天，敬畏神灵。人要对天保持足够的尊敬与信仰。可“开采”出现代人与自然和谐相处的理念。符合“人与天地相参也”的天人一体思想。

4. 对中医补阳派有一定的促进作用

如《素问·生气通天论》所说“阳气者，若天与日，失其所则折寿而不彰，故天运当以日光明”。张仲景，中医鼻祖，独重“阳”的作用。主张“留得一分阳气，便有一分生机”。一本《伤寒论》，倾注了对补阳、护阳的尤其重视。

（二）走近老子

老子，春秋末期思想家，道家创始人。春秋末年楚国苦县（今河南鹿邑人）。（如图3－5）

图3－5　老子

道家研究《易经》，独重“坤”卦，强调阴柔的归藏包容功能，强调贵柔尊阴，自然无力，致虚守静。这种无为而治的策略，清静无为的“虚空”思想，是道家的主要思想。

相传，山东的孔子，带着徒儿徒孙一大帮，到河南去拜见老子。到了牡丹之城洛阳，等了好几天才被准许见到了老子。谦虚的孔子说："久慕先生威名，这次带愚徒几人特来拜谒。请问先生近来修道进展如何?"不想老子却张嘴大笑道："你们看我这些牙齿如何?"孔子徒弟觉得莫名其妙。心想，我们从鲁国大老远里来，就为了看这些七零八落的牙齿？不明白老子的意图。这时候，老子又伸出自己的舌头问："那么，我这舌头呢?"孔子师徒又仔细看了看老子的舌头。此时孔子眼前灵光顿现，微笑着答道："先生学识渊博，果然名不虚传!"并会心地点了点头说："如醍醐灌顶，方彻大悟呀!"

返回鲁国途中，子路牢骚满腹："我们远道来洛阳，老子什么也不肯教给我们，只让看他的嘴巴，太无礼了!"

孔子听后拂须大笑不止。

颜回答道："不枉此行，先生传授了大智慧。他张开嘴展览他牙齿，意在说牙齿虽硬，以硬对硬磨合久了，也难免残缺不全，两败俱伤；他展览他舌头，意在说舌头虽软，但以柔克刚，却能完好无缺。"

子路听后恍然大悟。

颜回继续道："流水虽柔，穿山破石；风虽虚无，却能撼倒大树。"

孔子听后大赞："颜回果然窥一斑而知全豹，闻一言而通万理呀!"

辩证思维，以柔克刚，尊崇"上善若水"，是中华民族宝贵的哲学智慧。

老子道教派对中医的影响：

1. 强调阴的作用　所谓"以柔克刚""以弱胜强""滋阴扶阳"。

2. 强调秩序性　内为阴，外为阳。如相表里脏腑，内为脏（阴），外为腑（阳）。

3. 强调守静养生　主张虚无恬静，修炼达"返老还童""长生不老"。

4. 对中医补阴派的产生有一定作用。

应该说，老子思想比孔子思想对中医更具有影响力。《内经》处处闪耀着老子的“崇阴”思想。

《素问·生气通天论》：“阴者，藏精气而起亟也；阳者，卫外而为固也。”

《素问·阴阳应象大论》：“阴在内，阳之守也；阳在外，阴之使也。”

《素问·阴阳应象大论》：“年四十，而阴气自半也。”

《素问·五常政大论》：“阴精所奉其人寿。”

朱丹溪：“阳常有余，阴常不足。”他主张滋阴降火，无疑是“崇阴”学派的模范。

三、“盖天说”“浑天说”争阴夺阳

古代天文学，也对中医思想提供“一孔之见”。

（一）“盖天说”

“盖天说”，是中国古代的一种宇宙演化说。其认为天像一个大的锅盖，将苍茫大地盖个严严实实，所以叫“盖天说”。这一学说最大的好处，在于很好地符合了人类的视觉习惯：站在蓝天下，铺着天盖着地。（如图3－6）

图3－6　天像锅盖罩地

据《晋书·天文志》记载："其言天似盖笠，地法覆槃。北极之下为天地之中，其地最高，而滂沲四，三光隐映，以为昼夜。天中高于外衡冬至日之所在六万里。北极下地高于外衡下地亦六万里，外衡高于北下地二万里。天地隆高相从，日去地恒八万里。"

"盖天说"最早出现在西周。当时认为天尊地卑，天圆地方，认为"天圆如张盖，地方如棋局"，穹隆状的天覆盖在呈正方形的平直大地上。这是"盖天说"的初级阶段。后来在发展过程中也有几种不同的见解。由于圆盖形的天与正方形的大地边缘无法吻合，于是又有人提出，天并不与地相接，而是像一把大伞一样高高悬在大地之上，地的周边有八根柱撑着，天和地的形状犹如一座顶部为圆穹形的凉亭。

到战国时期，对上述的"盖天说"开始发生怀疑，于是修改成"天似盖笠，地法覆槃"，就是说天是球穹状的，地也是球穹状的，并且认为北极位于天穹的中央，日月星辰绕之旋转不息。

"盖天说"，通常把日月星辰的出没解释为它们运行时远近距离变化所致，离远了就看不见，离近了就看见它们照耀。这种解释比较牵强。"盖天说"被越来越多的天文观测事实否定。西汉的杨雄提出了难盖天八事，否定了"盖天说"。

"盖天说"对中医阴阳定位有影响：

1. 强调上下秩序性　天在上为阳，地在下为阴。上为阳，下为阴；如头为阳，足为阴；头为天，足为地。

2. 强调趋"位"性定阴阳　趋向于上为阳，趋向于下为阴。如清气趋于上达，所以为阳；浊气趋于下降，所以为阴。《素问·阴阳应象大论》："清阳为天，浊阴为地；地气上为云，天气下为雨；雨出地气，云出天气。"解释了云雨的生成，说明了天地之气的"上下"运动形式。

（二）"浑天说"

浑者，混沌如鸡子也。"浑天说"，也是中国古代一种宇宙演化

观。认为天是一个圆球，地就是圆球里的一点。天球在不停地旋转，日月星辰随天运转，转到地平线之下就看不见了。(如图3－7)

“浑天说”，比较具有现代天文气息，比“盖天说”更好地解释了天体的出没。

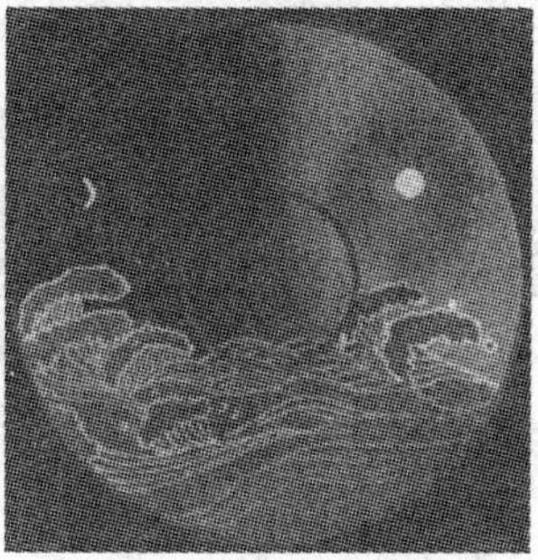

图3－7 天象圆球悬空

东汉张衡《浑天仪注》载：“天地各乘气而立，载水而浮。”解释为：天地都像气充满着而站立着，又像漂浮在水中有上浮的感觉。到了北宋时代，张载《正蒙·参两》提出“地在气中”，认为天地之间完全为气所充满。越来越具有现代科学的味道。

张衡还提出了宇宙无限观：“宇之表无极，宙之端无穷。”(《灵宪》)他认为球形的天球并不是宇宙的边界，宇宙在时间上和空间上，都是无穷无尽的。这说明，中国古代人民对宇宙的思考是深沉的。

“浑天说”对中医阴阳定位有贡献：

1. 强调内外秩序 外为阳，内为阴；外为天，内为地。

2. 强调趋“位”性定阴阳 趋向于内为阴，趋向于外为阳。如《素问·阴阳应象大论》：“阴在内，阳之守也；阳在外，阴之使也。”

四、阴阳的千年秘密

善诊者，察色按脉，先别阴阳。但阴阳治疗的本质，中医几千年却是笔糊涂账：到底调了谁的阴阳？是哪个层面上的阴阳？

应该从下列几个方面，求解这个千年之秘。

(一) 命门层面演化

命门，是任何细胞、器官、系统背后共同的演生平台，共同的元态物质。全身阴阳归于一宗：元阴、元阳。

元，是第一的意思。受精卵，为生命的元精。这个元精，演化出人体的任何体细胞、脏腑、组织、器官。任何生命结构单元，无不潜藏着元精演化的细胞形式。体细胞就是元精演化的后代。元精所化之气为元气，然后，元气再一阴一阳“梅开两朵”：元阴（气）、元阳（气）。

在此，我们首先应该弄清楚一个大问题：

先天命门、后天命门！

所谓先天命门，就是先天太极，就是先天之精里核心成分。正如种子之核心成分——“胚”，一挂生命演化的基因图谱。所谓后天命门，就是后天太极，就是后天之精里的核心成分，如体细胞内的基因图谱、基因链。

当受精卵这个“先天命门”启动演化程序，立即就进入了后天的演化阶段。先天命门就进入了后天命门的演化阶段。因为受精卵一旦启动演化程序，就像种子启动了萌芽程序，立即物化成与五行模型对应的人体五大类品质：体细胞、组织、器官、系统、人体，是五大类生命品质各异的“命门”承载物。因为“细胞”是这五大类生命层面中的“公共”潜在，或公因子。

如果受精卵代表元命门（先天命门、先天太极），占有“元时空位”；演化出的体细胞代表后天命门（后天太极），占有“中时空位”。在万有演化时空位中表达。（如图 3－8）

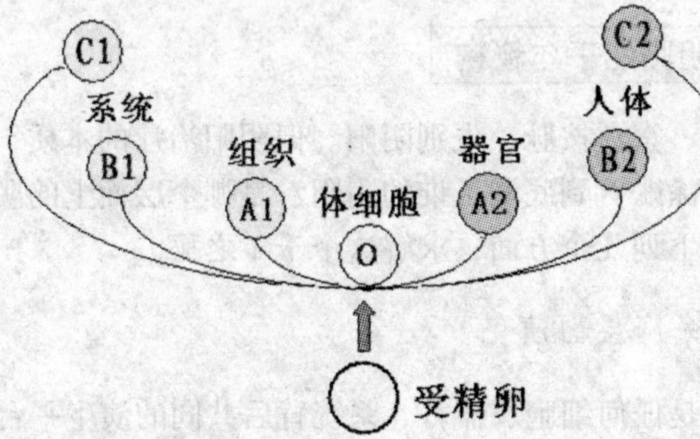

图 3－8　受精卵演化的时空位表达

在此明显读得出：受精卵、体细胞是先、后天的主角，而体细胞演化出两对“阴阳偶对”：组织、器官，系统、人体。均由“体细胞”为演化源。器官，是组织之汇总，故二者构成阴阳偶对；人体，是系统之综合，故二者亦构成阴阳偶对。当然均是同属阴阳。

（二）肾脏沽名钓誉为哪般

只是中医将元阴、元阳让肾来承载，所以，又叫肾阴肾阳。其实这种说法是错误的。肾脏是一个具体的器官，它自己只能有自己的肾精、肾气、肾阴、肾阳。它哪里炼就这样的胆，胆大包天剽窃抢了命门的独裁位置?

这只能从模型思维上，来看清肾脏真面目。

其实，这里的肾只是个托辞，本质上是一种模型指代，不是指肾脏本身，而是升华了，上升为生命最本质的代表。其实指的是命门，全身综合之命门。此时，肾就是命门。肾在这里只是个道具，是个符号，代替了命门的大“号”。正像我们偶像崇拜到神话的愚蠢。这才是几千年中医最大的秘密：用肾命门代替精卵意义上的命门。才演生出肾阴、肾阳，“相当于”元阴、元阳的荒唐!

（三）命门之治

所以，命门之精，演化出命门之气——元气。元气再一分为二演化出两类气：元阴（气）、元阳（气）。此处的元阴、元阳，是任何相对独立的细胞、组织、器官、系统、人体均含有的。先天命门与后天命门，只是层面不同，其阴阳本质是统一的。我们做不到补真正意义上的元精（受精卵），因为它早已消失，演生出了不同生命结构单元。我们只能老老实实地补各个生命单位里的元精、元气、元阴、元阳。元气之补已经在上章讲述，在此只单讲补元精、元阴、元阳。

1. 补元精

元精含义有两层：

生命之精：受精卵（先天之精）、体细胞（后天之精）、精细胞。

营养之精：生命之精所化的精微物质。

对于人体，受精卵这个先天生命之精，已随着孕育出新生命而消耗完了。所以，平时我们所谓的补元精，只能补新生命的体细胞及新生命个体发育成熟时排泄的生殖之精。但无论体细胞或生殖细胞，均能化生出精微物质，亦属于元精。

在此，元的意义，特指细胞类的生命单位，无论先天或后天，均寄着生命的那份永远——遗传信息。唯有细胞，才是生命真正的载体。它传承着宇宙生命之“奥秘”，表达为一条神妙的基因链。

从生命体同源受精卵演化，可推导出**补元精，就是补每个细胞及细胞演化出的精微物质**。元精有先天之元精、后天之元精。每个脏腑，都是同源受精卵细胞向某个方向特化的生命结构单元，只是特化度不同，使每个脏腑特质有别，各自的元精有别，但都同源演化，所以本质而言，中医任何脏腑的元精，只有形态的差别，本质上高度相同。

每一脏腑演化出自己独特的元精，如心肌细胞演化出心元精——“心精”，“心精”再演生出心脏元气——心气，心气再演化出心阴、心阳，共同作用使心脏收缩、舒张有度。演化轴：

心元精（简称心精）—心元气（简称心气）—心元阴、心元阳（简称心阴、心阳）

每一脏腑器官均如此。所以，补元精，无论补先天或是后天，其治疗方法是一样的，方药也是一样的。因为生命体是同源受精卵演化。

代表方剂：四物汤。

组成：熟地、当归、川芎、白芍。

功效：生精化血。

方解：熟地大补精、阴，补精可化阴（亦化阳），补阴可反向补精（子满益母）。因精化阴阳，阴阳足，则精可凝、可聚。正如儿女有钱，不但不花父母的钱，反而尽反哺之恩回报父母。就是说“子足令母实”。

当归补血、补精。血为精之粹，亦是精的一种，血细胞具有显然的细胞结构。白芍，补阴为其长，阴足则间接补精。川芎，补中有散，血中气药，防诸药补滋生腻、生滞，所以是“血中之气药”。

所以，精血同源、同物，同为细胞类的“本源”之物。血细胞就是细胞的一个品种。故四物汤是补元之祖方。这个元，就是补各层面上的命门之元精。无论先天元精，或是后天元精，均可用它。精血足，可化元气，元气再化演元阴、元阳。

2. 补元阴

所谓补元阴，就是补命门之气演化出的阴气，又称元阴。

代表方剂：六味地黄丸。

组成：熟地24g，山药12g，山茱萸12g，茯苓9g，丹皮9g，泽泻9g。

功效：补命（门）之元，降虚性之火。

方解：因为此处，不是特补哪个具体器官脏腑，而是补各个生命结构单元里的命门之元，就是大补元精。元精足，才能化出足够的元气，元气再演出足够的阴气、阳气。

三补之意补什么？

三补——地黄、山茱萸、山药。

地黄、山茱萸，大补命门之精，精可化元气，元气可化元阴、元阳。所以，补元精，就是源头之补（补母），就是间接补元阴、补阳，并不是单独补元阴。山药，直接大补元气。

地黄、山药、山茱萸，三药大补命门元精或元气，而不是直补元阴、元阳。元精、元气足，自可化出足够的阴气（元阴）、阳气（元阳）。这才是六味地黄丸之第一大妙也。

无三泻还成为补阴药吗？

研究认为，没有三泻药，六味地黄丸就没有补阴作用，只有补元作用。

解释：茯苓，大补元气，又泻水气，补中兼泻。泽泻性好专利、专泻，无补元之能。丹皮泻木之虚火，亦泻实火。三药共，顺应金、水沉降之性，增加金、水精气的下降，抑制木、火之升浮之性。金胜克木，水胜克火。顺金水之降，克木火之升。最终增加精元产生的阴气力量，相对削弱精元产生的阳气力量。使以补元精、元气为主的三补之药，因为三泻之药的加入，而变成了以补阴为主的“补阴”方剂。这才是三泻之用的意义。这是六味地黄丸的第二大妙也。

结论

地黄、山茱萸，补命门之精（元精），为补各生命单元命门之精的第一功臣。山药，补命门之元气，为补命门的第二功臣。（熟地、山药亦有直接补阴的功效）三药合用之意，从源头上，大补命门之元精、元气，元气足，则化出元阴、元阳。故三补之药不专为补阴也。

茯苓、丹皮、泽泻，三药有泻降之势，顺应金、水之沉降，沉降之势，必折木、火之升腾之势，故有泻木火之意。因沉降之金、水，必损升浮之木、火也。金、水沉降泼压，必灭蒸蒸上升的木、火之势。

六味地黄丸，三补之药，实补命门之精之元（气）。精元足，气乃生。此时元阴、元阳均等同大补。所以，三补之药，阴阳并补。而三泻之药，不是直接消火，而是顺应金、水之沉降，抑制了升浮之木、火，达到了“泻火”之目的。

是三泻之药，帮助三补，才使六味地黄丸变成了“滋阴”泻火的方剂。这才是六味地黄丸的奥妙所在。这一点，传统中医界没有读出来。

五行模型解释：五行，是命门元态演生的五大类精气运动功能的泛指代，不能牵强附会到与真实的五脏等同。金、木、水、火、土，是命门精气演化的五大类发生有别的属性归纳。金、水趋降，木、火宜升，土为中庸之位。三补之药，五行俱补，补阴补阳，阴阳并重；三泻之药，顺金、水而抑火、木，并增强了三补中的阴势，才最终让六味地黄丸“大胆”变成了补阴药。

3. 补元阳

所谓补元阳，就是补命门之气演化出的阳气，又称元阳。

代表方剂：金匮肾气丸。

组成：熟地黄，怀山药，山茱萸，丹皮，茯苓，泽泻，附子，肉桂。做丸服用。

功效：补命（门）壮阳（元阳）

方解：本方六味地黄丸，加附子、肉桂。六味地黄丸，三补之药补精益气，阴阳均补，因三补而反成补阴之药。

附子、肉桂，二药温性悍烈，不可多用。微量可促使木、火之升浮，消金、水沉降之阴势。最后协调的结果：升浮的木、火，胜沉降的金、水，故有“补阳”之功。补阳的结果，使命门阴阳均补的力量，最终使阳势占优，于是达到“壮阳”目的。

结论

六味地黄丸中的三补之药**地黄、山药、山茱萸**，以补元精、元气为己任。（如图 3 –9）这是元态之补，此补使阴阳“阴平阳秘”处于动态平衡。此时不显阴阳优劣胜负。但当加入三泻沉降之药**茯苓、丹皮、泽泻**，加强了命门之阴的降势潜在作用，打破了命门元态的阴阳平衡，使阴势足，阳势欠，故阴相对胜而有“滋阴泻火”的作用。

但当六味地黄丸加入大热的**附子、肉桂**，阴阳平等的命门元态立即被打破，加强了命门之阳的升势显在作用，阳势的阳气得到加强，故阳气有余则热，产生了“补命壮阳”的目的。（如图3－9）

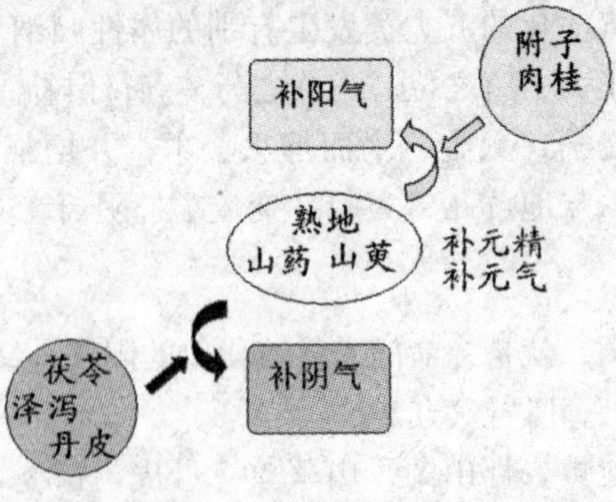

图3－9　元精、元气变“阴”、变“阳”

（四）脏腑阴阳大论

命门之阴阳，是人体阴阳之本也；而脏腑，是命门之“本”承载的一个个器官。如果说，命门是个大太极或母太极，那么，脏腑就是小太极或子太极。每一个脏腑，都有自己的小太极（命门），有自己的元阴、元阳。

由于演化的同源性，所以，任何层面上的器官或生命单元，它们的命门，在本质上，均与大命门是统一的。就是说，任何层面上的命门，它们的生命本质高度一致。正如人体是受精卵所化，所以每一个体细胞，都储备了与受精卵相同的一套基因，这是现代克隆的理论根据：细胞全能性。所以，每一生命单元，每一器官的阴阳之补，与大命门一样，补精可用四物汤；补阴可用六味地黄丸；补阳可用金匮肾气丸。这正是补心气、补肺气、补脾气等各脏腑之气，均可用四君子汤加减。而补心阴、补肾阴、补肺阴等各脏腑之阴，均可用六味地黄丸加减。无他，各生命结构单位里的命门，在本质上是高度统一的。中医阴阳对应的“元”物质是统一的。阴阳的同源性，源于阴阳的互根性。

本节结论

1. 阴阳模型分类命门　先天命门、后天命门。

2. 命门物质演化链　元精—元气—元阴、元阳（阴气、阳气）。

3. 命门的泛元统一性　先天命门演化众多特殊的后天命门，但本质上却高度统一于先天命门。正如体细胞内的 DNA 统一于受精卵内的 DNA。

4. 元阴、元阳统一论　各个生命结构单元，均是同源受精卵的特化，所以，每一生命单元均有自己独特的形态与生命品质。但在本源上，它们的元阴、元阳高度统一于先天命门的元阴、元阳。所以，每一脏腑器官，各自的元阴、元阳，本质上是统一的。这正是中医异病同治的理论根据。

第四章　三才模型与三值演化原则

总有一些思维，像闪电一样让人记忆。(如图4-1)

华夏五千年！

让我推荐最有影响力的哲学家，我推荐老子；让我推荐最难读懂的一本书，我推荐老子的《道德经》；让我推荐中国最睿智的一句哲学名言，我推荐老子的“三生万物”。

我不知道中国学术界读出了老子什么，我却从“三生万物”中，读出了宇宙庄重的演化宣言——一源三歧演化：

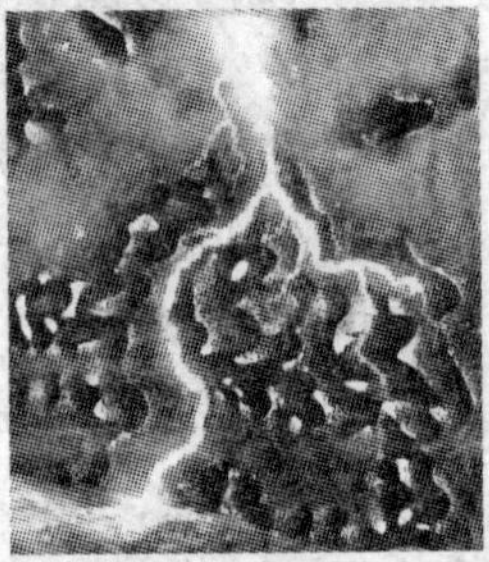

图4-1　闪电

太阳系演化律、元素演化律、光谱演化律、自然力演化律、生物数学模型演化律。

当我发现这些演化律，却可纳入雷同的宇宙万有演化原则时，我感到非常惊讶：

谁让宇宙按照老子的“三生万物”模型演化？

我不知道！

只知道，整个中医界把三才模型用得欢！

只知道，整个宇宙如此喜欢“三角恋”！

三值演化原则，即三才“一源三歧”演化规律。老子有“三生万物”，而没有说“二生万物”。所以应该从多元思维，来解读“三生万物”。

三值演化原则：

任何同源物质以“一源三歧”模型演化出三个相对独立的部分。

阴阳存在的前提，是呈中态的“冲气”存在，正像正数、负数成立的条件就是“0”位的设定。正像没有中间派，就分不出左派、右派。中国古代人民，从大量的自然万类演化中，读出了“一分为三”的三值演化原则。

一、三值演化原则解析

当 $m=1$

代入时空位演化公式 $S=2m+1$

则 $S=3$

这就是三才模型之数解，反映“一源三歧”的三值演化原则，也称“三角式”演化原则。

同源物质，“一分为三”：一个阴阳偶对，一个中间部分。对应着“道生论”中的太极“一”气演化出“阴气、冲气、阳气”。冲气，是太极的异态或形变，是子太极。正如大豆胚演化出众多的“芽”，芽也是一个胚。冲气，再以“一阴一阳之谓道”而演化出更多的“阴气、阳气”偶对。正像胚芽演变出更多的对生叶（或互生叶）。所以老子说“万物负阴而抱阳，冲气以为和”。三才，是继太极模型以后又一个演化模型或配件。五行、七行、九行等任何大于三才的奇数项，均是三才倍增的演化结果。如五行是两个三才共中轴串联演化的结果。

二、生命三角式演化

应该说，中医选取三才构建它的理论，是有科学意义的。问题是，我们忽视三才中“三”的重大科学价值。如果没有三才模型，中医理论将遇到麻烦。中医不可能有“寸、关、尺”取脉三部；

不可能有小儿推拿中的手纹“风关、气关、命关”的三关论；不可能有三焦辨证、三焦说；更不可能有天才的六经说。因为六经，只是两个三才偶和在一起的结果，是“二三得六”也。所以，有必要将三才之“三”削得个明明白白。

（一）三才与三星

传统认为，三才是古老“三五”之制中一个重要的数术模型。《史记·天官书》曰：“为天数者，必通三五。”这里说到了“三五”“三谓三辰，五谓五星”。《天官书》又说：“仰则观象於天，俯则法类於地。天则有日月，地则有阴阳。天有五星，地有五行。”正如张衡注曰：“文曜丽乎天，其动者有七，日月五星是也。日者，阳精之宗；月者，阴精之宗；五星，五行之精。众星列布，体生於地，精成於天。”

按照这一观点，日月与阴阳属于一体，在天为日月，在地为阴阳；五星与五行属于一体，在天为五星，在地为五行。因此，“参伍”同于“三五”，在天为三辰五星，在地为阴阳五行。这一思想至少可以追溯到春秋末年的孔子时代。《左传·昭公三十二年》曰：“天有三辰，地有五行。”《国语·鲁语上》曰：“及天之三辰，民所以瞻仰也；及地之五行，所以生殖也。”因此，把天道归结为三辰、五星，地道归结为阴阳、五行，以三辰五星和阴阳五行的变化作为“天下之至变”，由此衍生出万事万物的各种变化，这是古代天道观和天地之道思想的精华与核心。其认识由来已久。

这样看来，三才之“三”的由来，应该是从天上获得了灵感。古人指的**三星**，就是三辰“**日、月、星**”。这些纯粹是从“天”上找原因。因为日为阳，月为阴，星辰万类，属于介于日、月视觉的星类；所以，宇宙万类，只有“日、月、星辰”三大星体，对地球最有演化意义。

但对于地球上的生命演化，我个人提出了自己独立的另一个“三星”说——日，月，地。（如图4－2）

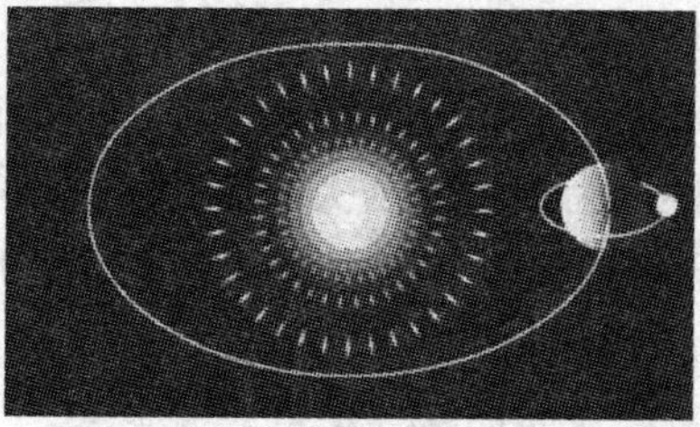

图4-2　三星：日、月、地

分析：太阳的“热情似火”，无疑是“阳”的代表；月亮的“寒光照铁衣”，确实是“阴”的模范；地球博大情怀，“土”生万物，夹在日月之间。

生命演化，受这三大星球影响最大。日、月、地，三星之演，产生适当的温度，让生命演化；三星球，产生适当的引力场，让生命演化有序。如果没有三星的引力，生命不知道能否演化出方向性。如头足的方向；再如，植物的向光性，也是生命演化受光影响的证明。笔者个人认为，太阳、月亮、地球，这三个星球对生命演生起主导作用。太阳为阳势，月亮为阴势，地球为中势。这三大星球产生出三类不同的引力波，交织作用于地球生命体上，使生命演化出与这三类引力波息息相关的成分。于是，让地球生命处处绽放美丽的“三才”演化之花。似乎可以说，太阳、月亮、地球，这三大星体组成的“三角恋”关系，是地球生命演化的主体关系。生命正是靠这种三角恋关系，才得以顺利演化出来。

（二）三才与《周易》结缘

在这个尊崇《周易》的国度，学中医不读点《易经》，几乎不可想象。至于我们从古老的《易经》中读出了什么，谁也说不清楚。我看应该读出如下的几个概念。

1.《易经》与阴阳

好像易经中的“一阴一阳之谓道”，给中医阴阳概念的产生，提供了原创思维，让中医几千年香火不断。

2.《易经》与三才

易经中的任何卦，均是三个爻组成。三爻象征“天、地、人”三才也。这里，将生命演生，或万物活动，抽象出“天、地”两个自然因素。天以温度、六气、引力场等，作用生命演生；地以水土、地理、引力场等，作用生命演生。以“人”为代表的生命万类，夹在“天、地”之间而休养生息。

同样，做任何一件事，成功的先决条件是“天时、地利、人和”的三方条件俱备。

（三）三才与六经

无论《素问·热论》中的六经雏型，或是张仲景《伤寒论》提出的六经辨证，有一点是肯定的，六经就是三才之用，是倍加的三才：

太阳、阳明、少阳

太阴、厥阴、少阴

真实的意义是，《伤寒论》以三才为骨架，建立三阴三阳。这与经络演化律中的手足三阴三阳，用的是同一个模型三才。经络学说中的六经说，与《伤寒论》中的六经，本质上是同一个三才模型。只是经络六经，偏重于线性的经气流动；而《伤寒论》六经，偏重于整体意义上的气化状态。一个呈线性演化，一个呈三维立体演化。

（四）美丽的人体，三角式大观

笔者已经成功解开了老子的“三生万物”之秘：三才演化模型。三生万物，就是三才中“三角式”的演化观。人体器官演生中的广泛的三角式现象，早已让我们目瞪口呆：

两肺一心；

两肾一膀胱；

两卵巢一子宫；

两睾丸一精囊；

两目一口；

两耳一口；

两鼻孔一口；

……

在时空位演化公式 $S = 2m + 1$ 中，早已论证了，任何一个偶对阴阳之器，均与中轴核心的“1”体之器构成了“三权分立”的“三角式”分布模型。这将在骨骼、脏腑演生律中，给出鲜明的论据。

本节结论

1. 古人认为，三才受“地、月、星”三星引力影响，产生的三角式或“一源三歧”自然演化方位分布模型。笔者不赞成此论，认为三才模型是宇宙中的铁律，不需要非要准备“三”星的条件；并提出新三星说“日、月、地”。新三星引力作用于生命演生，使地球生命处处受三星影响。

2. 三才，是处于太极与五行之间，一个最佳过渡态模型，中庸无畏，左右逢源。本质而论，太极、三才、五行，一体三制，是同源生命演生的三个里程碑，反映着生命演生中的不同能级与阶段，对应着不同的数字选项。

3. 三才，是生命处于这个特殊的宇宙中，万物演生中的普适的演化模型。生命与非生命，都保留着相同的数学演化三才模型影子。数字神秘之处，就是造物主造物密码。笔者无意证明上帝的存在，但却努力寻找上帝造物的“宇宙密码”。

三、太极的古怪脾气

本书历史性地论证了“道”与“易”等价；“一”与“太极”互语。“道”就是“易”，“一”就是“太极”。道生论、太极说，都是同源宇宙演化的一种模型。道生论强调“三生万物”的三才演化模型，而太极说强调“一阴一阳之谓道”的“一分为二”阴阳演化模型。二说都可统一于宇宙时空位演化公式中。只是道生论占有中时空位，而太极说走极端，让中时空位“虚空”；并给出了形象的比喻：如果说“道”或“易”是一个浑然一体的“种子”（如图4－3），而“太极”或“一”就是种子里的生命操作核心——基因链，确切地说是基因里统一的操作程序。

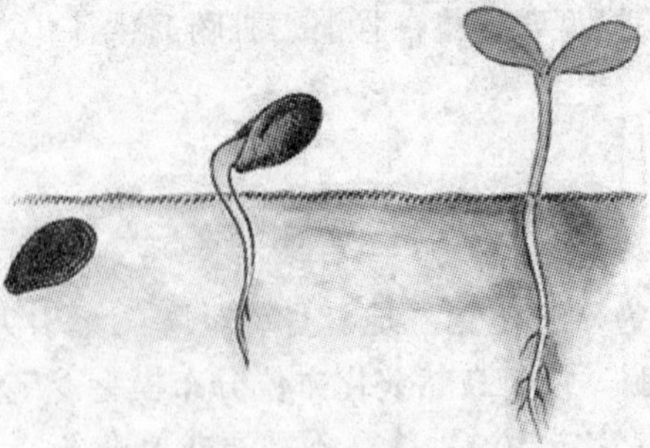

图4－3　种子发芽

在此，整体与部分，统治与被统治，显然是很容易区别的。太极，就是一个物质系演化的中枢机关，它起到至高无上的调控作用。所以有必要认识太极的多重属性。

（一）太极的永恒性

太极正如种子里的统一精卵基因，或者说是基因中的调控程序。不会因生命的演化而消失，而是永远存在，只是承托太极的载体不同。种子之胚与种子发芽后形成的许多小枝芽，本质上都是一个东西。只是外在形态发生了变异：一个是种子，一个是枝芽。但种子与枝芽是统一的，都能产生一个生命演化植株，说明二者等价。为什么说等价？是因为太极是生命演化的一挂基因图谱，是一种定性程序，它具有永恒性。就是说，一个物种的世代传承，是由于具有这种遗传的永恒性，否则不会有生物的遗传现象。

（二）太极载体具有变异性

变异性，只是承载太极的物质性的载体发生了变化。如种子、枝芽、植物细胞，都含有相同的生命基因潜在，都能生成一棵植株，但外在形态发生了变化。所以说太极具有变异性。变异的只是外在的形象或承载太极的物质外形。正如植物根、茎、叶、花、果实，外形千变万化，内在却是高度统一——均以细胞为结构单位，是全息胚单元。世界是物质的，物质是运动的。物质的永恒性与物质的多变化，构成了宇宙的对立统一。宇宙万物，外在形态各异，但内在本质却是相同的，就是同分异构。还有一个个原子，“脾气”差得“不共戴天”，但却都是由雷同的电子、质子、中子组成的，只是数量不同罢了！

永恒性指太极这个基因团的稳定性、遗传性，基因程序调节的准确性。变异性，是这团基因或基因程序潜在着的载体可发生形态上的变化。根据生物全息律，植物的每片叶、花瓣、枝芽，本质上都是全息胚，都是装载太极的同分异形体，变形性的体。本质上高度统一。

（三）太极的独立性、唯一性

每一太极，都是一个独立或唯一的演化源。它潜在着阴阳演化的机制，但在太极态却表达不出阴阳。就是说，阴、阳之属性，在太极状态，是显示不出来的。正如在种子阶段读不出叶与花的区别。

正是这种阴阳不显，或阴阳一体的中庸状态，才最终决定了太极具有独立性、唯一性。因为太极的“极”，就是一个“端点”。在这个端点上，阴阳达到了完美的合和如“一”：阴就是阳，阳就是阴；阴与阳高度相恰相合，高度一致。正如生命演化处在“原核生物”阶段：既显动物特性，又显植物特性；既不是动物，也不是植物；动物、植物特性高度统一。

太极的独立性或唯一性，在生命演化中证据充分。如一粒种子只发出一个胚芽；生物具有顶端优势，说明这个顶端是“唯一”的。这是生命中轴演化必然的结果。只有独立性，才有唯一性。由种子萌发产生的“芽”与“叶”显然有区别。虽然芽与叶都是全息元，但枝芽是比片叶更特化的全息元，它演化的层面更高，能级更大，生命品质更优。

树木再繁茂，也只有一个修长的“根本”；叶片再美丽，也只有一条“中脉”。宇宙万物同源演化，均能找到自己“唯一”的太极本源。人体找到的是“受精卵”；太阳系找到的是同一片原始星云。这种太极的唯“一”性，源于它的“独立性”。

（四）太极的泛源性

根据张颖清教授的全息论，生命体演化所产生的任何相对独立的器官或组织，都是变态意义上的另类胚。他提出了非常有意义的“全息胚”概念：即生物体上任意相对独立的器官，均是演化度各异、本质相同的全息胚。如人体的胃、心、肠、脑、眼、耳、肾、肺、独立骨等等，本质上都是同一个东西——全息胚。而受精卵是最小的全息胚，人体是发育度最大的全息胚。

生命体无非是大胚套小胚的无限叠加、嵌顿与演生的过程。每一全息胚都有相对独立的统一太极演化基因操作程序。

所以太极每一步演生，都以产生出变异性的子太极为唯一目的。太极的承载体千差万别，分布广泛。人体就是受精卵这个一体之母太极演化的结果，最后形成全身各处数目庞大、形态各异的体细胞，子太极。每一个体细胞，包含着一个小太极或子太极，含有同样的生命演化图谱，所以太极具有泛源性。

太极泛源性，与太极唯一性是不矛盾的。唯一性，指太极具有永恒的自始至终的统治能力，这种能力显然靠生命的遗传性来实现。它永远是任何层面上的调控主宰者，这是毋庸置疑的。而太极的泛源性，指太极向多元载体方向演化。正如人体太极精卵，依次演化出“体细胞、组织、器官、系统、人体”五大生命太极载体。在宇宙时空位演化中，五大生命载体，均由统一的“细胞”组成，所以细胞处于演化的“中”时空位，而组织、器官，系统、人体，均构成阴阳“偶对”。因为器官与组织相比，器官是组织之“多”，是多个组织组成的生命功能单位。而人体，是众多系统组成，所以人体是组织之“多”。

（五）太极的偶数演化性

本书研究得出，道生论强调的是“一源三歧”的时空位三才模型演化；而太极说强调的是“一源二歧”的时空位阴阳模型演化。（如图4－4）

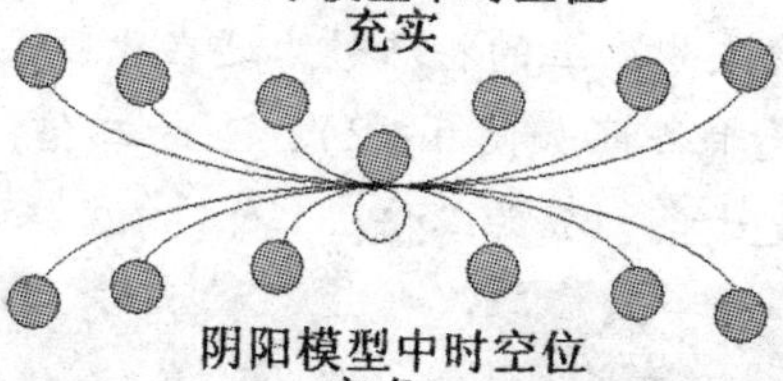

图4－4　阴阳、三才演化模型中时空位区别

但二者统一在同一个宇宙时空位演化原则中。只是“道生论”的三才模型占有中时空位O，而“太极说”的阴阳模型，走极端路线，让中时空位O虚空唱“空城计”。“道生论”、太极说，虽然统一于理论上的宇宙万有演化时空位奇数演化律：$S=2m+1$，但实际占有的时空位是不一样的。“道生论”因为包含中时空位，所以时空位公式表达为：$S=2m+1$。“太极说”因为中时空位虚空，所以实际时空位公式表达为：$S=2m$。

第五章　五行模型与五值演化原则

好像中医特别钟情五行模型：五脏、五官、五味、五色、五指、五音、五方……

有一天切开一只苹果，呀，里边藏着个五星。(如图5-1)

进了山东寿光“中国菜园子”，简直进了“五行王国”：

花开五瓣的茄子、辣椒、黄瓜、白菜、西瓜、西红柿、向日葵、五瓣丁香花、苹果、梨、桃子、杏子、西瓜……

细心的你还会发现，五的特殊魅力还在于，五瓣花的南瓜，它的瓜外边的脉络是十条（如图5-2)，五的二倍；五瓣花的黄瓜，其瓜体外脉络也是十条，五的二倍。

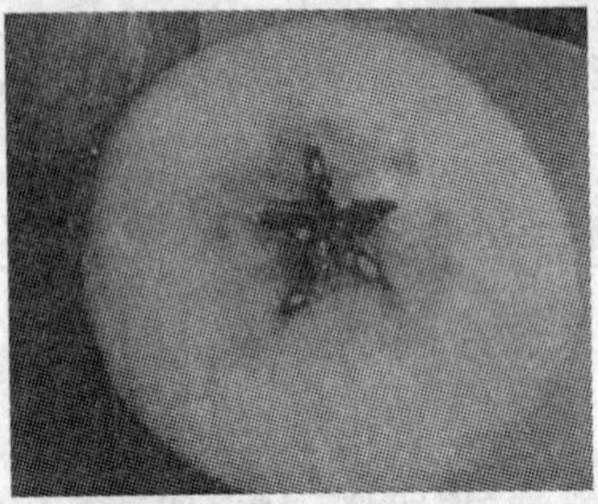

图5-1　我切开了一只苹果

图5-2　数数南瓜脉络

今有一问，这些广泛的“五”数现象，和你手上的五指，是统一的数学模型表达吗?

古书上说：“天上有六气，地上有五行。”五行，真的是地球上的南霸天？太极之1，阴阳之2，三才之3，五行之5，有什么血缘关系？

请，走近五行模型！

中医是“三五”之道。不明三五者，不足以言太医也。我们真的理解了五行，理解了三才与五行的近缘关系？

当 $m=2$

代入万有时空位演化简式 $S=2m+1$

则 $S=5$

方程解的意义：此时元态物质的“太极一气”，以“一源五歧”的五行模型，演化出五大类子代之气。五行模型，就是太极一气，超越三才模型，通过阴阳之化，形成的高于“三才”模型的五行模型。正如《河洛原理》所言：“太极一气产阴阳，阴阳化合生五行，五行既萌，遂含万物。”

五值演化原则：

任何同源物质以“一源五歧”的模型演化出五个相对独立的物质部分。

五行是太极、三才之后，重大的演化模型存在。它演绎了中医数千年的辉煌业绩。

一、天六、地五的背后

取 m 为 0，1，2…

代入简式 $S=2m+1$

则得 S 值为 1、3、5…

数解的意义：这就是太极、三才、五行，三大元老的数学模型。表达“太极”精气，以太极为元态，三才为初演，以五行为大化。中医理论与时俱进，不断开拓疆域，数学模型从“1”进到“3”，再到“5”。而且这种奇数演化是无穷的，只是现实的人体却多停留在“五”的大数上沾沾自喜，没有再进取的迹象。如人类演生出五指（趾）有几百万年了，到现在还是“一个都不少”。不像鸟，“退缩怕事”，只保留了四趾；而马更“小心眼”，干脆只剩下一个趾“独树一帜”。

在脏腑及骨骼演生律中，我们会读出五行“独裁自狂”的现象：5数极值现象。当然我们希望结束这种教条，但上帝造物就这样崇五，正所谓“九五之尊”。就是说，现实的人类演化，以数字之“5”为最大奇数选项。我们真的理解了“天六、地五”？

（一）中医天秘——天六、地五

天六、地五，是中医理论演化的轴心线。五行、六经，均是这种思维炮制的产品。最典型表现在五运、六气，认为天上有六气，“风、寒、暑、湿、燥、火”，所以有“天六”之说；地上有五行，“金、木、水、火、土”，所以有“地五”之说。并认为，“人与天地相参也，与日月相应也”，人是大自然的杰作，所以，**大自然也以“天六、地五”来设计人，来造人。**

所以，古人认为，“天在上为阳，地在下为阴”，所以阳性之物多模仿天而演出“六”；阴性之物多模仿地而演出“五”。腑，因为是空为阳，“空者为其腑”，所以人体响应“天六”号召造出六腑之阳藏“胆、胃、大肠、小肠、膀胱、三焦”。脏，因为是实为阴，“实者为其脏”，所以响应“地五”号召造出五脏之阴藏“心、肺、脾、肝、肾”。

理由？

不需要理由，这是古人凭着对自然神秘数字的自信，或者是一种“天六、地五”的崇拜，认为“天六、地五”是天意。天人相应，没错！

至于五运、六气，到现在也没谁揭露出“五、六”的科学实质。所以，中医界就这样迷迷糊糊地几千年了，就这样原始本能地“天六、地五”着，等待模型中医学来解读！

（二）万有奇数类原则明察秋毫

万有奇数类时空位演化原则，已经明明白白地告诉我们，大自然以数字造物，同样以数字造人，尤其钟情奇数类演化。这里清清楚楚地表达为奇数类型，而不是准确的数量。如五类，但五大类中含有的精确数量可能是10种，也可能是9种。中医承载的哲学理念，太极、三才、五行，可以开拓出三个奇数类型：1、3、5。

太极之“1”，反映着同源万物，演化于统一的星星之点“1”本源，或元态时空；三才之“3”，反映着同源万物演化，继太极“1”之后，再以“一源三歧”的“3”分法而大显身手，演出三个时空区域；而五行之“5”，反映着同源万物演化，继三才“3”之后，再接再厉以五行的“一源五歧”而细化，演出地五个时空区域。1，3，5，三大奇数，符合于万有时空位奇数演化公式 $S=2m+1$。

笔者在《脏腑演化律》一书中，反复证明了这一公式的正确性（当时叫 $N=2m+1$）。大宇宙喜欢奇数演化都上瘾了。越是反映宇宙本质的物质演化，越是奇数类演化，如七色光、三原色，可凝结成单“1”的无色光。只是牛顿的三棱镜，把这束无色光打回了原型：“7”色毕露——红、橙、黄、绿、蓝、靛、紫。

其实，光可以按照奇数公式无穷分出去，只是有些光人类肉眼看不见，如红外线、紫外线。但光的演化属类总和永远都是个奇数。其实，每一时空位内的再演化，仍然按着这个公式。正如每一颜色的光仍然按着这个公式再细分。

还有宇宙元素演化定律：每一周期从左到右，一定演化出3大区域元素：s区、p区、d区。三区对应着的元素轨道数又是三大奇数1、3、5。3区和1、3、5，统一于公式 $S=2m+1$。

元素前五周期稳定，到第六周期，元素就变得相当不老实，千方百计闹腾着变性为“放射性元素”。

宇宙自始至终演化出五大力：引力、强力、弱力、电力、磁力。爱动脑筋的科学家，已经把这五种力折磨成三种力：引力、电磁力、强弱力。也许引力是宇宙的核心之力，处于中时空位0，其余四力绕它演化。还有女性月经期、经间期、排卵期，均旗帜鲜明地按奇数“3、5、7”进行到底（将有专节详论）。大宇宙真是“奇”数类得让人深思！

（三）剥开庐山真面目

1、3、5，本质上是一个东西，是一个演化源，在不同层面或阶段上的演化数学模型。对于人体，就是演化于太极如“1”的受精卵基因，先以三才模型尝个新鲜产生三胚层，然后更上一层楼，以五行模型产生五脏、五官、五指（趾）等器官。

天六，本质上是两个三才相加，所以“二三得六”。如三阴三阳，均是三才模型，加起来就是“六经”。天五、地六，均是“三”的炮制。（如图5－3）

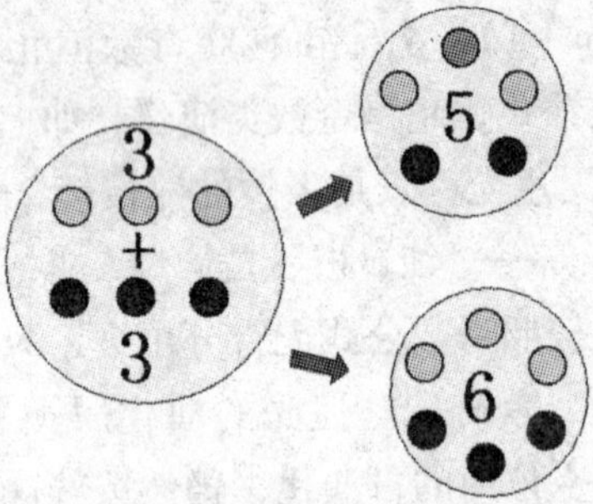

图5－3　二三得五，还是得六？

地五，本质上也是两个三才共中轴相加。如五指，两个三才共“中指”演化也：

食指、中指、无名指（内三才）

拇指、中指、小指（外三才）

于是才有“二三得五”的宇宙奇迹。

天六、地五本质上是统一的，都是三才模型的演生。只是一个是直接相加，一个是共中轴相加。天六，是两个三才直接相加，或直接串联，获得“二三得六”的六经模型。正像卦书的两个三爻卦相加得六爻卦。而地五，是两个三才共中轴相加或串联的结果，获得“二三得五”。

天六、地五均是自然演化多见的一种以三才模型或直接串联相加，或以中轴为核心的相加。（如图5－4）五瓣的白花，西红柿的六裂蒂。谁能想象出，原来它们均是“三才”模型炮制出的结果。（如图5－4）

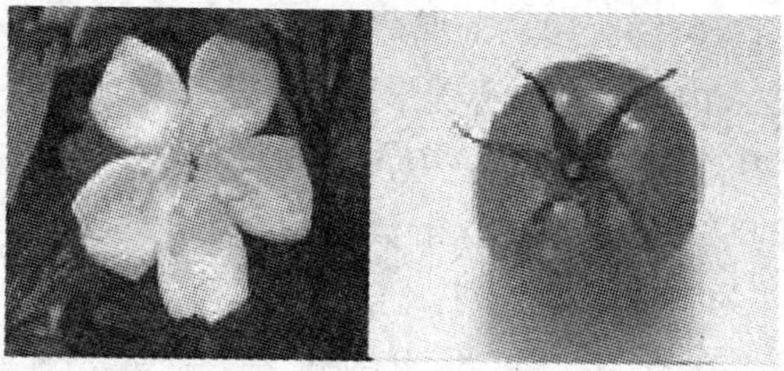

图5－4　五瓣花、六蒂柿里的奥秘

如果不理解天六、地五，你就很难理解这样一个事实：中医为什么在解剖刀下，找到的不是别的，而恰恰是“五脏、六腑”？因为中医太崇拜“天六地五”模型了。中医是“按模索脏”，按“天六地五”炮制出五脏、六腑。正所谓情人眼里出“西施”。

二、河图洛书的心中有“五”

研究河图洛书，一个发现：尊五现象。

河图洛书构图独出心裁，均把一个“五”放在图的中央。这种崇五现象，说明构图者，已经读懂天地万物中的“九五之尊”。但在模型中医学看来，五，实在是小菜一碟，是 $S=2m+1$ 中的一个很普通的解值，但却有很明显的生命演化优势。例如，人体，就是以极值“5”作为最大时空位演化基数。如五指、五趾、五脏、五官等等。

（一）论河图的数学模型结构

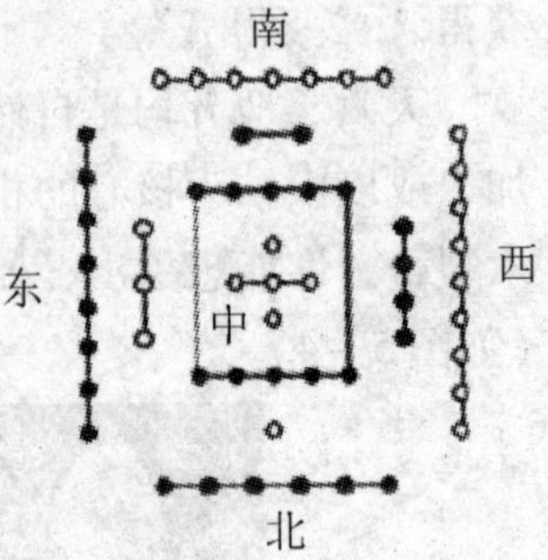

图5－5　河图

河图（如图5－5），强调的是五方：东、西、南、北、中。数字“5”在“中”。每一个黑、白点均代表数字1。黑者为阴，白者为阳。由十个自然数构成。十数中有五奇数：1、3、5、7、9；五偶数：2、4、6、8、10。奇偶之数相等。反映了古人内心的“对称美学”。

河图有10个数，最大为10，强调奇偶数之和的“十全十美”。十数前后均构成了级差为1的等差数列：

1，2，3，4，5，6，7，8，9，10

从数列的首、尾两端依次内加，则得五对奇、偶之数的和：

$1+10=11$

$2+9=11$

$3+8=11$

$4+7=11$

$5+6=11$

中医有个习惯：奇数为阳，偶数为阴。所以，成对待意义上的阴阳奇、偶之数的和均为11，并且相等。暗示着阴阳对立，彼此等度消长。这个等度就是级差为1的等差：阴进1则阳退1；阴退1则阳进1。而11，一个神秘的奇数，太阳黑子大约11年为一个周期演化，带动着地球生命也以11年为周期发生着生物钟变化。如树的年轮、人体白细胞数量变化，均以11年为周期。[8]

太阳是地球的主宰，它强大的引力是让地球服从的条件。阴阳合和之数是11，恰好是太阳黑子变化的周期，又恰恰是宇宙时空位奇数演化公式 $S=2m+1$ 一个m取5的解值：

$S=2\times5+1=11$

这就是说，太阳本质而言，每2年（阴阳年）就是一个黑子变动小周期，每11年为一个变动大周期。11年恰好是5个2年（阴阳年）加太极之本体年1。

所以，河图最大神秘，就是构图者将数字5放在图中心；阴阳偶对之和数11恰好是一个太阳黑子周期时间。从而反证了宇宙时空位演化公式 $S=2m+1$ 的正确性。

古人也许认识不到这些，但却对河图数列之和55（5×11），大做文章，认为这是天地之数之和，一定包含着惊天的奥秘。《周易·系辞上》说："凡天地之数五十有五，此可以成变化而行鬼神也。"金元大家刘完素，在《素问玄机原病式·自序》中也强调："凡得天地之数，则大道在其中矣。"

至于到底读出了多少"大道"，笔者认为，是否太阳黑子11年为一小周期发作，55年为一大周期发作？应该用统计方法进行研究。但有一点肯定，11、55均是奇数演化公式的解值。

河图奇偶之数对应的"生、成"序列：

天一生水，地六成于北；

地二生火，天七成于南；

天三生木，地八成于东；

地四成金，天九成于西；

天五生土，地十成于中。

其中一、二、三、四、五，为阴阳之生数；六、七、八、九、十，为阴阳之成数。所谓"生成"，就是"奇数代表阳，阳化气；偶数代表阴，就是阴成形"。奇、偶之数和恒为奇：

$1+6=7$

$2+7=9$

$3+8=11$

$4+9=13$

$5+10=15$

反映着"生、成"之数和为奇数，符合宇宙万有时空位奇数演化原则。宇宙物质演化，对应于时空位的有序奇数演化。

（二）论洛书的数学模型结构

而在洛书（如图5－6），以五行之"5"为中心。任何过中心的三数之和，均为15：

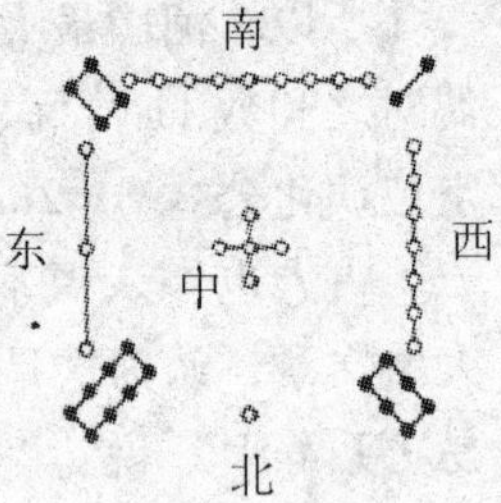

图5－6　洛书

3＋5＋7＝15

4＋5＋6＝15

9＋5＋1＝15

2＋5＋8＝15

15也是一个奇数，符合宇宙时空位奇数演化公式 $S=2m+1$。当m取7则 $S=2\times7+1=15$。

河图强调的是阴阳对立，所以每两个阴阳偶对之数的和为11。而洛书强调的是三才，每三个数之和为15。

三数，三才也。三才均穿中时空位"5"而过，说明三才与五行关系密切也。三才潜在着五行，或五行中含有三才。洛书强调的是八方，显然受八卦影响。由9个自然数构成。奇数比偶数多一个。

而在《洛书》中，相对讲得简单些，它以一、三、五、七、九5个奇数定五方——东、西、南、北、中，而以二、四、六、八4个偶数间隔其中。

这样，阴阳相间隔，对立而生。一与六相合为水（合数为七，方位在北），二与七相合为火（合数为9，方位在南），三与八相合成木（合数为11，方位在东），四与九相合成金（合数为13，方位在西），中央五为土（合数为5，方位在中）。其中土占中央，承载四方，运化万物。在河图中，所生有五：

天一生水

地二生火

天三生木

地四成金

天五生土

规律为：奇数为“天”，偶数为“地”。水克火，金克木，成两个阴阳偶对。土在“五”位，土生万物，承载四方。说明五行中有两对阴阳偶对，一个具有与演化五行的太极相似的子太极，较其他四行更具有演化潜质。还有每一对生成数，就是一对奇偶数。和河图一样，每一对生成数之和恒为奇数：

1 + 6 = 7

2 + 7 = 9

3 + 8 = 11

4 + 9 = 13

5 + 10 = 15

（三）结论

河图、洛书，两图均从生、成的奇偶数上说事。天数为奇，为阳；地数为偶，为阴。天生，地就成；地生，天就成。所以奇偶数均可作生、成之数。所谓“生”，就是定性之意：所谓“成”就是定形、定质之意。天地相合，就是“生成”。

本质而言，河图、洛书高度统一：以数5为构图中心；奇、偶数为生、成之数；规定奇数是阳偶数是阴；每对奇、偶数之和均为奇数；统一于 $S = 2m + 1$。

三、论手掌上的宇宙密码

《圣经·约伯记》说：“他封住各人的手，叫所造的万人都晓得他的作为。”

也许，上帝设计人的手时（如图5－7），有天大的秘密等待人类破解。可能上帝笑眯眯地说：“让手作个纪念吧！看谁读懂手掌上的宇宙秘密！”

悄悄走近万能的“上帝”，解读手上的宇宙密码，去全方位理解五行的尊严与荣耀。

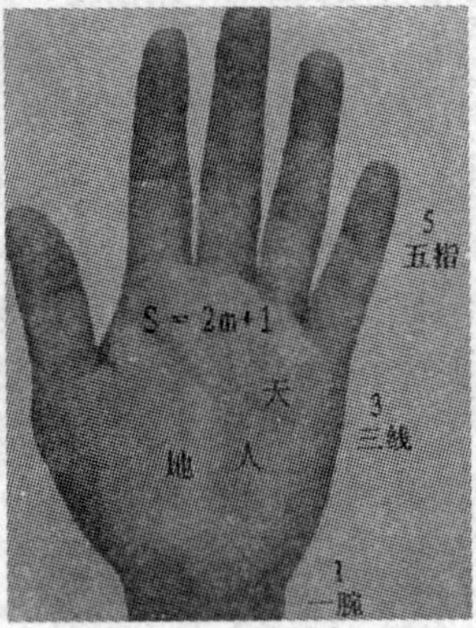

图5－7　手掌上的数字密码

（一）一手定乾坤，1，3，5 风流

随便伸出一只手，会读出这样的事实：

1 个手腕，3 条掌纹，5 根指。1，3，5，同源精气演化的数学模型历历在目，对应三大哲学模型太极、三才、五行。

从臂到掌的方向看，手腕为 1 个，预示着同源太极模型演化；手掌纹线三条，反映着“一源三歧”的三才模型演化；五指，表达着“一源五歧”的五行模型演化。1，3，5 三个奇数均同源展开，并且符合宇宙时空位奇数演化公式 $S=2m+1$。

一腕，即一个手腕。人类单侧只有一只胳膊，所以才有一只手腕。说明每侧上肢作为一个相对独立的演化单元，起源于统一的上肢“胚芽”演化，符合太极的唯一性。正如生命只有一个顶端优势。如只有一个头，一条叶片中脉，一棵树只有一个“根本”，太阳系只有一个中心“太阳”等等。

掌纹有三纹线“健康线、智力线、感情线”，分别对应着天、地、人三才模型。推开手掌会看到：

感情线对应“天”，高高在上，属于三才中的“天才”，反映人类情感属于思维范畴的脑力活动，可天马行空，思绪万千，飘然若仙，可喜可悲。属于“神”的范畴，神清气爽，情感充沛。

健康线对应“地”，谦卑趋下，属于三才中的“地才”，反映人体健康状态的体能指标。脚踏大地，本分守一，实事求是，莨莠不齐。属于“气”的范畴，谷丰充饥，体格健壮。

智力线对应“人”，上采六气为用，下食五谷充饥，属于三才中的“人才”，反映人智力水平。正常长度过中指垂直线达外侧小鱼际。过短愚笨，过长聪明。智力线属于“精”的范畴，精满精优，人就聪明。

五行，就是倍加的三才，从理论上推导，五行中可解剖出两个三才。所以，五指的五行模型，可解析出以中指为轴心线的两个三才：内三才、外三才。

内三才：食指、中指、无名指。

外三才：拇指、中指、小指。

并可用回缩还原的观点，将五指高度凝缩于一元“太极”中指。所以，一般中指最长。可见，手掌可剖析出1、3、5，分别对应太极模型、三才模型、五行模型。（如图5－8）

一腕—**元**—1—太极模型

三纹—**天、地、人**—3—三才模型

五指—**金、木、水、火、土**—5—五行模型

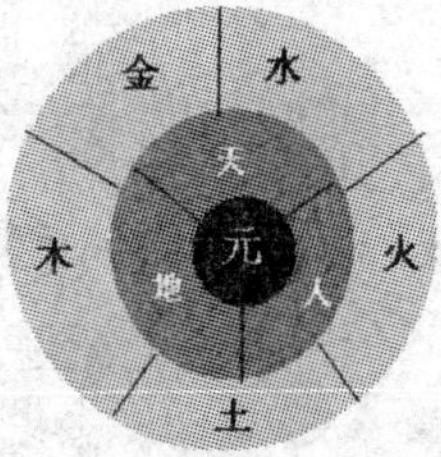

图5－8　演化模型进行曲

（二）人体的极值数5

在现实的人体演化中，骨的演生最大基数为5。这已经宣告了这样一件事实：五指，是上帝设计人体演化时，最大的数字模型。

人是最高级的动物，其五指或五趾，是相对独立的生命演化单位，具有统一的空位表达方式，符合万有时空位奇数演化律。人类的上肢骨，与手的五指骨，具有完全相同的时空位演化分布：

肱骨1块

尺骨、桡骨2块

上腕骨3块：舟骨、月骨、三角骨（再演化出1块子骨：豌豆骨）。

下腕骨4块：大多角骨、小多角骨、头状骨、钩骨。

掌骨5块：第一掌骨、第二掌骨、第三掌骨、第四掌骨、第五掌骨。

一串自然数：1、2、3、4、5。

其中1、2、3、4、5，是上肢骨骼演化群落五大“时空位”分布序数。五指，又是一个重复同样的时空位分布序数。（如图5－9）二者潜在着完全相同的时空位奇数演化公式 $S=2m+1$。下肢及趾骨亦然，具体内容将在骨骼演化律中详述。

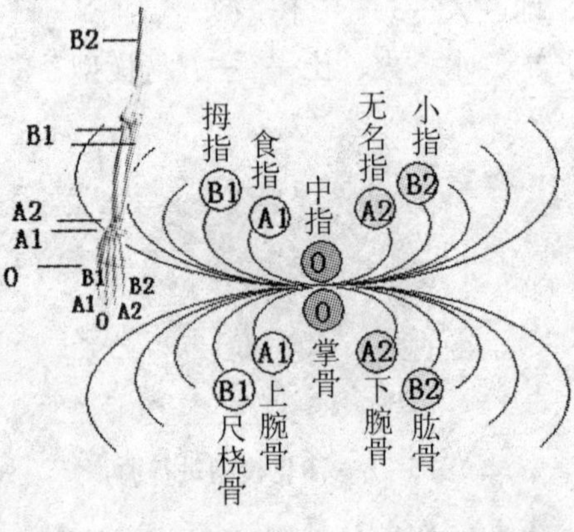

图5－9　五指骨及上肢骨统一的时空位演化分布

关于上腕骨的一块“豌豆骨”，是上腕骨的子骨，不影响整体骨序的序位排列。

由此可见，“上帝”设计手掌是煞费苦心的。他以最大基数选项五，作为模型表达。五，成了人体骨骼最大的数学模型。正如脏腑个数，可以突破五脏到七个脏、九个脏，但五大类脏的五分法，却始终没有改变。

特别强调一点：

属类与属类包含着的**确切数量**，是个不等的概念。阴阳五行，关注的是宇宙相对待的时空位属类分演，而不是准确的数目。正如阴阳相互对待，成偶对存在，并不指阴阳彼此的数量相等。正像男女平等，不是说父母生的男孩子一定和女孩子数量相等。属类相等，不等于数量相等。

五指之数5，一个人体至今也没超越的生命演化数学模型。中医最后选择了五行，作为最大分类承载模型，当是很明智的选择。

（三）从手掌数学模型读过去

读懂了手掌上的生命演化奇观，就会读懂人体演化奥妙。手掌上的数学模型演化趋势，就是人体演化的趋势：1、3、5，三级跳。

1挂脊柱，人体中员演化的中流砥柱。绕“1”柱演出左右肢体，成就两个三才（3）：

上三才：左上肢、脊椎、右上肢。

下三才：左下肢、脊椎、右下肢。

两三才共一脊椎，又构成了五行模型（5）：左上肢、左下肢、脊椎、右上肢、右下肢。正所谓“五体投地”。

这种1、3、5潮流，瞅准机会疯狂表达，如在四肢五趾（指）上又重演出来。如手掌的一腕、三线、五指。而五指，又重复着1、3、5闹风流。如果中指代表脊椎，那么食指、无名指就代表两上肢，拇指、小指就代表两下肢。一掌五指触地不叫五体投地，而是“五指投地”。

（四）五指是偶然的吗？

由于生命的同源性，所以，任何动物的指（趾）演生追随着统一的奇数公式而演生。正如鱼鳍、海豹趾蹼、马、鸟等，多与人类掌指（趾），有相同的奇数演化律。

其实，在生命演化的深层，这种奇数演化律是永恒的。但由于进化的复杂性，指骨的退行性变化或兼合作用，常常让这种必然的奇数演化律表达得不完全。如鸟只进化出四指，是偶数。马，拼了老命将其余的趾磨平或退化，只剩下一个中趾独占鳌头。看来，生命世界里，各有各的打算，让世界充满着“多样性”。只是外在的假象，将生物演化的共性规律消磨掉了。其实，内在的本质确实是高度统一的，那就是符合奇数演化公式：$S=2m+1$。

由于奇数演生律是生命在器官层面上演生的必然选择，所以，人类五指是个奇数，是个必然的数字选择。故人类五指（趾）是在必然的范围。至于有一天它突破五指，呈更大奇数演化，如七指、九指也无所谓，仍然是奇数演化。至于像鸟一样保留四指，笔者也没意见，无非是折腾着好玩，让某一指骨退化下岗而已。

所以说，人类五指（趾）是必然的奇数选择，但由于进化的不定性，又具有很大的偶然性。只是大宇宙由于种种原因，让人类以五作为最大演生基数选项，才有了你我规规矩矩的五指也。

“演化”非“进化”说：演化，是必然的显示。《说文》说：“演，长流水也。”就是说，宇宙演化，像水自然由高往底流淌一样，是必然的运动过程。但进化可进可退，受客观条件的限制比较明显，如生物学上的“用进废退”原理。用着的器官，就拼命地加以保留并加强；用不着的，就被无情地淘汰与削弱。鸟，奇数演化梦被打破，某些趾退化或融合，反见偶数的四趾也。所以，演化是必然的，进化是偶然的。人类进化保留几个指，是偶然的，但潜在的指或趾奇数演化是必然的。

（五）大刀向六指砍过去

无论一个人多长了一个指头或两个指头，成为难堪的所谓六指或七指，都掩盖不了这样的事实：多生的义指，均是从五指的某一指的一侧侧生出来的。它们不是平行的第六指或第七指。它们仅是某一指，突出奇想，闹腾出点新气象：长出个侧指玩玩。

其实，在主流上还是五指撑天。五指，是平等、平行的五指，是弟兄五个。而不像义指，是某一指的下一代孩子。义指与五指，在演生序次上，是母子关系：五指生义指也。

侧生的义指存在，没影响五指平行的唯“五”独尊。侧生的义指，多楚楚动人，折磨得让人没有好心情，免不了找个高明的大夫将它斩草除根：大刀向六指们砍过去，杀！

第六章 奇数演化原则

万物时空位奇数演化原则，是本书的主旋律。1、3、5是三个最基本的奇数。

太极说“一分为二”的阴阳模型演化，同源物质成双结对演化于偶对时空位，让唯“1”的中时空位“虚设”唱空城计；道生论“一分为三”的三才模型演化（如图6－1，三叶草），同源物质争先恐后演化于偶对时空位，不忘扎根“1”个中时空位。

太极说是“空心”（如图6－2，空心竹），虚心有节；道生论是“实心”，真心实意。正如人心是“空”的，肝是“实”的。

图6－1　三叶草

图6－2　空心竹

太极说，道生论，异途同归，二者在理论上统一于万有时空位奇数演化公式：$S=2m+1$。

一、读懂一、三、五的霸权主义

中医理论是从“数、理、象”三大范畴研究生命现象，尤其是“数”。《素问·上古天真论》说：“上古之人，知其道也，法于阴阳，和于数术。”此处的数，是指“象数”，不完全等同于现代数学中的“数”。

在《易经》里，象数指卦象符号和奇、偶之数。在《左传·僖公十五年》有“龟，象也；筮，数也。物生而后有象，象而后有滋，滋而后有数”。提出了象、数之概念及其关系。笔者在河图、洛书部分已详述其要。而中医承载的太极之“1”、三才之“3”、五行之“5”，是万物演化三大数学模型。(如图6－3)

图6－3　数学模型1、3、5

数学模型，它既可表“象”，又可言“理”，又可识“数”。象，可指有形态结构的形象，如五指、五官模样等。数可达理，就是说，数可以说明象的“道理”。数，可以包括现代人认识的“数学”，只是中医多以数学模型来泛说事理。中医是“三五”之学，三才、五行，本身包含着数学模型“3、5”。一句话：数可明理，让理解象。这就是数、理、象的关系。

伽利略所言：“自然之书，是以数字特征写成。”所以，数、理、象三要素，数为最重。但传统中医学以“象”为最重。模型中医学，历史上第一次将数学模型，作为中医的立命之本。

中医不仅有五行，而且有更多呈奇数而存在的一行、三行、五行……N 行。所以，山东中医药大学祝世讷教授提出了“七行”“十一行”“十三行”“N 行”等一串奇数链[9]，将中医界涮得晕头转向，其实这些奇数“行”最终都落在公式 $S=2m+1$。

三才，五行，一体两制，统一在同一个公式中，反映着同源“1”的演化物质能级不同。三才，为之小化；五行，为之大化，反映着三才、五行本质的同源性。这个源，就是太极，就是“一”。

《史记·律书》说：“数始于一，终于十，成于三。”这句话显然只说了半截。尤其“一”，学术界没有参悟明白它的“一箭双雕”性：元时空位之“1”，中时空位之“1”。正如一粒种子，它的胚（一团全能的细胞），占有 1 个元时空位，但种子胚演化出的 1 根胚轴，就占有中时空位。再比喻太阳系，原始“1”团星云，占有元时空位；演化出的太阳系，却让太阳占尽天时，占去了“1”个中时空位。

“数始于一”，就是万物同源演化于处于元时空位的“1”体太极；“成于三”，就是以三才的“一分为三”的模型演化万物，就是老子的“三生万物”。“终于十”，此“十”是“五”的二倍，其实说的是“五”，因为基因可以连锁反应，所以，以“五”为整体模板，翻个跟头就是“十”，因为“二五一十”。

所以，一、三、十（本质是五），在此就是三大数学模型 1、3、5，对应着哲学模型：太极，三才，五行。它们均是 $S=2m+1$ 中的一个解值。

（一）“太极”解

当 $m=0$，代入简式 $S=2m+1$，则 $S=1$。

$S=1$，说明同源演化的物质，处于“混然未知晓”的元态。此时，物质系像粒种子，而太极就是种子里那含情脉脉的“胚”，或胚中的基因。此时，阴阳潜含不露，表达不出有差别的“象”。未来生命特征，高度统一于太极元态。

（二）“三才”解

当 $m=1$，代入简式 $S=2m+1$，则 $S=3$。

$S=3$，说明物质演化系的“太极一气”，演生出三气或三类气，呈现“一源三歧”的“三才”演化模型。此时有一对阴阳演化部分，一个中轴（或中心）部分。三才模型是生命演化的主流，尤其器官演化，如一粒种子落地生根，萌发出“左子叶、顶芽、右子叶”。

（三）五行解

当 $m=2$，代入简式 $S=2m+1$，则 $S=5$。

$S=5$，说明物质演化系的“太极一气”演化出五态或五气、五类气，即“一气五态”或“一源五歧”，就是“五行”演化模型。此时有两对阴阳部分，一个中轴（或中心）部分。正如人类的五指。

在此，太极、三才、五行，统一于同一演化公式 $S=2m+1$，都是某一同源演化源所化，只是模型不同，才有了“太极”“三才”“五行”之差异。三者“一体三制”。一体，即相同的演化起源“太极”；三制，即演化的序数不同。大化为三才，细分是五行。

（四）三五之制话中医

中医历来称“三五”之学。就是说，它以三才、五行为演化核心。其实，《模型中医学》第一次统一了“三才、五行”：三才中潜在着五行，五行是由两个三才共中轴串联而成。

五行：木、火、土、金、水。

性质：木性升达，火性炎上，均为阳势；金性肃降，水性润下，均为阴势。土生万物，无明显方向性，为“孤行”，是与太极元气最相似的一行，所以处于中时空位。且肃降之金，克升达之木；润下之水，克炎上之火，成两对相对立属性；并有木生火，金生水之妙。

木、火主升，金、水主降，土生万物主承载；所以统一精元演化，细分有“金、木、水、火、土”五态五行模型，大则“升、降、载”三势，三才模型也。再，金、土、水（升势三才），木、土、火（降势三才），也是两个三才模型也。所以，三才、五行，同化异制也。（如图6－4）。

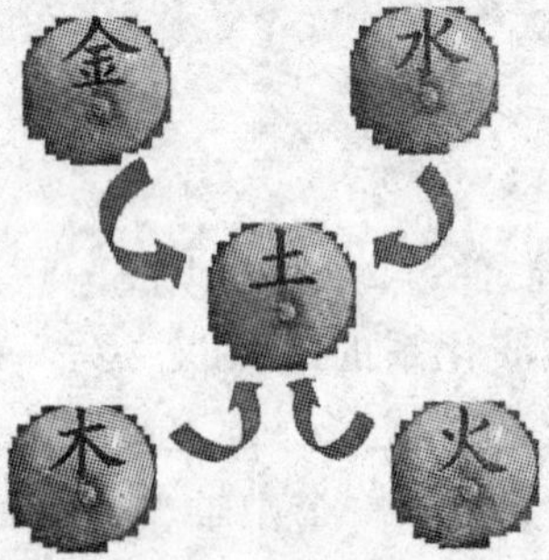

图6－4　五行之运“势”

再如，五方：东、西、南、北、中。

以五行演化模式论之，有2对阴阳：东、西（地图之横向），南、北（地图之纵向）。一个孤行：中，一个潜含四方的特殊方向。四方内缩同趋，均逼近方向“中”。中，外移随时演化出“东西、南北”。中，正像坐标中的“0”点，没有它，正、负数就显不出来。同理，没有“中”，其他方向也显不出来。

所以，五向应“五行”模型“东、西、南、北、中”，又应“三才”模型“纵、横、中”。

再例：一朵花由花胚渐次吐出五行演化序：

中时空位：花托，一“孤行”也。

2对阴阳时空位偶对：

花萼（片小）、花瓣（片大）；

雄蕊（授粉）、雌蕊（受粉），性器官反演无疑。

一朵花，细分是五行模式“花托、花萼、花瓣、雄蕊、雌蕊”，大化是三才模式“托、片、性蕊”。花托相当于一个“舞台”，承载着花其他器官的演化。

可见，中医的三才、五行，都统一于同一个演化简式中。二者同源精气所演，又“一体两制”。一体，即二者同源演化于同一个演化源；二制，就是同源演化源以两个演化机制而化演。其中数字三、五，是万物演化众多基数选项中的两个。《素问·六节藏象论》说：“夫自古通天者，生之本，本于阴阳。其气九州九窍，皆通乎天气，故其生五，其气三。三而成天，三而成地，三而成人。”

（五）五行称霸有理

为什么“5”的数字模型在中医界独树一帜？

有的学者认为：“因为在自然界，尤其在生物中，‘5’的数占在重要的地位。例如《易·系辞》说：‘天数五，地数五。’明·张景岳在研究数的生成时也指出：‘五为数祖。’唐·韩鄂《岁华纪丽》一书有‘柳三眠而盘地，花五出以照人’的说法。张景岳在《类景图翼·运气上》说：‘初春之桃花五其瓣。’

“草木之花，花瓣多五片。人的两手和两脚，都是五指和五趾，这和大多数的四足动物的五趾和五指一样，确实不是没有原因的偶然的创造，它是植物和动物多是5分枝的演变的结果。五行模型的产生，及其广泛应用，也不是偶然的。”[10]

只是历代中医人对“五”的旁敲侧击，思绪万千，都没有触及事物的本源。只有公式 $S=2m+1$，将所有奇数项都统一都来了，才揭示了五行的本质。五行没那么神秘，它只是生命奇数类演化中一个解值罢了，但具有相当的演化优势。在下几章各论中，你将一睹五行的风采。

二、女性月事的3、5、7为哪般

在笔者从理论上推导出宇宙时空位奇数演化简式 $S=2m+1$，很想得到文献来证明。南京中医药大学附属医院的夏桂成教授，发表的论文“七、五、三奇数律与女性生殖生理关系之初探”，从生命功能方面，给出了近乎完美的例证，对笔者鼓舞极大。[11]

夏教授认为，女性生理与奇数律有重大的相关性。他对行经期天数、经后卵泡期天数、经间排卵期天数、周期数律进行了深入研究，最后得出与笔者的推导简式完全符合的结论：

“正常经期，少则3天，一般5天，其间七、五、三数律是比较明显的。经后卵泡期，基本上与行经期相一致，而且从临床上观察到经后期三、五、七数律一般与行经期的三、五、七数律相呼应，即行经期3天干净者，表现出三数律，经后期亦保持6天、9天、12天或者3天的三数律，五数、七数亦是如此，所不同的是经后期较行经期为长。如七数律，经后期一般有7天或者14天；五数律，经后期一般应有10天或者15天、5天者；三数律，经后期一般应有9天、12天、15天，但也有6天甚至3天者，经间排卵期与行经期一样，是属于转化期，时期均偏短，所以七、五、三的数律变化与行经期相同。”（表6－1）

表6－1　行经期、经后卵泡期、经间排卵期的数律

行经期数律	经后卵泡期数律	经间排卵期数律	周期数律
7天	7 7→7	7	7
5天	5→5 5→5→5 5	5	5
5天	3→3→3 3→3→3→3 3→3→3→3→3 3→3 3	3	

此表清楚地表明了一个大问题，行经期天数，像一个模块一样，是以奇数三、五、七为周期天数。而它的经后卵泡期、经间排卵期，均是这一模块数的整数倍。而这些奇数，均落在笔者所推出的简式中。

三，是以三才为演化的一种模式。它是除1以外最小的奇数。三阴三阳，均以3为演化模板。在妇科中，三才倍加受重视。刘河间在《伤寒六书·素问病机气宜保命集·妇人胎产论第二十九》云："妇人童幼，天癸未行之间，皆属少阴，天癸既行，皆从厥阴论之，天癸既绝，乃属太阴经也。"也就是说，天癸至或绝，与少阴肾经、厥阴肝经、太阴脾经三经有关。太、厥、少，三才对应之三阴也。还有与女子关系最密切的"督脉、任脉、冲脉"的"一源三歧"，也是据三才而演化出的理论模型。

人体的功能释放确实多与奇数有关系。前苏联科学家研究发现，人的体力不是一个均衡的定值。体力在一天作为一个周期中，呈典型的五个高峰现象。即人的体力在下列时间段为最强[12]：5～6点；11～12点；16～17点；20～21点；23～1点。（如图6－5）

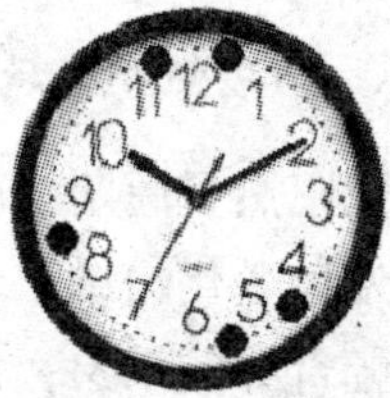

图6－5　体力生物钟

此处要讨论的是，为什么奇数3、5、7，成为人体生理发生典型变化的周期演化模型。也许在生命深层面，正像万有奇数演化原则所揭示的，对奇数有天然的亲合。而且这些奇数可以像连锁的模块一样，成倍数反映在人体生理现象中。最好在基因层面上找到问题的答案。

三、太阳黑子11年一变脸，推动地球"大道"剧变

太阳黑子（sunspots）（如图6－6），以11年为周期爆发，所以，太阳系生命，一声令下，"天人相应"一股脑跟风：细胞、树的年轮、人和生命周期等等，无不如影随形也，11年一变脸。

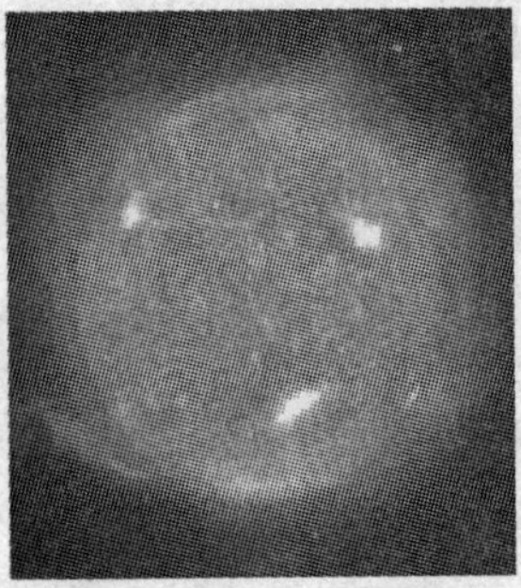

图 6－6　太阳黑子

天问：

11，是否对应太阳系有 11 大时空位，容纳包括太阳在内的 11 个大星体？

（一）太阳黑子

太阳黑子周期（sunspot cycle）之所以产生，是因为太阳内部磁场发生变化的结果。1904 年，英国天文学家爱德华·蒙德发现了一幅奇异的景象，记录太阳黑子周期变化的图表竟然呈现出一幅展翅欲飞的蝴蝶图案。

蒙德以纬度为纵坐标，以时间（年份）为横坐标，绘出太阳黑子的分布图后，发现渐渐靠近赤道的太阳黑子就像蝴蝶的两只翅膀。如果把几个太阳黑子周期的图案绘制在一起，就组成了一连串翩翩起舞的“蝴蝶”。（如图 6－7）

现在人们知道，一个太阳活动周期的时间为 22 年，或者说是两个太阳黑子周期。太阳黑子的移动与被称为经向流的等离子流联系了起来。经向流在太阳赤道和两极之间流动，它的全部过程被称之为太阳活动周期。

经向流就像拥有两个传送带的系统。这两条“传送带”一个位于北半球，一个位于南半球，每个“传送带”都沿着太阳表面，从赤道运动到北极或是南极。到达极地时，每条“传送带”会转

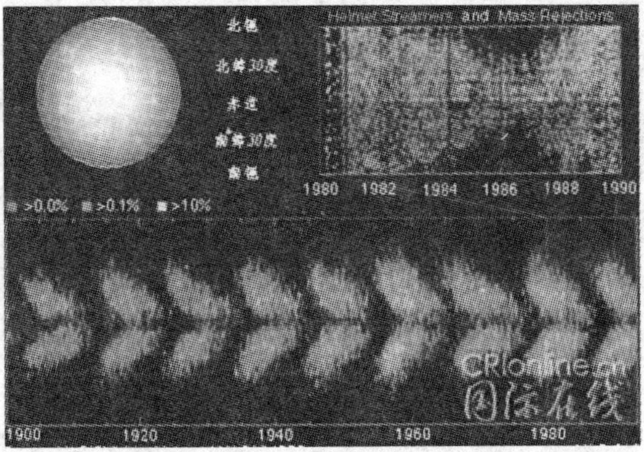

图 6－7　太阳黑子蝴蝶形分布图

个弯，进入太阳内部。经向流经过太阳内部的最外层即环流区返回到赤道。当“传送带”到达太阳赤道时，它又会转头沿着来的路径，重新回到太阳表面，开始新一轮的循环。

科学家认为，“传送带”的两半都拥有相似的太阳黑子图案，这就是为什么太阳黑子活动遵循着 11 年的周期——等于太阳活动周期的一半。

（二）11，好奇妙

在河图洛书部分，已经很好解释了“11”奇数律中的奥妙。在太阳系演化律中，似乎可推导出下列结论：

太阳系有 11 大时空位。

太阳系有 11 个大星体——1 个太阳，10 颗大行星。

如果这样，太阳系能找到有足够资格称得上行星的只有 10 颗。现在是九大行星，有人发现了“齐娜”，共十颗星！是否找齐了？但万有时空位奇数演化原则，认为呈奇数存在的时空位是无穷的，所以，与此时空位配位演化的行星，理论上推导远不止 10 颗。也许还有更多的行星，等待你去发现。

（三）11 解取哪个？

11，用阴阳模型来解，还是用三才模型来解呢？

1. **三才模型解** 中医有“天六、地五”的信念。六、五之和，就是11。这是第一解。这是基于“三才”为基数的解。将三才作为一个模板，天六就是两个三才并列串联演化，得到“二三得六”。如中医三阴、三阳，得六经。还有许多六瓣花，如栀子花：左轮三瓣，右轮三瓣。如果两个三才共中轴交叉演化，就得到“二三得五”。如五行、五指，还有许多五瓣花，如桃花。三才化“五”化“六”。（如图6－8）

图6－8 五瓣花、六瓣花均三才模型演化

2. **阴阳模型解** 万物总是以中时空位为演化轴心，向外对称演化出无穷的阴阳“偶对”。将S为11带入$S=2m+1$，则m解值为5。所以，11，可解释为同源物质，在呈奇数律的11个时空位分布中演化，其中只有一个中时空位，其余配成5对偶对时空位。这五对，就是阴阳模型演化。

3. **阴阳、三才模型关系** 因为每个阴阳偶对时空位，均与中时空位构成“三角式”的三才关系。所以，三才含有阴阳；阴阳是三才对立属性的反映。

结论

太阳黑子11年为一周期演化，反映着太阳内部演化符合万物

奇数律演化公式 $S = 2m + 1$，是必然的一个简单奇数。太阳黑子变化周期，太阳系星体数量，本质上都应该符合这一奇数原则。

“天六、地五”的中医信念，其合数为11，只是与太阳黑子周期偶然巧合。因为天六、地五本质都是三才模型的演化。只是天六是两个三才并列串联，得“二三得六”；五行是两个三才共中轴交叉演化，才得“二三得五”。

也许太阳黑子随着太阳的衰老，其周期会发生按照奇数律公式要求的解值递变，呈1，3，5，7，9，11，13，15…

因为奇数的解值是无穷的，现在选择了11年为一周期，只是选了一个与太阳系近期状况相适应的一个时间解值而已，不必大惊小怪！

四、出水荷叶上的21条

从大自然读出中医的深奥，一直是笔者从事中医教学以来对学生的要求。将深奥的中医理论，如果只界定在哲学层面上死记，你只能出息成一个哼哼唧唧的哲学家，深沉得让人发癫。宁夏医科大学校园里，一池荷花楚楚动人。

为什么荷叶脉都是21条（如图6－9）？请用中医有关理论，推导出它的数学公式。

这是我给学生出的一个课外题！

图6－9　出水荷叶

（一）给荷叶把脉

在果实累累的秋日，赏“日出江花红似火”。此时池溏里的荷叶，在成实的秋日里显得苍劲有力，叶脉暴露，所以，中秋节前后是数荷花叶脉的最佳时节。笔者与学生数校园里的荷花叶脉，用统计学处理得出一个确切的发现：荷花叶脉21。（只是一个品种）

21？

一个奇数也。符合万有奇数演化原则。我们很容易推导普通的一片树叶脉演生的奇数演生公式，就是 $S=2m+1$。荷花叶虽然是圆形的，但仍然符合统一的叶脉演化公式。

（二）叶脉演化公式

研究叶脉演化，假设如下：

1. 中轴演化原则　任何一个叶片，都以叶的中脉为演化中心。

2. 对待演化原则　任何叶脉，潜在演化出的两侧子叶脉，均构成一一对应关系。

3. 等数演化原则　任何叶脉，潜在演化出的子叶脉总数恒等。

每一片叶子，都有一条中轴叶脉，叫1级叶脉、主叶脉，或中脉，可用数字模型1来代表。主叶脉，又根据叶脉等数演化原则，在叶脉两侧演化出相对应的子代叶脉，叫2级叶脉。2级叶脉演化出呈相对待的m对，总数一定为偶数，用2m表示（m是一个有限自然数）。

同理，在以2级叶脉的每一叶脉为中脉的演化源，演化出的3级叶脉，总的子代叶脉演化数目为 2^2m^2。4级叶脉总数为 2^3m^3，5级叶脉总数为 2^4m^4…第n级叶脉演化的总数为 $2^{n-1}m^{n-1}$。

设一片叶子，演化出的所有总的叶脉数（1级到n级），用S表达。那么，包括中轴1级叶脉1在内的所有潜在叶脉的演化数量，下列方法推导公式：

1级→1

2 级→ 2m

3 级→ 2^2m^2

4 级→ 3^3m^3

……

n 级→ $2^{n-1}m^{n-1}$

设一片叶子，演化出的所有总的叶脉数（1 级到 n 级），用 S 表达。那么，包括中轴 1 级叶脉 1 在内的所有潜在叶脉的演化数量是 S，用分式表达：

$$S_n = 2^0m^0 + 2^1m^1 + 2^2m^2 + 2^3m^3 + 2^4m^4 + \cdots 2^{n-1}m^{n-1}$$

$$= \frac{(2m)^n - 1}{2m - 1}$$

当 n 等于 1

$$S_1 = \frac{(2m)^n - 1}{2m - 1} = \frac{(2m)^1 - 1}{2m - 1} = 2m + 1 \quad \cdots\cdots\cdots\cdots \quad (1)$$

当 n 等于 2

$$S_2 = \frac{(2m)^n - 1}{2m - 1} = \frac{(2m)^2 - 1}{2m - 1} = 2m + 1 \quad \cdots\cdots\cdots\cdots \quad (2)$$

当 n 等于 3

$$S_3 = \frac{(2m)^n - 1}{2m - 1} = \frac{(2m)^3 - 1}{2m - 1} = 2m + 1 \quad \cdots\cdots\cdots\cdots \quad (3)$$

……

$$S_n = \frac{(2m)^n - 1}{2m - 1}$$

因为 n、m 都是自然数，所以，叶脉演化出的数一定是奇数。但为了问题的研究方便，我们只取 2 级以内的叶脉数量，所以得公式表示如下：

$S = 2m + 1$

与万有时空位演化奇数公式雷同。

?

因为植物每一片叶，都是从统一的“叶胚”中演化而来。演化的结果，即一级叶脉是1条在中时空位，二级叶脉是2m条，分别占有偶对时空位。（如图6－10）当叶脉演化到二级时，包括1条一级叶脉在内的所有叶脉条数，恰好只有2m+1条最清楚。它永远是个奇数项演化。与宇宙时空位奇数演化公式相同。

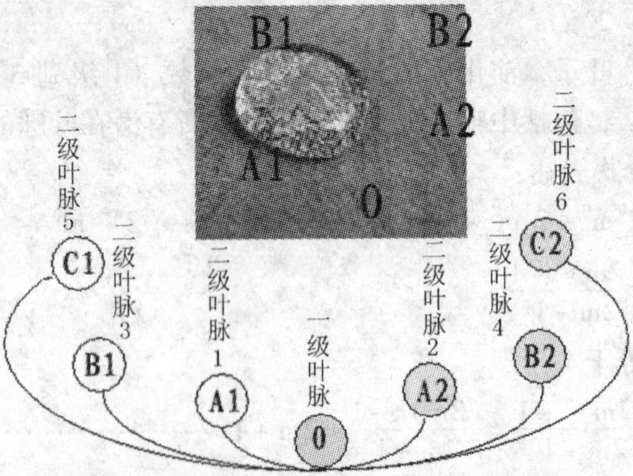

图6－10　荷叶叶脉统一时空位演化分布

如果每一时空位内，容纳相同数量的同源物质演化出的形态器官或功能属性，那么物质的演化数量永远是奇数类，同样也是奇数量。

1是中时空位，容纳一级中叶脉演化；2m是对立两侧的偶对时空位，容纳对立分布的二级侧叶脉演化。S＝2m＋1在外在表象上构成了奇数类演化，但本质上，却是两代演化之和，即第一代与第二代之和。正如一个母亲生了一双儿女，共三个人，却是两代人。

（三）荷叶脉21条辨析

由公式S＝2m＋1，得知荷叶演化出的一级和二级叶脉之和，一定是奇数项。如21条，之中肯定有1条是一级叶脉（中叶脉），二级叶脉是20条。所以，我们看到的外在形象差不多的21条荷叶脉，只是外在现象，不是本质。似乎它们是平等的21条，其实，却是等级不同的。只是在荷叶进化中，这1级中脉和20条二级侧脉，出息得相差不大，也难以辨认，才误认为它们绝对相等。正如人类五指，其实中指就是一级指，其余四指是二级指。

还有，汉语里的“五体投地”也是误导。似乎五体“两上肢、两下肢、头脊”五个方向上的器官是等价的。错误！实际上，头脊是一级器官（占中轴），两上肢、两下肢，是二级器官。

$S = 2m + 1$

此式中的1，意义多重：演化于同“1”个物质本源；总是只有“1”个中时空位处于众多时空位的核心；总是一级属性相同或功能相同的物质或结构，处于中时空位中演化。如1个中指（趾）、1个口、植物1个顶端优势。只是一、二级器官，在演化过程中，有时变得非常相似或等同，让人忽视其中不等级现象。正如儿子老相，父亲年轻，使人误认为是兄弟俩个，而实际是父子俩。笔者抽查问过许多大学生这样的问题：

五指是平等的吗？辈序相同吗？

猜回答的正确率？

基本上全错。因为同学均回答：平等，相同。而没有从公式 $S = 2m + 1$，深刻读出演化的级别是不同的。

结　论

一片叶，读出的却是不同级叶脉：一级、二级叶脉之和。更高级的叶脉，读得不清楚或不便读出。但每一相对独立的叶脉均以相同的方式与潜能演化着。一、二级叶脉之和总是奇数，公式表达为：$S = 2m + 1$。1是一级中轴叶脉，正如人类中指。2m是一级叶脉演化出的子代二级叶脉。由于进化的进行，一、二级叶脉，在荷叶上却难以区分，所以，叶脉21条往往被误认为都是同一个级别的叶脉。其实，它是一、二级叶脉之和：1条一级叶脉（中叶脉），

20 条二级叶脉（侧脉）。

现在你想过没有，为什么叶脉、鱼鳍纹、骨骼、动物趾、人类指，有统一的演生简式 $S=2m+1$？相同的数学模型、数学公式背后，因为它们均是万有时空位奇数演化原则规定下的物质演化，只是物质的属类或数量的演化，与时空位奇数原则一致，才导致了“奇数如此多娇”。

中篇

中医学演化模型统一论

在所有民族医学中，中医独树一帜，卓尔不凡：用统一的思维模型、数学模型，建立她的各个学科；也就是说，中医各个科系，都能抽出相同的思维模型。只是这种模型可让精确的数学模型来承载。所以，无论是“伤寒论”鼻祖张仲景，或是“温病论”开拓者叶天士；也无论是提出“脾胃论”的李东垣，还是个性张扬《医林改错》的王清任，他们的思维深处却是通融的。这正是《模型中医学》所揭示出的最宝贵的秘密：中医学演化模型统一论。

中医历史的轨迹，如同一粒粒珍珠，让相同的模型作为主线，串起来并显得熠熠生辉！

在确立模型中医学这一课题研究以前，笔者总是在想一个大问题：中医学各门学科，如中医基础理论、方剂学、中药学、中医诊断学、中医内科学、针灸学、中医外科学、中医各家学说、中医史等等，有一个“主心骨”吗？有一条“看不见的战线”吗？

因为笔者只知道，中医学术界都在支离破碎地开拓着自己的“小天地”。研究脉学的，只关注三才模型；研究脏腑的，只对五行“情有独钟”；研究中药的，喜欢四气五味的阴阳、五行模型；

研究元气理论的，对太极模型的“元态”高度重视着。尤其在理论界，仍然处于“春秋战国”，谁也说服不了谁，都在以自己的视野与能力，作出自己的判断。

所以许多外国朋友说中医难学。岂止难学，简单是不能学。我们自己都集体掉进糊涂盆里。如果你不信，就请问一个任何学中医的人，包括那些聪明的中医老师。如对阴阳的解释，一百个人，哼哼一百个版本。

为什么？

因为中医思维太哲学化了，太浮于哲学层面说事了。不把你“哲学”得头大，好像不叫中医理论！

哲学，是对客观世界的反映。就让我们到现实的世界里，将中医理论科学化吧！从你我的五指中，扭出五行；从左右眼睛里，扯出阴阳；从顶端优势中的“顶芽”中，撕出太极的“唯我独尊”。

将深沉得让人发癫的中医理论，生动活泼，简单明了。

《模型中医学》历史性地作出了贡献：将复杂、奥妙、狡辩的中医理论，高度抽象出了统一的两个东西：

统一的思维模型、统一的数学模型。

因为，中医的本质，就是模型思维。模型而不是原型，是中医学的灵魂！正如中医用“天六地五”的模型思维，在人体胸腹腔里，恰恰捉到了“五脏、六腑”，而不是别的！

第一章　中医诊断学演化模型统一论

王叔和（如图1－1），一本《脉经》在中医史上名垂青史。并使脉学成为四诊之最神圣。

看看舌头，摸摸脉，望望眼睛知病情。几千年的古老诊病方法，到现在为止，也让人匪夷所思。望、闻、问、切四诊，它的神奇，如何解释？

图1－1　王叔和

难道，眼睛、舌头、脉，与病都相通吗？

人体任何独立器官，真的都成了揭发疾病的证人？谁炮制了这种万古奇妙？

模型中医学，历史上第一次揭开了这个秘密：用统一的模型，用于不同的诊病手段。

一、不得不说的脉诊

门诊来了一病人，摸脉左手寸脉上冲，让学生判断疾病。均答是肺病，但却错了。笔者的回答：病人气上冲左，最多见左头痛，次见肺咳，病源多由下焦肝胆引起的消化道疾病，均由木火上冲所为。

病人回答：完全正确。他有“腹痛、左头痛”。

？

脉学的本质，在于将人体生命功能，以模型的方式抽象出与五行可类比的“金、木、水、火、土”精气运动势态，反映在脉位上。中医可以借脉推测出生命运动状态，然后再由这种运动状态推导出何脏有病。有必要解读千年脉学真谛。

（一）模型思维与脉象

问大家一个问题，脉象是怎样产生的？

可能的回答五花八门：脉的跳动，最反映生命的“活力”；脉反映人体功能；脉反映五脏六腑；脉是全息单元，包含着全部信息……

其实，这些答案都不准确。没有从模型中医学的角度，准确回答出拭脉原理。中医的独取寸口，也没有回答到焦点上。

模型中医学脉学观：

脉学，产生于一种模型思维，重要是的太极、三才、五行三大模型思维。

中医整体观认为，每一个相对独立的人体结构或功能区，均自成一个整体，均是一个小“元态”源。正像每一个细胞或器官，均有自己的太极命门，自己的元精、元气、元阴、元阳一样。这就是与太极模型对应的元态演化原则：每个元态包含着完全相同的未来演化模型。

太极反映的是表达整体意义上的元态演化模型。它的元态性，决定了从每个元态均可反映着相似的全身或其他元态源的演化发生的模型表达。一节脉，就是一个元态源，所以，它相似地反映着全身或每个其他元态源的潜在模型表达，当是很正常的。正如一粒种子之胚可演生出一棵植物，而由种子之胚演生出无穷的小胚芽，也均有演生出一棵植株的潜能。

太极潜在演生模型的全等性，决定了在每一个脉节（整体脉位）均可反映全身疾病。这正是中医传统拭脉多元定位的原因。在头取（天），在足取（地），在手腕取（人）。以寸口为例，模型思维表达如下。

太极模型：腕部寸口，潜含着全身任何相对独立生命单元，均有的演化模型展开，反映着与它们相似的病息波动表达。这就是太极元态模型的脉学原理，简称脉学元态原理。

三才模型：三才模型，是生命奇数演生律中高于元态演化的第二个模型，就是“一源三歧”的模型。它反映着一个整体意义上的结构或功能表达，以三分法（不是三等分）演化出三大类区域表达。三才模型，使中医脉学终于产生了“寸、关、尺”三部扻脉法（如图1－2），简称脉学三值原理。

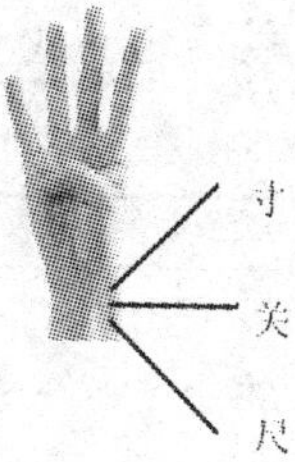

图1－2　三部取脉

五行模型：五行模型，也是生命奇数演生律中的一个解值，一个比三才还完备的解值，就是“一源五歧”的模型。反映着三才模型再进一步的演替或细化，成为与五行模型匹配的“金、木、水、火、土”五部扻脉法，简称脉学五值原理。

五行，在传统中医学里机械地代表五脏（或五腑）。两手的寸、关、尺合二为一，就构成了更高层面上的五行模型。在五行模型脉学原理中，寸表达肺心，关表达中焦肝脾胃，尺表达下焦肾。五脏，沾了五行模型的光，终于可以大大方方地在两手脉上，找到了安家立命的资格，很像落户口。

其实，根据元态演生律，每一个相对独立的生命结构单元，均可潜在着同样的奇数律演生的模型储存，所以，寸、关、尺的每一脉位，均可含有着“太极、三才、五行”模型，均可扻出五脏中的任何一个脏的脉象。

想一想，如果没有太极、三才、五行这三大元老模型，中医哪个天才，知道脉取三关，反映五脏，反映全身？离开了模型思维，中医就不叫中医了，扻脉就只是个扻“心跳”。与现代医学的听诊，就混为一谈了。

二、好一个男左女右

中医总是强调“左升右降、左阳右阴”，与“男左女右”混称杂居。就是说，左为阳是强势，右为阴是弱势。这种左克右的习惯认识，反映在五脏脉位分布律：强势的排在左，被统治的弱势排在右。参看下表1－1：

表1－1 寸关尺脏腑分布

	左 手	右 手	五行相克
寸	心（火）	肺（金）	火克金
关	肝胆（木）	脾、胃（土）	木克土
尺	肾（阳水）	命门（阴水）	阳水克阴水

左寸为心（火），右寸为肺（金），因火克金也。左关为肝（木），右关为脾胃（土），因为木克土也。左为肾（阳水），右命门（阴水），因为阳水克阴水也。《难经》有“左为肾，右有命门”之说，把外观相同的两肾左右有别：左肾是形体之肾，主阳水；右肾是功能之肾，藏肾水主阴。所以，统一的肾体水脏，一体两性：阳水、阴水。

但学术界谁也没有从科学层面上，将男左女右、左克右之类的古人谜语弄清楚。中医界就这样想当然地“左克右”着。

三、势态三焦说

三焦划分有许多版本，本书在现代科学的基础上，结合中医气化学说，抛弃以脏腑具体位置为划分依据的传统三焦说，提出了以气化为定势依据的势态三焦说。

上焦：在脏为肺、肾，主金、水之气，故生于上但势趋下；

中焦：在脏为脾，主土之气，故生于中势趋上亦趋下；

下焦：在脏为肝、胰，主木、火之气，故生于下但势趋上。

根据：五脏，在此不是实体器官，而是五行模型化的生命功能的五个子系统。五行之金、水，反映精质意义上的阴性精气，主降势；木、火，反映精质意义上的阳性精气，主升势。如果降势者放于下焦，升势放于上焦，那么会产生“下焦阴降之精气降，上焦阳升之精气升，最终是阴阳不交感也”。这有悖于“阴阳交感”

"阴阳和合"的中医古训。

再，在《脏腑演生律》一书中，我们得出确切演生答案：

肺（金）、肾（水）均演于运动性强的血管系统，所以本性具有阳势，故放于上焦。肝（木）、胰（火）均演生于运动性相对弱的消化系统，所以本性具有阴势，故放于下焦。脾（土）演生于太极之"中位"，故居有中势，放于中焦也。这种脏腑产生与五行特性相配，在脉学上都有鲜明的分布依据：寸主上焦，表达阳势之肺金、肾水；关主中焦，表达中势之脾土；尺主下焦，表达下焦之肝木、胰火。因为胰主肠胃之消化，因"无火不化谷"，故胰在五行属于火。

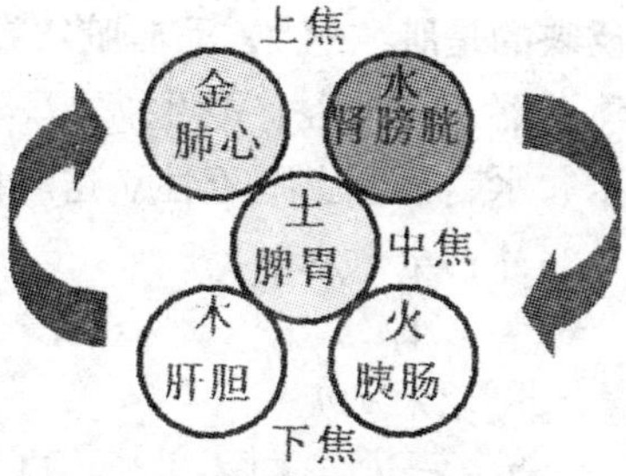

图1－3　势态三焦脏腑配位

故金、水主寸，土主关，木主尺。在此，重要的不是脏腑真实的分布位置，而是脏腑产生的精气运动特点，产生的可与五行模型对应的属性，反映于脉上，表达出疾病信息。脏腑演生与脏腑形成后做功的部位可以不对等，在此有必要提出"生、成"两个概念。生，是器官演化产生的部位；成，是演化的器官做功的部位。器官的产生，和它将来的做功，可以部位不相等。正如中国学生，生于中国，但却拿了美国的绿卡，为美国服务。五脏分配位置，本质上是五行"金、木、水、火、土"的分配位置。（如图1－3）

四、左寸上冲是什么

本文病例，左寸上冲之脉，知木、火之冲势，虽然始于下焦之尺，然而显于上焦之寸。上冲者，多上冲头目也，故病人多见头病。左冲故左头病也。

但上冲寸脉，多木、火所为，胰火，唯借肝木之梯方上达寸也。故此病人最后病机：肝气上冲，胰火上达，是胰火借肝木之升达上炎。病人自诉：肝区多日不舒，好怒；腹痛亦多日。

最后断病：左头痛、肝胰（腹）之位上承，均从左寸上冲而获。肝气从左，故本质为肝气逆上是本，胰火借肝木之升“上承”上焦金、水之位，并冲破上焦直达头部高位。

五、千年脉学真谛

中医千年脉学，值得三思，那种凭位断病，也许大谬也。学子均凭寸冲脉断病为肺病，结果错了。因为传统中医教条认为脏器之病，必以准确的部位反映于准确的脉位上。殊不知，**脉位的本质，反映的是脏“气”，而非脏“器”也**。气为无形精华，器为有形之体。器、气之混，故生大错。全身无形精气运化，归纳出“金、木、水、火、土”五性。这五性之精气，反映在脉位上就是：

寸：金、水

关：土

尺：木、火

五行之位，配寸、关、尺之三位，是精气所配位也，属于比较精确的配位关系。主位在“寸”位的金、水，却因为趋降而容易反映于下位的关、尺位置。而主位在“尺”位的木、火，却因为趋升而容易反映于上位的关、寸位置。

但传统中医，以机械的五行，悄悄演替成器官意义上的五脏与三关脉配：

左寸：心

右寸：肺

左关：肝

右关：脾

左尺：肾

右尺：肾、命门

而基于严格的脏腑演生真实的脏腑演化律，得出的结论是

“实者为脏，空者为腑”，所以，早已剥夺了心为脏的资格，心是空腔之器官，是腑不是脏。并将忽略或兼化了的“胰”请了出来，代表水谷化物的功能。所以，消谷者，必为火。故新的脏与五行之配伍关系如下：

肺：金

肾：水

胰：火

肝：木

脾：土

结　论

1. 脉学模型说　生命奇数演生律证明，生命无论有形之气，无形之器，均喜欢按奇数演生。所以，脉气反映着无形意义上的精气，它的信息演生，肯定符合同样的奇数规律。先有模型思维的形成，才有中医脉学产生。所以，脉是一种模型思维表达：太极、三才、五行，依次演生出中医的“脉诊求元”“寸、关、尺”三关定位、五脏分布。离开了模型思维，中医脉学不会产生。

2. 脉义精气说　脉学意义，在于拭出无形意义上的“精气”而非有形的脏腑。从精气运动信息的特点，再间接推导出全身或某一脏腑的疾病。

3. “藏”非“脏”说　脉学真谛，无非是将气机剖出其五势与“金、木、水、火、土”五行模型相配伍。五行者，五类脉气也。它是全身生命功能产生的生理或病理势态的综合效应。五脏、六腑，只是这种效应中一个小儿科，或一个小道具。传统中医，将脉势器官化、五脏六腑化，只是一种模型思维，将五行之精气，偷梁换柱成实质器官五脏、六腑。

4. 气势说　脉有何种运动势态，就有何种精气运动状态。然后再从这种状态中，间接推断何脏、何腑有病。如上冲之脉，气上冲多由下焦的木、火旺上冲，上冲必克制关、寸之土、金、水。故病可在下焦，亦可影响上焦、中焦。故在上焦寸口，反见弦、滑之脉。此类病人，下焦可能为病源，但此病可延伸上达（上克），演生出中、上二焦之病。如肠病者，可有虚火上达，产生肺咳（木、火刑金），或头疾（木、火易炎巅顶头部）。无他，木、火上达而为。

五行之脉势，均是一身之气演生的五大脉类特性也，是器官背后的故事！中医附于五脏说事但不等于五脏也，充其量反映五藏——一类信息意义上的泛指代。

六、开启多扇窗口

中医看病，有许多聪明的方法：多位诊断。它打开了许多窗口：舌、脉、眼睛、耳，每一个相对独立的全息胚单元。

模型中医学坚持着这样的观点：任何生命演化单元（张颖清教授称之为全息胚），都是从统一的数学模型演化而来，打开了一类数学模型数码，就演化出相应的器官。人体所有器官，都是统一数学公式渐次打开的不同级别的器官演化。虽然功能有别，但演化的思维模型、数学模型，却高度统一。这就是中医多位器官诊病的奥妙所在。

1. 求元诊断

所谓求元诊断，就是太极模型诊断，将任何生命单元，都看成一个可以反映全身各处疾病的窗口。你的眼、耳、鼻、舌、脉、掌，都是统一的东西——一个用统一数学模型炮制的生命单元。（如图1-4）第二掌骨全息图，简直就是人体“小人化”的缩影。

2. 三元诊断

三元诊断就是三才模型诊断，将任何独立的生命演化单元，“一元三歧”三分法。如脉诊手腕部的“寸、关、尺”三部定位。舌体从尖部到根部分为三等份：上部、中部、下部，分别对应上

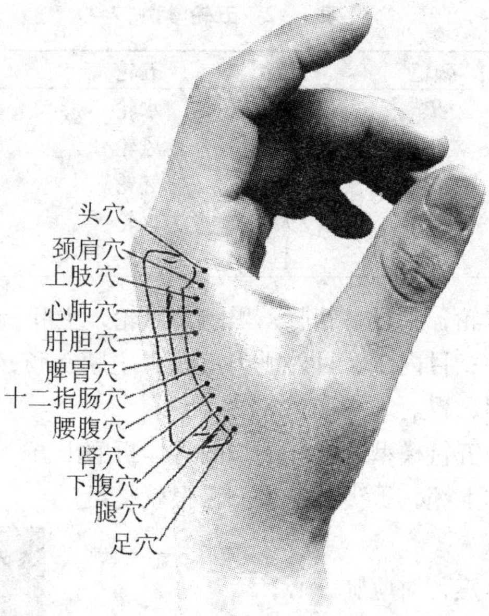

图 1-4　手的第二掌骨全息穴位图

焦、中焦、下焦。眼睛从外向内分为三部：白睛、黑睛、瞳仁，分别对应上焦、中焦、下焦。耳朵，像个倒置的胚儿，从下到上分为三部：耳甲腔、耳甲艇、三角窝，分别对应着上焦、中焦、下焦。可以这样说，三元诊断，就是将人体缩影的“小人”三等分，对应三焦部位。人体三焦部位划分：胸膈以上为上焦（在脏腑为肺、心）；胸膈到脐为中焦（在脏腑为肝、胆、胰、肠）；脐以下为下焦（在脏腑为肾、膀胱）。

3. 五元论断

就是五行模型诊断，将任何独立的生命演化单元，“一元五歧”五分法。如中医用五行模型，在眼睛上“找到”了五轮学说，如下表 1-2：

表1－2　五轮学说

	颜色	五行	五轮	所主脏腑
瞳仁	黑	水	水轮	肾、膀胱
黑睛	青	木	风轮	肝、胆
白睛	白	金	气轮	心、肺
目眦	红	火	火轮	胰、肠
眼睑	黄	土	肉轮	脾、胃

瞳仁为水轮，主肾、膀胱；黑睛为风轮，主肝、胆；白睛为气轮，主肺、心；目内眦、目外眦为火轮，主胰、肠；眼睑（眼皮）为肉轮，主脾、胃。

同样，用五行模型，将好端端的舌体折磨出五个殖民地，让脏腑瓜分。舌体上翘，舌尖就是头，舌根就是足。

传统观点

舌尖主上焦，对应肺、心；

舌中主中焦，对应脾、胃；

舌侧主中焦，对应肝、胆；

舌根主下焦，对应肾、膀胱。

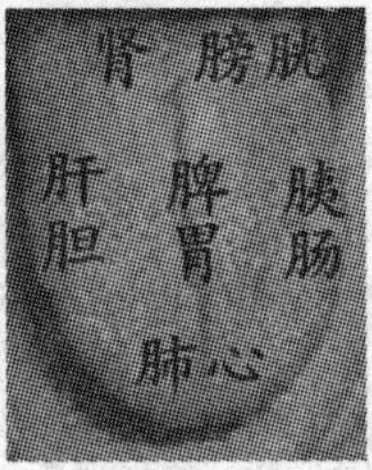

图1－5　脏腑分布图

模型中医学观点（如图1－5）

舌尖主上焦，对应肺、心。

舌中主中焦，对应脾、胃。

舌侧亦主中焦，左侧主胰、肠；右侧主肝、胆。

舌根主下焦，对应肾、膀胱。

结　论

中医像一只锐眼，从不同的窗口，以不同的模型（太极、三才、五行），透视同一个人体。以渐次打开的数学模型1、3、5…定格整体的人。（如图1－6）它正是用了相同的方法，以相同的数学模型，在不同的器官眼、耳、鼻、舌、掌，读出了人体的缩写

“小人”。因为任何生命结构单元，只要满足相对独立的生命单元，都是按照相同的数学模型演化的。我们已经推导出演化公式：$S = 2m + 1$，一串奇数解。这就是几千年的中医诊断之大妙！

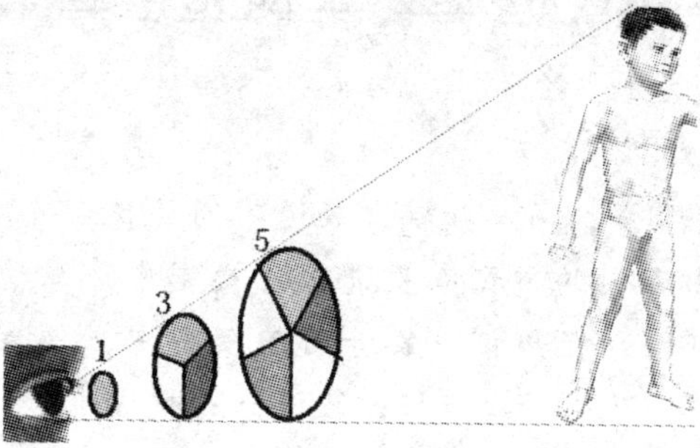

图1－6　锐眼透视人体

第二章　中医辨证演化模型统一论

中医确实奇怪，同一疾病，装进不同的筐子里就折磨出不同的辨证：装进三才模型中，就是三焦辨证、六经辨证；装进阴阳模型中，就是八纲辨证、卫气营血辨证；装进五行模型中，就五脏（腑）辨证。张仲景（如图2－1）就是用三才模型，创立了不朽的伤寒六经辨证。

图2－1　张仲景

这奇奇怪怪的辨证模型背后，有共同的模型吗？

请走近“中医辨证模型统一论”。

一、追寻病、证、症

俗话说：好汉最怕病来磨。人类一不小心，就碰上讨厌的病。《三国演义》里那个天不怕地不怕的李逵，据说什么也不怕，但就怕诸葛亮在他手心里写的一个字——病。模型中医学，以三才模型，从粗泛到精确，把疾病认识简约为三步曲：病、证、症。

（一）病

无论原始社会的人类多么愚昧，他们都会不自觉地把孩子发高烧到40℃以上定为不祥之兆：魔鬼缠身。古人认为病是让鬼怪附体缠着了。所以，那时巫业很发达。神婆巫汉成了最优秀的医生——“巫医”。直到现在，有些地方，还活跃着“捉鬼”的巫师。

《说文》：“病，疾加也。”疾病，是生物体发生异常的病理现象。简单地说，身体异于常态的一切病理过程，都叫病。它是一个最概括的说法。如感冒、腹痛等等。

给疾病起名字，是有学问的：

1. 病位加状态病息命名法　由病变部位，加上身体状态信息组成。如头痛、胃痛、心悸、肠炎、肺炎、耳聋、脑梗死、心绞痛等等。以头痛为例，头是“病位”，而痛是“状态信息”。

病位又用阴阳模型一分为二：局部病位，广泛病位。如胃痛，是局部病位，局限到明确的“胃”。而发烧浑身痛，就是广泛病位，因为无法具体，只能泛化到“浑身”。

2. 状态病息命名法　直接由异常的身体病理状态信息组成。如哮喘、自汗、盗汗、消渴、黄疸、痰饮、失眠、泄泻、痈、肿瘤等等。它是由最典型、最有代表性的疾病信息，作为疾病的命名法。

3. 病因命名法　直接用病因作疾病的名字。如水肿、虫证、结石、伤寒、温病、中暑等等。

（二）证

证，证明也，是对同一个疾病某一阶段或某一类型的概括。它具有“阶段性”。如一个感冒病，却有许多证型：风寒型、风热型、风湿型、气虚型等等。正如父母一个大家庭（病），又生出五个儿子娶了媳妇，组成了五个小家庭（证）。证的最大特点，具有明显的阶段性、群落性。如中医的气虚、血虚、阴虚、阳虚等等，均是由一个个证候群组成的“证”：

气虚证：少气懒言，神疲乏力。

血虚证：面色无华，唇甲色淡。

阴虚证：五心烦热，潮热盗汗，两颧潮红。

阳虚证：畏寒肢冷，面色㿠白。

（三）症

症是构成疾病最小单位的症状、体征。

症状，是病人主观的感觉和行为表现，如恶寒发热、恶心呕吐、急躁易怒等病人的自我感觉，称为“自觉症状”。

体征，医生检查时发现的异常征象，如舌苔白，目赤，脉缓等，一般他人容易发现，病人自已感觉不到，称为“他觉症状”。

症，通常是组成疾病症状最细碎的元件，正如盖大楼的“砖”。

病、证、症，是人类认识疾病过程中，不自觉以三才思维模型对异常生命现象的三个层面的思维模型。

病是最概括的第一层，具有综合性；

证是次概括的第二层，具有阶段性、群落性；

症是最细微的第三层，具有零碎性、具体性、元件性。

正如一座大楼，大楼整体是病（概括、整体），各个楼层是证（层面性、段落性），每一块砖是症（最细碎、具体的结构单元）。所以，病、证、症，就是“大楼、楼层、砖”。以感冒为例，表达如图2－2。

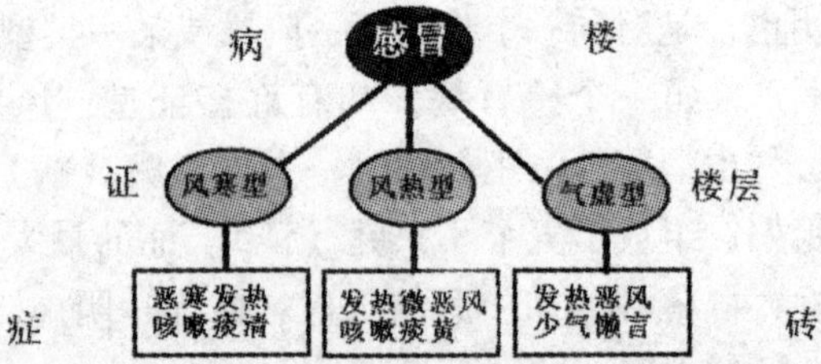

图2－2　病、证、症三才模型分析图

二、证的要素统一论

从哪些要素切入病，是中医认识疾病最主要的问题。抓主要矛盾，抓主要因素，中国思考了数千年，终于折磨出自己的一套经验：重功能、轻实质。

什么意思？

就是重视**无形精气**，忽略**有形器官**。

这真是天大的聪明。因为各个器官，都是全息胚，都是按着统一数学模型展开的生命结构单元。由于生命功能的多元化，所以这些全息胚器官，外在形状高度不一样。有长的有圆的，有大的有小的。心与胃不同，五指与鼻子相差十万八千里。所以，在有形的器官上找统一，尤其是形状的统一，是不可能的。但咱中医人天才地找到了这些器官背后“无形精气”的统一：气、血、津、液、痰、饮、营、卫等等。

人们不禁要问，古人没有放大镜，是如何发现这些“无形英雄”的？

《模型中医学》回答得很干脆：

按模索证。

就是用思维模型的方法，将人体病理要素归纳到模型中。最常用的模型如下。

（一）太极模型与元虚

太极，就是一个代表“端点”意义上的“元态模型思维”。此处物质呈混元状态，阴阳潜在不显，显示不出对立的阴阳特性来，正如一个温和的绅士。与太极元态模型对应的，中医造出了“命门”概念。

命门，是中医假设的一个至高无上的“藏”指代。它是在无形层面上，构建了生命本源的思维模型。人体有一大命门，每一个相对独立的器官亦有一个小命门。命门所处的层面，为“无形层面”或“元态层面”，最高层面即命门层面。

与命门概念对应的，是本原之物质，称为“元物质”。全身元命门对应的元物质是元精、元气。

《说文》：“元，始也。”对于人体发育来源，父母之精就是“元精”。由元精所化之气，就是元气。元气，本质而言，是元精中的基因结构成分。唯有基因，才能影响生命演化的自始至终。

受太极元态模型思维的影响，每一个相对独立的器官，如脏腑，均有自己独立的“脏精”，由“脏精”演化出“脏气”。脏精、脏气成为本脏（腑）之元物质。如心精、心气，肺精、肺气等等。

元虚辨证表现在下列两种：

元精虚：发育迟缓，身材短小，性功能障碍。

元气虚：少气懒言，神疲乏力。

精与气的区别是显然的。精是气的精华凝集，气是精的结构单元。古人不重视结构研究，认为精、气都是一种构成人体与维持人体生命活动的精微物质。只是精由气所凝，气由精所化。所以，气是比精更微细的物质，通称精气。精、气的演化轨迹：精—气—阴气、阳气。(如图 2－3)

图 2－3　精气演化

（二）阴阳模型与阴阳偶对证素

阴阳，本质上反映了古典哲学对相对待属性的二分法概括。正是“阴阳者，一分为二也”（《类经·阴阳类》）。它既指代属性意义，也指代演化意义。

与一身之命门对应的元气，再演化为元阴（气）、元阳（气），或真阴、真阳，或真水、真火。每一脏腑之命门对应的脏腑气，亦“一阴一阳之谓道”而演生出相对独立的脏（腑）元阴、脏（腑）元阳。如心精演生的元气为心气，心气再演化出心阴（气）、心阳

（气）。

阴阳，是比较概括的概念。以阴阳模型为模板，中医将所有的疾病证型要素，都以成对的方式，形成“偶对证素”：

阴、阳

营、卫

气、血

津、液

痰、饮

燥、湿

其实，这些成对的偶对证素，都是在元虚的基础上产生的。要么因为精虚，要么因为气虚，或元阴虚、元阳虚。如元阳虚可致寒，内寒又生内湿。元阴不足可生虚热，虚热可致内燥。

（三）证素辨证表达

偶对证素各自包括许多证型，表达着一个个活生生的辨证：

阳虚证：畏寒肢冷，面色㿠白。

阴虚证：五心烦热，潮热盗汗，两颧潮红。

营气证：

营气虚辨证——面色无华，脉细弱。（化血不足）

营分证辨证——高热神昏，口干渴不多饮。皮肤红紫有斑点，舌红绛。

卫气证：

卫气虚辨证——易感冒，自汗。

卫分证辨证——发热微畏风，头痛，口渴，舌淡苔薄，脉浮。

津亏证：口舌干燥，津少口渴。

液亏证：目陷，皮肤松弛。

痰证：

有形之痰辨证——痰多，瘰疬，痰核，舌苔黏腻。

无形之痰辨证——头眩，肢困，舌苔黏腻。

饮证：饮停体内，饮在肠道，肠鸣漉漉有声；饮在胸胁，则胸胁胀满，咳嗽引痛；饮在胸膈间，则胸闷、咳喘，不能平躺；饮在肌肤，则肌肤水肿，无汗，身体疼重，舌淡苔滑腻。

气证：

气虚辨证——少气懒言，神疲乏力。

气滞辨证——局部胀痛。

气脱辨证——少气，四肢痿软，口开。

气闭辨证——口闭不开，四肢僵硬，两拳握固。

血证：

血虚辨证——面色无华，唇甲色淡。

血瘀辨证——局部有瘀血，疼痛部位固定，拒按。

燥证：皮肤、口鼻干燥。

湿证：头重如裹，全身乏力，舌淡苔腻。

中医高明处，就是忽视具体的脏腑器官，只提取无形层面上的疾病症状要素，“辨证施治”。所以，肺气虚、脾气虚、心气虚，任何脏之气虚，只要有“少气懒言，神疲乏力”，就符合气虚辨证，同一个“补中益气汤”就万事大吉了。心阴虚、肾阴虚、肺阴虚，任何脏之阴虚，一个“六味地黄丸”就打发了。

这种“异病同治”的原因，在于任何脏腑器官，都是由同源受精卵，按着统一的数学模型演化而来。器官背后的“无形精气”是相同的。所以无形精气演化出的无形症状要素，是统一的。

三、辨证模型统一论

创造辨证体系的历史人物，给人们留下的记忆是永恒的。但认真将所有辨证归纳在统一的体系中，却是《模型中医学》历史性的创新。从严格的数学模型，将中医任何辨证“子系”统一起来，并在一个数学公式 $S = 2m + 1$ 中完全表达出来。正如生物界，在细胞层面上统一起来，毕竟，统一性的认识，才是科学最大的任务！

（一）太极模型辨证体系

太极模型辨证就是从“元”端上对疾病作出辨证，就是“元辨证”。

这一点，历代医家均忽略了将它有资格作为独立的辨证体系。只是将这个最重要的“元”辨证，支离破碎到各个具体的辨证中。

元辨证

包括元精虚、元气虚；各脏腑器官的脏精虚、脏气虚。

当然历代医家提出了“元阴虚、元阳虚”，但本书将它放在阴阳偶对病素中认识。太极模型辨证，就是从最“元”的物质层面上，对疾病作出本质的辨证：精虚、气虚。上一节已详讲。它是从人体或任何独立的器官，综合研究各自的“元”物质之虚亏。

在全身指代“元精虚、元气虚”；在脏指代“脏精虚、脏气虚”；在腑指代“腑精虚、腑气虚”。

（二）阴阳模型辨证体系

中医对阴阳之喜爱，是溢于言表的。不但闹腾出了八纲辨证，而且催生了温病学派的“卫气、营血”辨证。阴阳模型辨证体系，是将中庸可爱的“元”物质有意忽略，只从极端的“阴、阳”两个方面，探讨辨证体系。

1. 八纲辨证

学术界对八纲辨证向来有看法，说它不像一个辨证。其实，它只是古人从最粗泛的角度，对疾病辨证来了个“大写意”：

阴阳、表里、寒热、虚实。

疾病总括，非阴即阳；部位之论，或表或里；定性要素，是热是寒；正邪之争，可虚可实。可以说，八纲辨证，像一个炉火纯青的大画师，几笔勾画出的“写意画”。只求神似，不计形像。将疾病抽出主要的要素，以八纲论之，应该说“言简意赅”“气度不凡”。

其实，具有阴阳“偶对”品质的辨证要素非常之多，如营卫、气血、痰饮等等。但这些病素偶对太具体了，不能与概括性的八纲辨证混为一谈。八纲虽然也是阴阳偶对病素，但却是纲领性的条目，是泛论，不是细目琐理。

图2－4 叶天士

2. 卫气营血辨证

清代温病大家叶天士（1667～1746）（如图2－4）非常老道，用“阴阳”之剑，连挥四下，削出了一个不同于伤寒论张仲景的时代——温病时代。

开山鼻祖的最大特点：独辟巧径。

因为清朝以前的时代，太“张仲景”了，太“伤寒论”了。医生诊疾，无非六经；施方用药，无非仲景。终于风水轮流转，江南才人叶天士，灵感天降，为人类贡献了卫气营血辨证。在其名著《叶香岩外感温热篇》说：“温邪上受，首先犯肺，逆传心包。肺主气属卫，心主血属营。”“大凡看法，卫之后方言气，营之后方言血。”将温病由浅入深，以阴阳模型作了画龙点睛的妙论：卫、气，营、血！

（1）卫分证：

卫分证是指温热病邪侵犯肺卫，致使卫外功能失调，肺失宣降所表现的证候：发热，微恶风寒，舌边尖红，脉浮数，常伴头痛、咳嗽、口干微渴、咽喉肿痛等症。

（2）气分证：

气分证是指温热病邪内传脏腑，正盛邪实，阳热亢盛所表现的里实热证候：发热不恶寒，反恶热，口渴，汗出，心烦，尿赤，舌红苔黄，脉数有力。

（3）营分证：

营分证是指温热病邪内陷，劫灼营阴，心神被扰所表现的证候：身热夜甚，口不甚渴或不渴，心烦不寐，甚或神昏谵语，斑疹隐隐，舌质红绛、无苔，脉细数。

（4）血分证：

血分证是指温热病邪深入阴血，导致动血、动风、耗阴所表现的一类证候：身热夜甚，躁扰不宁，甚或昏狂，吐血、衄血、便血、尿血，斑疹显露，色紫黑，舌质深绛，脉细数。

（三）三才模型辨证体系

用三才模型辨证的大家，都成了历史巨人，反映着三才独特的魅力。三才模型调制出中医史上的三焦辨证、六经辨证。

1. 三焦辨证

吴鞠通，在叶天士思想根深蒂固的时候，能从其手里斩获发明“三焦辨证”的殊荣，非常之不易。历史就是这样巧合：伟人前仆后继地诞生，让叶天士的身后，又冒出了虎虎生气的吴鞠通。

吴鞠通（1758～1836），在全面研究《素问》、张仲景、吴有性、叶天士的相关学说后，把温病传变与脏腑病机联系起来，提出将温病分为上焦（肺与心）、中焦（胃与脾）、下焦（肝与肾）三个阶段，即所谓“三焦辨证”的理论体系。

观察的视角不同，对同一个事物的认识就截然不同。叶天士重视无形的精气，吴鞠通重视有形的器官。正像切一个冬瓜，刀法不同，结果不同。叶天士以阴阳模型剥皮法“层层”剥出四层，剥出了“卫、气，营、血”辨证，而吴鞠通以三才模型横着削，从上到下削三块，削出了“三焦辨证”。

（1）上焦病证：

温病由口鼻而入，鼻通于肺，故温病开始即出现肺卫受邪的症状：发热，微恶风寒，自汗，口渴或不渴而咳，午后热甚，脉浮数或两寸独大。

（2）中焦病证：

温病顺传到中焦，则见脾胃之证：

中焦病证的临床表现为阳明燥热证——面红目赤，发热，呼吸俱粗，便秘腹痛，口干咽燥，唇裂舌焦、苔黄或焦黑，脉沉实；

太阴湿热证——面色淡黄，头胀身重，胸闷不饥，身热不扬，小便不利，大便不爽或溏泄，舌苔黄腻，脉细而濡数。

（3）下焦病证：

温邪深入下焦，多为肝肾阴伤之证——身热面赤，手足心热甚于手背，口干、舌燥，神倦耳聋，脉象虚大；或手足蠕动，心中憺憺大动，神倦脉虚，舌绛苔少。

2. 六经辨证

中医界产生了张仲景，是大事纪。张仲景为东汉末年医学家，生于约公元50~154年，大约公元215~219年去逝。他精研医书，以三才模型创造性地发明六经辨证。

（1）太阳病辨证提纲：

太阳之为病，脉浮，头项强痛而恶寒。太阳病，发热，汗出，恶风，脉缓者，名为中风。太阳病，或已发热，或未发热，必恶寒，体痛，呕逆，脉阴阳俱紧者，名曰伤寒。

（2）阳明病辨证提纲：

阳明之为病，胃家实是也。

（3）少阳病辨证提纲：

少阳之为病，口苦、咽干、目眩也。往来寒热，胸胁苦满，嘿嘿不欲饮食，心烦喜呕。

（4）太阴病辨证提纲：

太阴之为病，腹满而吐，食不下，自利益甚，时腹自痛。若下之，必胸下结硬。

（5）少阴病辨证提纲：

少阴之为病，脉微细，但欲寐也。

（6）厥阴病辨证提纲：

厥阴之为病，消渴，气上撞心，心中疼热，饥而不欲食，食则吐蛔，下之利不止。

（四）五行模型辨证体系

中医显然以最简约的方式，将有形的五脏、五腑，拷贝到五行模型上。所以，中医脏腑在五行模型中，只是一个符号意义。但却包含着每一个脏腑的器官证：

1. 五脏证

肺证：咳嗽、喘、哮、痰
脾证：腹胀、痛、泻、水肿
肝证：胁胀、痛、易怒、烦躁
肾证：腰膝酸软、发育迟缓、生殖障碍
胰证：腹胀、肠鸣

2. 五腑证

心证：心悸、怔忡、健忘
胃证：恶心、呕吐
胆证：胆怯易惊
膀胱证：小便异常
肠证：大便异常

（五）辨证统一

如果以三才审定辨证范畴，那么可演化出三大模型：

命门模型

阴阳模型

偶对病素模型

这三大模型的演生是必然的，也是符合临床实际的。如果假设命门对应的唯一元态，用数学模型表达是“1”，由它演生的呈现出阴阳或偶对意义上的相对待属性，是 m 对，那么，由命门之“1”的元物质演生出的辨证类型总数用 S 表达，所以，很容易推导出公式：$S=2m+1$。

式中，1 代表元物质，推导出元辨证——元精虚、元气虚。2m，表达对立或对待意义上的偶对病素辨证，包括阴、阳本身。

这就是辨证统一简式。与万物时空位演化公式相同。中医一切的辨证提纲，均演化于这个公式。

当 m 取值 0，1，2…则 S = 1，3，5…解值意义为：

S = 1，表达太极模型，其辨证体系就是元辨证，包括元精虚、元气虚。机体处于生理意义上的元态，如全身意义上的元精、元气、一身之气等。器官意义上的脏精、脏气、腑精、腑气等。它的最大特点就是元态性、始基性。如元气虚人体发育迟缓，心气虚心悸怔忡，胃气虚不思饮食等等。

S = 3，表达三才模型，其辨证如三焦辨证、六经辨证。病因有“三因学说”。

S = 5，表达五行模型，其辨证为五行辨证，如与五脏、五腑对应的五行之精、五行之气。脏腑辨证就是与五行模型对应着的脏腑辨证类型。

而内生五邪“风、寒、湿、燥、火”五证，是五行模型辨证；六淫，是三才模型的倍加辨证，“二三得六”：风、寒、暑、湿、燥、火。而卫气、营血、气血、痰饮、燥湿等等，只是偶对病素模型辨证。

而八纲辨证，其实是阴阳模型与偶对病素模型的杂合辨证。阴阳是更总括的偶对病素模型辨证，而“寒热、虚实、表里”只是阴阳细化或具体化的偶对病素模型辨证。

所以，中医辨证有三大层面，简称三维辨证：

元层面

阴阳层面

偶对病素层面

它们分别对应着太极命门、阴阳、具体病素偶对。命门层面对应着元物质辨证，如元精虚、元气虚；脏精虚、脏气虚；腑精虚、腑气虚。阴阳层面对应着疾病总的二分法大题归纳，如全身意义上的“元阴虚、元阳虚”；具体脏腑意义上的“阴虚、阳虚”。偶对病素层面，是阴阳模型的具体化，如气血、营卫、燥湿、寒热、虚寒等等。任何辨证体系，均是从这三个层面中抽象出来的。(如图2－5)

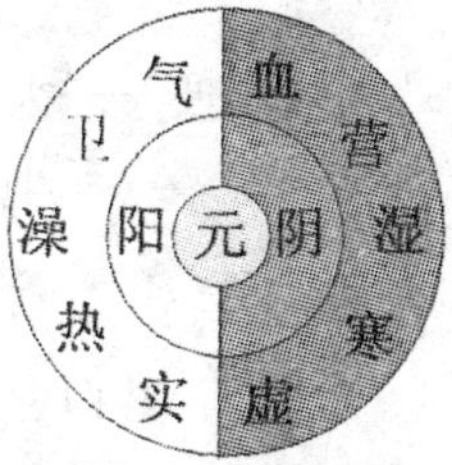

图2－5　三维辨证

(六) 辨证论治的背后

中医辨病有一个严格的程序：

1. 定位

局部定位——就是疾病部位局限，如心绞痛，头痛；

广泛定位——就是疾病部位涉及面广泛，如浑身不舒，全身发烧。

2. 特殊症

出现只有特殊器官才具有的症状。有此脏，才有此症。如：

心：悸、怔忡

脾：腹胀、闷、腹泻

肺：咳嗽、痰、哮、喘

肾：水肿

肝：胁痛、易怒

胰：腹痛、腹泻

3. 消化道症

饮食——饮：口渴、口干，口淡

食：饥而不欲食

大小便——大便：腹泻、便秘

小便：小便清长、短少、涩痛

4. 舌

舌苔：苔白、苔厚、苔干

舌质：舌质红、紫

5. 脉

脉位：寸、关、尺三脉情况

脉势：强、弱

所以，中医辨证，只重视两大要素：病位与证。辨证公式是：**病位 + 证**。

如心气虚、肺阴虚等等，均是前边是脏，后边是证。但中医治疗，却是重证轻器。什么意思？就是重视治疗“证”，忽略器官的差异，所谓治病只抓“证”，是“辨证论治”。如无论脾气虚、肝气虚、心气虚，只要出现“少气懒言，神疲乏力”的气虚证，不管“脾、肝、心”的相差十万八千里，均可用同一个四君子汤治疗，忽略各个脏腑之差别。所以，中医是在各个器官背后，找到了疾病的根本——证，一个反映出疾病阶段性本质的疾病要旨。气虚证、血虚证、阴虚证、阳虚证等等，均是一个个优秀的脱离脏腑真实的，或者说潜藏在脏腑背后的疾病代表。证是对生命体征综合的阶段性概括。所以，辨“证”治病，是中医的灵魂！

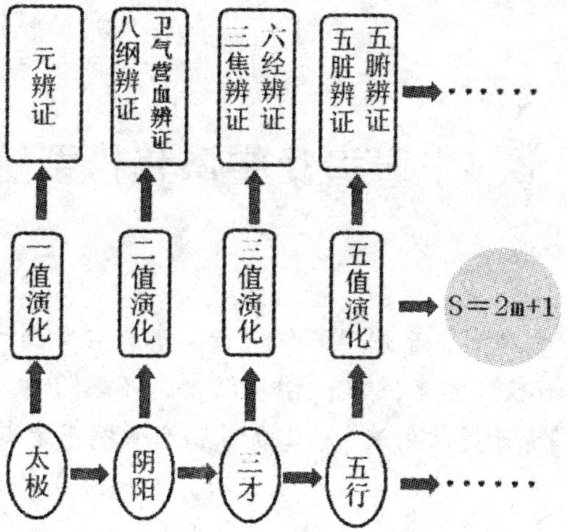

图2－6　辨证模型统一

中医任何辨证，都用了“太极、阴阳、三才、五行……”的思维模型，可抽象出数学模型“1，2，3，5…”，开发出“一值演化原则、二值演化原则、三值演化原则、五值演化原则……”。最终借此数学模型，创造了丰富的中医辨证体系。（如图2－6）

太极——元辨证

阴阳——八纲辨证、卫气营血辨证

三才——三焦辨证、六经辨证

五行——五脏辨证、五腑辨证

……

这说明，中医理论的演生，是有共同规律可循的。它的所有辨证纲领，均可抽象为数学模型，而高度统一在同一个万有时空位演化公式 $S=2m+1$。它与大宇宙演化的主旋律是相同的。这才是中医辨证之妙，统一辨证之灵魂。从而透视着中医理论精湛的科学素养与美的对称原则。

第三章 中医治疗学演化模型统一论

著名的中医学家，中国工程院院士王永炎（如图3－1），主张“思贵专一，不容浅尝者问津；学贵沉潜，不容浮躁者涉猎”。其主研发明的“清开灵注射液”，让众多脑血管病患者起死回生。清代医学大家王清任，独创的补阳还五汤，不知让多少偏瘫病人扔掉了拐杖……

图3－1 王永炎院士

从草根树皮、奇花异木，寻找到治病的灵丹妙药；从普通的砭石针术，到精湛的治病经验的总结；从蛛丝马迹，千思万绪，到探求出治疗学的光辉思想。中医走过了漫长的岁月。

“路漫漫其修远兮，吾将上下而求索！”

找到了，找到了，中医学找到了与大宇宙通融统一的天人一体观——“人与天地相参也，与日月相应也”。

模型中医学，是人类医学的奇迹：用统一的思维模型、数学模型，串起治病过程的点点滴滴。

一、治疗原则模型化

中医治疗原则千篇一律：调整阴阳，补其不足，泻其有余，恢复阴阳的相对平衡。

用了两个思维模型：

（一）太极模型

所谓阴阳的相对平衡，本质上就是守中，守着“0”时空位。就是阴阳各个方面都不过，也无不及，祥和地团结在中时空位“0”为核心的演化体系中。这实际就是中国人的中庸之道：处世不偏激，讲究和气，内含忍让，与世无争，无为而治。对于人体，元时空位对应着太极模型的“元”物质，如元精、元气。“补其不足，泻其有余”，恰是元物质充足而不亢。“相对平衡”，一语破的：动态有度，进退有节。

中医治病的一切目的：恢复阴阳的相对平衡——中庸态。

（二）阴阳模型

调整阴阳，补其不足，泻其有余。阴、阳；补、泻；不足、有余，均是从阴阳两个极端确定治疗的原则。治疗的目的：恢复阴阳的相对平衡，还是最终归于守中、守元、守中庸。

二、组方用药模型化

用药如用兵。古人配伍药物像治国，符合中国人的官本位等级森严意识：君、臣、佐、使。《内经》云：“主病谓之君，佐君谓之臣，应臣之谓使。”并有“君一臣二，制之小也；君一臣三佐五，制之中也；君一臣三佐九，制之大也”。

在组方用药上，用统一的思维模型作出了明确界定：

（一）阴阳模型

君、臣：对主病起主要治疗作用的两类主药。

佐、使：起次要作用的两类辅助药。

元代李东垣在《脾胃论》中再次申明：“君药分量最多，臣药次之，使药又次之。不可令臣过于君，君臣有序，相与宣摄，则可以御邪除病矣。”

举例：麻黄汤——麻黄，桂枝，杏仁，甘草。

君药：麻黄，发汗解表为君药。

臣药：桂枝，助麻黄发汗解表，透营达卫为臣药。

佐药：杏仁，降肺气，与麻黄之宣发肺气成“一宣一降”之势，为佐药。

使药：甘草，调和宣降之麻杏，又缓和麻黄、桂枝之峻烈，为使药。

所以，中医的用药配伍，简直就像人事调配：升降有序，量度考究。

（二）太极模型

这种“君、臣、佐、使”阴阳模型搭配的真实目的：守中、守元，守着元物质“元”时空位，一个中央集权制的行政动作结构。只是没有明说而已。所以，学中医要读到无字处。中医一切治疗，调阴阳的目的，就是“补其不足，泻其有余”，恢复人体的中和、中庸之态。

三、药性的模型化

《神农本草经》云：“疗寒以热药，疗热以寒药。”药性含义有两种：一种是指药物的实际之性质，如石膏大寒；一种是以药物作用于人体产生的功能而论的，如知母能治疗热性病，所以归于寒性药物。

中医用五行模型，将复杂的自然界万物归纳出中药五性：

寒、热、温、凉、平。

其实，不同的思维模型，归纳出的是不同的药性。

（一）太极模型

五味本一体，精华为药物之精（药气之凝聚），药精所化之气为药气（构成药的最细微物质）。所以太极模型辨药性，就是

"平"性，一个阴阳寒热、温凉都不显的"中和"性。此时，药物五味高度凝结潜含，不显极端偏性，就是"平性"。如山药，味甘，性平，所以，只要是气虚，无论阴证或阳证，均可应用。

（二）阴阳模型

以阴阳模型定性，药有两对阴阳偶对：

寒、热

温、凉

（三）三才模型

中药之元气，正如人体之元气，"一元三歧"演化出"阴气、阳气、冲气"。阴气之性为"寒性、凉性"，阳气之性为"热性、温性"，冲气为调和中庸的"平性"。所以，中药五性在三才模型中定位，是两个三才模型。(如图3-2)

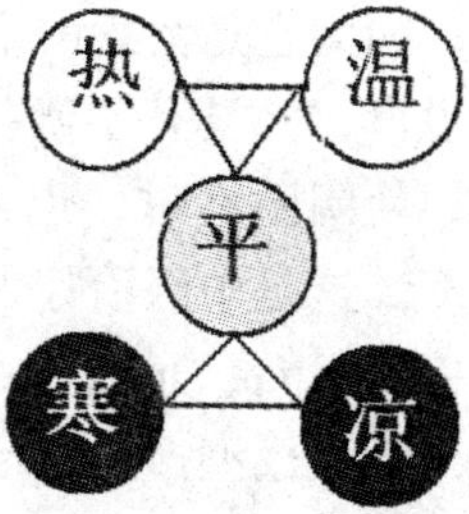

图3-2　药性三材模型分布

阳势三才模型：热、平、温

阴势三才模型：寒、平、凉

由于"平"的中庸作用，所以它成为阳势三才、阴势三才的"中流砥柱"。

（四）五行模型

阴气按阴阳模型演化出寒、凉二性；阳气按阴阳模型演化出温、热二性；平气，就是药之平性。所以，在五行模型范畴，药物五性为：寒、凉、温、热、平。

同理，药性在升降中的思维模型：

太极模型：中。

阴阳模型：升、降；浮、沉。

三才模型：升、降、中。

五行模型：升、降、浮、沉、中。

四、治法的模型化

中医治法多元，求阴求阳。治疗目的，无非守中、守元时空位，使阴平阳秘，潜在中庸。

（一）太极模型

太极是阴阳演化之端、之元。所以，凡是调阴阳，均是潜在着守元、守端。这是中医治疗的潜台词。有时候可能没有明着说出来，因为它是治疗的主线，是自始至终的目的，所以，中医多从阴阳说事，并没有明确提出要守这个元物质。治疗的方法，调阴调阳，使阴阳不过，也无不及，什么意忠？就是达到一个“适中”之度。这是中医治疗之本。这种适中，阴阳恰到好处，不偏不倚；太极之元精、元气、一身之气，均充足而不亢。

太极模型产生了治疗学中的补元之法：

1. 补生命之元

补元精——补先天生殖之精，补后天体细胞。

补元气——补先天生殖之精所化之气，补后天体细胞所化之气。

2. 补脏腑器官之元

补脏（腑）精——补构成各脏腑器官的细胞。

补脏（腑）气——补各脏腑器官的细胞所化之气。

无论补生命之元或脏腑器官之元，所用方药相同。如补（元）精可用六味地黄丸，补（元）气可用四君子汤。

（二）阴阳模型

阴阳模型，是中医最明目张胆的模型表达。

1. 经典之论

《素问·阴阳应象大论》炮制了许多治疗方法："形不足者，温之以气；精不足者，补之以味。其高者，因而越之；其下者，引而竭之；中满者，泻之于内。其在皮者，汗而发之。"

可从下列两个方面论之：

（1）阴阳模型偶对病因：

形不足，精不足——形指宏观之形体（有形），精为微观之精微物质（无形）。

其高者，其下者——病位在高为"上"，病位在低为"下"。

中满者，在皮者——病位在中为"内"，病位在皮为"外"。

所以，此段话的阴阳偶对：

形（有形）、精（无形）

高（上）、（低）下

中（内）、皮（外）

（2）阴阳模型偶对治法：

温之以气，补之以味——气、味有别，气易挥发产生嗅觉效应，味较凝敛产生味觉效应。气可嗅不可尝，味可尝不可嗅。所以才有气、味之偶对的存在。原因是人类呈偶对演化出嗅觉、味觉。"形不足者，温之以气"，就是形体虚弱之人，可以用补气法治疗，如用四君子汤，方有"人参、白术、云苓、甘草"。"精不足者，补之以味"，精亏之人以浓重的厚味补之，如血虚的病人，可食用血肉有情之品，如食用紫河车，四物汤（当归、熟地、川芎、白芍）。

所以，形不足者，重点补无形之"气"；精不足者，重点补有形之精血。补气、补精，构成了阴阳偶对治疗方法。

越之，竭之——其病位高者，可用向上发越之法，从上部排出，如伤食在胃可用吐法；其下者病位在下，所以可用清泻、下达之法，引邪下排而使病邪"竭"。上病祛病从上出，下病祛病从下出，符合路径最短原则。向上发越、向下排竭，构成了阴阳偶对治疗。

泻，汗——中满之病，病在内，可用清泻之法，消灭病于内；病在皮肤，发汗外出可将病邪顺势排出。一个是内消法，一个是外逐法，又是一个偶对治疗之法。

2. 大家之论

北齐的徐之才，在他的名著《药对》中提出了“十剂”概念。在成无己的《伤寒明理论·药方论》一书的序中，完整表达出来：

“制方之体，宣、通、补、泄、轻、重、滑、涩、燥、湿十剂是也。”其义是：“宣可去壅，通可去滞，补可去弱，泄可去闭，轻可去实，重可去怯，滑可去着，涩可固脱，燥可去湿，湿可祛枯。”

一派“一阴一阳之谓道”的阴阳偶对治疗之法也：

宣、通——同属阴阳模型之治法，因为宣、通均是外达之治法。宣，宣散外达，可治壅郁不通之表证，伤寒闭态可用麻黄汤发汗外达开宣；通，通利下趋，可治滞定于内的里证，如大便秘结可用大黄通泻下利。

补、泻——异属阴阳模型之治法。补可用于治虚证，如阳虚可用金匮肾气丸，大补阳虚；泻可用于治实证，如大黄泻下导滞，治腹满大便结实证。

轻、重——异属阴阳模型之治法。轻，用轻扬之法，如麻黄汤发汗，治疗表实之证；重，用重坠之法，如磁石之沉降，治疗虚弱之惊怯之证：

滑、涩——异属阴阳模型之治法。滑，用滑利之泻药，治疗滞着的证，如大黄具有泻利之性，可治大便秘结；涩，用收敛固涩之药，如赤石脂，治疗大便久泄之证。

燥、湿——异属阴阳模型之治法。燥，用燥湿之药，治疗湿证，如苍术，可燥湿健脾；湿，用滋养湿润之药，治疗燥证，如生地可滋阴润燥。

所以说，中医治疗方法，巧妙运用了太极模型之“元”物质。阴阳模型之二值演化，将复杂的药性高度简单化，从哲学思维模型的高度，抓住了药性治疗的“灵魂”。（如图3－3）

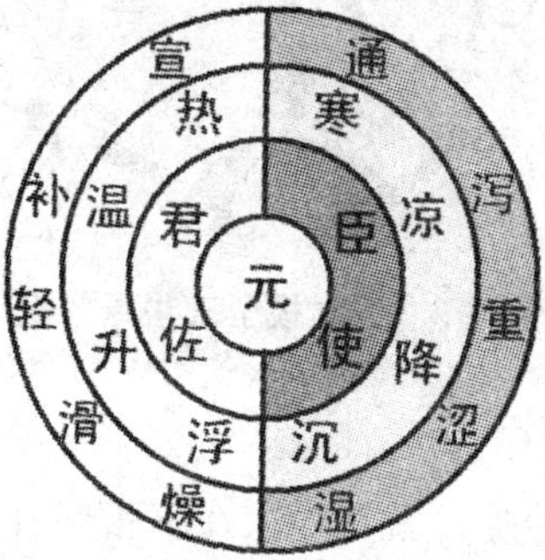

图3－3　“元”药性二值演化

元虚，是任何疾病产生的主要原因。正所谓“邪之所凑，其气必虚”。这个元，就是以元精虚、元气虚为主要矛盾的“元物质”虚，中医统称“气虚”。因为在中医学，气的概念范围很广，“有形也是气，无形也是气”。所以，有形之精、无形之气，均简称为“气”或“精气”。

以元虚为疾病主因，所以，任何药性、用药原则、治疗方法，都以阴阳模型偶对的形式，并围绕着这个主要原因展开。公式 $S = 2m + 1$ 恒成立。1，是太极模型“元”物质之虚，而2m是因元物质虚而演化出的阴阳偶对病素。

治病手段——调元、整阴阳。

治疗最终目的——是恢复阴阳的相对平衡，将虚亏的元物质调到常态，就是复“元”。

（三）三才模型

中医用三才模型，将复杂的治疗对象，由于病因所在的不同，

简约为三个方面的治疗，简称“三源治疗”。(如图3-4)

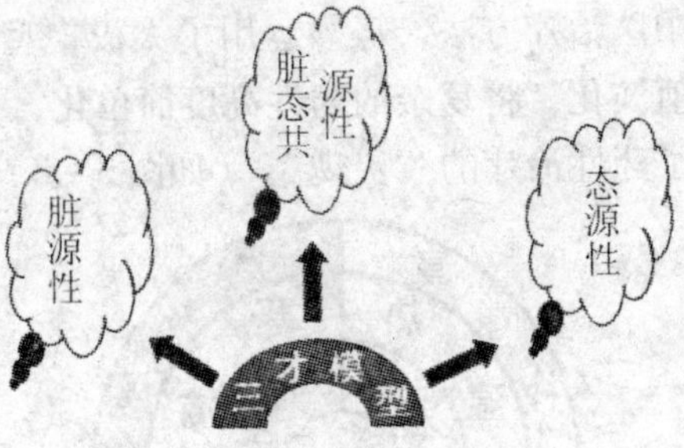

图3-4 三材模型三“源”治疗

1. 脏源性的治疗

所谓脏源性的治疗，就是病因在脏腑器官，所以治疗重点在脏腑。如肺因咳痰日久造成的“肺因性气虚”，肺病是因，气虚是果。所以求因而治，重点治肺，止咳祛痰。临床凡是由于脏腑器官原因造成的全身性疾病，重点治原发病脏腑器官。

2. 态源性的治疗

态源性的治疗就是病因在全身所处的“时空位态相”，而不在脏腑本身。如伤寒引起的肺咳，原因是身体受寒引起的全身处于“收敛闭态”。在闭态中，阳气外宣发越受阻，所以人体肌表怕冷。闭态中肺不能宣发，所以咳嗽。阳气外出受阻只能郁闭于内，造成体内阳郁，郁而化火，所以可发热。故伤寒感冒，多见“恶寒发热”。

伤寒引起的肺咳嗽，重点不是止咳，而是发汗解表。麻黄汤可发其汗，汗出表证解，皮肤毛窍开，所以肺借此宣发通达，故不咳也。故不必“见咳止咳”，不必治肺。

所以，凡是因全身整体时空“态”造成的某些脏腑器官的疾病，重点治全身的时空态，就是调大环境。大环境之“态”调到正常值，大环境里的脏腑器官疾病就自动恢复正常，正所谓“阴阳和”。如水污染造成了鱼生病，重点不治鱼，而是先将池溏之水换清，水清则鱼病自除。

3. 脏 – 态共源性的治疗

脏 – 态共源性的治疗就是病因既有脏腑器官的原因，也有大环境的时空位态相的原因。如肺平时就虚弱（内因），加上伤风寒造成“闭态”（外因），所以有感冒咳嗽。此时既要发汗除闭治疗风寒，又要调补肺气，使肺气实。双管齐下，脏 – 态共治。

第四章 元方大论

中医方剂学，看似一个个方剂，其实有一条主线串联其中，那就是方剂思维模型的统一性。其中，每一类治疗方法，都有一个元方在起骨干作用。

所谓元方，是按太极模型演化出的治疗“母方”，或叫基本方，正所谓“千金要方”（如图4-1）。它是治疗某一疾病的最根本处方。大大简化了治疗复杂。如一提起气虚，我们立即想到了四君子汤，一个治气虚证的元方。以元方为基础，演化出众多子方。元方所治，就是元治，“元态之治”。通过详细研究，笔者认为北齐徐之才的“十剂”，比较符合方剂学的分类。将在本节中以“十剂”论之。

图4-1 千金要方

十剂以阴阳模型分类成五个治疗偶对：

宣、通

补、泄

轻、重

滑、涩

燥、湿

模型中医学，将方药提高到统一思维模型的高度，从元方入手，做到精论简妙，颇具新意，匠心独运，发人深省。

一、宣、通元方

“宣可去壅，通可去滞”。宣、通，构成阴阳模型偶对治疗方法，由此演化出与宣、通治法对应的众多“元方”。

（一）“宣”治方剂

“宣可去壅”，指宣散方剂可以治疗壅塞之证。《汤液本草·卷上》：“宣可以去壅，姜、橘之属是也。”

宣者，外达也。具有向外、向上、向表功能的治疗方药，均是宣法之治。（如图4－2）

最常见宣法——发汗、疏肝、吐法。疏肝法将在“泄法”中讲。

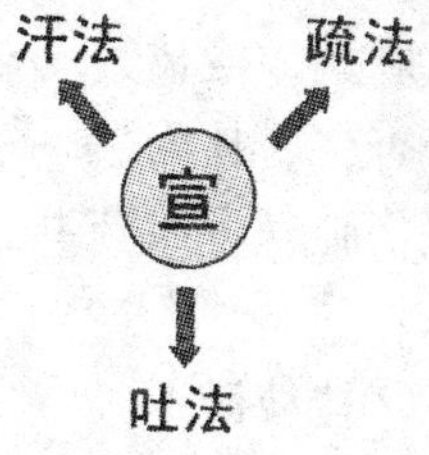

图4－2　宣者外达也

1. 汗法方剂

各种病因造成的邪郁肌表，如外感风寒、水肿郁滞在皮肤、麻疹外出不畅等形成的时空位态相是“闭态”，具有内敛、内闭、内向的特点，均可用“汗法”。发汗外出，毛窍肌腠开，则宣邪外达，邪有出路从皮毛而出。正所谓“其在皮者，汗而发之”（《素问·阴阳应象大论》）。常见方法如下：

（1）辛温解表方剂：

简论：本类方剂，辛温发汗，治疗风寒所致的“闭态”诸证。

风寒闭态阳不外达故有“寒冷”之感；阳不外达内郁可化热，故有“发热”之感。代表元方麻黄汤。其余类型可用其意组方用药。

所以，辛温解表，适应于各种病邪造成的“闭”态。发汗法是其正治。因汗法向外宣泄，故可破此“闭”态。

因“闭”之虚实、兼邪的不同，演生出不同的方剂。（如图4－3）

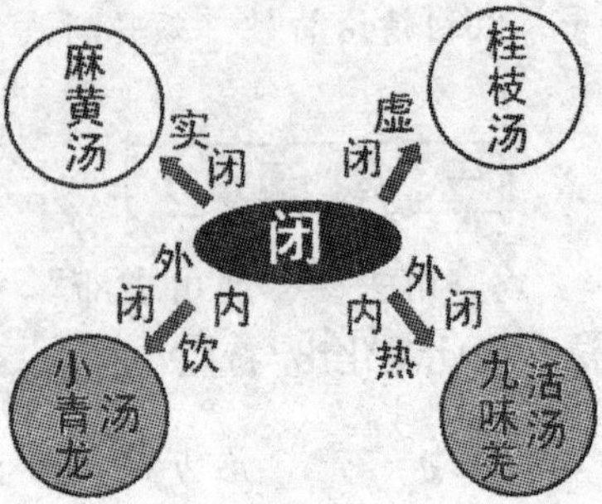

图4－3　治“闭”方剂

①麻黄汤

［组成］麻黄9g，桂枝6g，杏仁6g，甘草3g。

［功效］发汗除闭。

［主治］外感风寒造成的“闭态”实证。

［辨证要点］恶寒发热，无汗而喘，脉浮紧。

［模型中医学点评］

麻黄、桂枝，一君一臣，组成阴阳偶对，发汗开闭，逐邪外出；杏仁、甘草，一佐一使，组成阴阳偶对，防麻、桂开闭外越太过耗伤肺气。四药共，调整阴阳，恢复身体太极模型之“中和”常态。

②桂枝汤

外感风寒造成的闭态虚证：闭态不牢固，处于半闭状态，主证为“发热汗出恶风，脉浮缓”，可用桂枝汤（桂枝9g，芍药9g，甘草9g，生姜9g，大枣12枚），发汗除闭，调和营卫。

③九味羌活汤

外感湿邪郁滞呈闭态，致体内阳气郁积而化热：主证“恶寒发热，肌表无汗（外闭）；口苦而渴，舌苔白或微黄，脉浮（内阳郁化火外冲）”，可用九味羌活汤（羌活6g，防风6g，苍术6g，细辛2g，川芎3g，白芷3g，生地3g，黄芩3g，甘草3g），外可发汗除闭，内可清热泻火。

④小青龙汤

外寒内饮证：外有寒而呈闭态，内有寒而有寒饮，证见恶寒发热，无汗喘咳，痰多而稀，舌苔白，脉浮。可用小青龙汤（麻黄9g，芍药9g，细辛6g，干姜6g，甘草6g，桂枝9g，半夏9g，五味子6g），外可发汗除闭，内可温肺消饮。

（2）辛凉解表方剂：

简论：本类方剂，辛凉解表，治疗风温引起的“闭态”诸证。辛可发散，故可开“闭”；凉可清热，故可除“热”。故用辛、凉之药为主。代表方剂为银翘散。

①银翘散

［组成］连翘15g，银花15g，苦桔梗6g，薄荷6g，竹叶4g，生甘草5g，荆芥穗4g，淡豆豉5g，牛蒡子6g。

［功效］透表除闭，清热解毒。

［主治］温病初起，卫气被郁所成的阳“闭”化火证。

［辨证要点］发热微恶风寒，咽痛，口渴，脉浮数。

［模型中医学点评］

银花、连翘，同属阴阳偶对药，辛凉外达解表，开闭祛表，为君药。

薄荷、牛蒡子，同属阴阳偶对药，辛凉外达，开闭祛表，但解毒利咽之功显著；荆芥穗、淡豆豉，同属阴阳偶对药，辛温外达解表，助君药增加“辛散”之功。薄荷、牛蒡子、荆芥穗、淡豆豉，四药共为臣药。

竹叶，植物外缘演化之器官，轻清上达，所以专长清上焦、表皮外缘之热；芦根，植物地下演化之器官。地为阴，所以根为“阴中之阴”（于土），茎为阴中之阳（出土）。故芦根凝阴涵水，善清热生津。桔梗，为植物演化之茎，修长疏泄，善开闭宣肺止咳。竹叶、芦根、桔梗，三药共为佐药。

甘草，调诸药，益气安中，解毒利咽。为使药。

本方辛凉、辛温共用，以辛凉为主。辛性主“散”，恰治外感风温之“温闭”。故诸药共，风温之闭得解，阴阳调和，恢复身体太极模型之“中和”常态。

②麻黄杏仁甘草石膏汤

外在风温“闭态”表证未解，内在阳郁化火已炽。证见身热，咳喘急，鼻煽，口渴，有汗或无汗，舌苔薄白或黄，脉浮数。可用麻黄杏仁甘草石膏汤——麻黄9g，杏仁9g，甘草6g，石膏18g。外可辛温宣肺除闭，内可清热平喘。

③升麻葛根汤

阳毒外郁肌表，致疹出不畅。证见疹出不透，身热头痛，或咳，或目赤流泪，口渴，舌红，脉数。可用升麻葛根汤——升麻10g，葛根10g，芍药6g，甘草3g。辛凉解表除闭，透疹外出。

（3）扶正解表方剂：

简论：本类方剂，主治因寒而有“闭”态，兼有正气之虚弱。代表方：败毒散。

①败毒散

［组成］柴胡9g，前胡9g，川芎9g，枳壳9g，羌活9g，独活9g，茯苓9g，桔梗9g，人参9g，甘草5g。

［功效］外在散寒除湿祛闭，内在补元益气。

［主治］气虚外感证。

［辨证要点］恶寒发热，舌淡苔白，脉浮，按之无力。

［模型中医学点评］

羌活、独活，同属阴阳偶对药，辛温发散，开闭解表。为君药。

川芎，血中之气药；柴胡，疏肝外达。二药共主“疏气”之功，组成阴阳偶对药，共为臣药。

桔梗，外宣肺气；枳壳，内降肺气。二药组成异属阴阳偶对药，使肺气宣发、肃降有度。前胡，清热防水蒸化痰；茯苓渗湿，防水凝集成痰。二药共组成治痰阴阳偶对药。上四药共为佐药。

人参，虽然是佐药，然而意味深长：内敛正气以助驱邪外出，破闭祛表；防诸散药伤正，使辛散之性有度。内敛以防外散。

甘草，调诸药，为使药。

故诸药共，外驱风寒之闭，内敛亏耗之气。最终恢复身体太极模型之“中和”常态。

②再造丸

内有阳气虚弱，外感风寒致闭态表证。证见恶寒发热，畏寒肢冷，脉沉无力，或浮大无力。可用方再造丸——黄芪6g，人参3g，桂枝3g，甘草1.5g，熟附子3g，细辛2g，羌活3g，防风3g，川芎3g，煨生姜3g。助阳益气，解表散寒除闭。

③加减葳蕤汤

内有阴虚之质，外感风热成闭态表证。证见发热，微恶风寒，心烦，口渴，舌红脉数。可用方加减葳蕤汤——生葳蕤9g，生葱白6g，桔梗5g，东白薇3g，淡豆豉9g，苏薄荷5g，炙甘草1.5g，红枣2枚。滋阴解表除闭。

2. 吐法方剂

简论：以涌吐药组成的方剂，具有涌吐痰涎、宿食、毒物，治疗痰证、食积、服毒等病邪偏中、偏上的疾病。代表元方——瓜蒂散。

瓜蒂散

[组成] 瓜蒂，赤小豆。

[功效] 涌吐痰涎宿食。

[主治] 痰涎宿食，壅滞胸、脘证。

[辨证要点] 胸、脘痞硬，时时欲吐不出，气上冲咽不得息，寸脉微浮。

[模型中医学点评]

瓜蒂味苦善于涌吐，为君；赤小豆酸平，能敛能降，防吐涌伤正，为臣。二药君臣相称，阴阳模型偶对用药。

其实，吐法治疗疾病快速有效，应用得当，能治全身病。附一篇笔者2001发表于《江西中医学院学报》的论文——“吐法探微”。（如图4－4）

图4－4　吐法探微

1. 理论概述

吐法，是通过涌吐的方法，排出体内病邪的一种疗法。《诗·大雅·烝民》说“柔则茹之，刚则吐之”，是关于吐法的最早记载。《素问·阴阳应象大论》中“其高者，因而越之”一直奉为吐法的主要理论根据。

汉朝张仲景精于伤寒，亦重视吐法，在《腹满寒疝宿食病脉证治篇》说：“宿食，在上脘，当吐之，宜瓜蒌散。”通观仲景用吐法，规范严谨，病位局限于“胸中”“心中”“中脘”，宜实而忌虚，沿《内经》之理论，匡定了吐法治病的定势。

南宋许叔微，恪守经方，尤有发挥，屡用吐法治中风风涎涌于上膈、气闭不通证。在《普济本事方》中载有“胜金圆”（猪牙皂、生薄荷、瓜蒌、藜芦、朱砂），吐膈实中满，痰厥失音，牙关紧闭，如丧神守。

金元时期的张从正，标新立异，是将吐法应用得炉火纯青的医家，力倡“凡上行者皆吐法也”，其“引涎法、漉涎法、嚏气法、追泪法”皆归于吐法。他的《凡在上者皆可吐式》，既囿有《内经》之规范，又极大拓宽了吐法的治病谱。

清代程国彭的《医学心悟》首次将吐法列入医门八法，给吐法应有的一席之地，对吐法的发展，功不可没。

根据文献所载，吐法的适应证主要是停痰、宿食、毒物、淤滞等实邪，部位在中脘以上或胸膈之间。就病变部位而言，没越出《内经》范畴。这种宜实宜急宜上、奉经典如金科玉律的思维贯性，一定程度制约了吐法的发展。

2. 祛邪途径多，治病谱广

笔者临床体会到，吐法祛邪路多，治病谱广。人之感邪之道，亦是祛病之途；邪可从窍而入，亦可从窍而出。邪从窍入而病重，邪从窍出而病轻。人有九窍，兼汗毛孔微窍，既有感邪之累，亦有祛邪之便。吐法，内可激荡肠胃以祛病，外可开放诸窍而祛邪。呕法治病，在涌出胃内容物同时，患者多兼流眼泪、鼻涕、汗液。口窍、目窍、鼻窍和毛窍（汗孔之称），都是祛病之窍。分述如下：

（1）口窍吐口系疾病：病从口入，变生百疾。凡中焦肝胆脾胃，肠胃消化道，腑气相贯。口为大窍，故循消化道或近消化道等与口相关联的疾病，皆称为口系疾病。因消化道中贯中焦、上焦、下焦，旁接肝胆胰管，故口窍吐法可治三焦许多病，可广泛用于心肺、胃肠、肝胆、腰腹等诸疾。

（2）目窍流泪祛目系疾病：流泪同吐同汗同涕，是排邪的一种方式。头与目联，目为肝窍。故凡眼疾头疾、肝胆等与目有关的目系病，皆可随泪而治。中药纳入目内眦流出黄水治黄疸性肝炎有效，即是例证。

（3）鼻窍出涕治鼻系疾病：鼻居面部中央，又为肺之窍。凡鼻疾头疾、心肺等病与鼻相关的鼻系病，可随流鼻涕而获效。

（4）毛窍出汗治毛系疾病：毛窍分布最广。皮毛外感“六淫”，内应“五邪”。汗出逐“六淫”于外，亦可化“五邪”于内。凡与毛窍相关的皮层、肌层、骨层等毛系疾病，皆可汗出治疗。

3. 吐法机理探微

吐法治病机理，值得研究。因为吐法只吐出了一定的胃内容物，或残食杂瘀，或痰涎胃液，却能治三焦诸疾。这种一吐治百病的机理，我们作如下解释。

（1）逆向祛邪机理：所谓逆向祛邪，即逆着病邪侵入的方向而逐邪外出的方法。如六淫从皮毛而入，使之从皮毛而出，即为逆向驱邪治疗。无论吐法中的吐、泪、涕、汗，其驱邪之方向，皆逆于病邪侵入的方向。吐法产生的驱邪外出的反方向性，是其效佳的原因之一。逆向正治作用，属于因势利导的中医正治法。

(2) 激荡机理：临床发现，适宜的吐法，具有振奋正气、醒脾悦胃、荡涤浊气的功能。外可除“六淫”，内可化“五邪”，这绝不是仅仅吐出一定的胃内容物而取效的。我们引用了“激荡”来解释它的机理。吐时，诸窍尽开，邪有去路。而对于机体内，胃肠上下振荡，胸腔、腹腔内压剧烈变化，机体在这种“激荡”状态下，很有机会“腑气通，脏气和”。阴阳互荡再定位，正邪相争重调整。一段磨合期后，机体进入了某一层面的“阴平阳秘”。“激荡”机理，也许是吐法最具有医学意义之所在。此时机体处于应激状态，极大地调动了人体网络系统的协同作用，增大了治病潜能。

(3) 神经调节机理：从现代医学角度来看，我们认为吐法治病的机理是：通过呕吐直接排出胃中有害的病邪；呕吐通过药物或机械刺激咽喉的作用，引起呕吐中枢兴奋，间接刺激大脑皮层其他中枢，使全身重要组织器官活动增强，从而达到了恢复和调节组织器官功能的目的。这正是它虚实兼治、治病谱广的原因所在。

4. 病例简举

(1) 治上焦病：李某某，男，39 岁。山东莒县刘家村人。清晨4时发作剧烈头晕，持续1小时方止，发病3个月余。在某医院作CT检查，初诊为“椎－基底动脉供血不足”。因治疗效差而找笔者诊治。自诉头昏沉，四肢乏力，饮食尚可，二便常，舌淡红、苔薄白，脉细数无力。诊断为：头晕。治法：呕吐法。用自拟“全息五味汤”（生大黄、乌梅、甘草、生食盐、大葱等，开水泡饮），服1 000ml探吐，吐出大量稀涎，并流泪、流涕，汗出如油。次日来告晕没发作。3天后如上法再吐，2次巩固。

(2) 治中焦病：许某某，女，43 岁。山东莒县大石头村人。

每晚睡熟时咳醒10年余。伴有晨起恶心、泛酸、胃脘痞闷嘈杂。诊断为：反流性食管炎。咳嗽因反流质刺激咽部而致。治法同上。第1次吐后，立觉胃脘痞闷消失，并有愉悦感。共吐2次，咳嗽消失，胃炎症状已大减，拟半夏泻心汤图根治。

（3）治下焦病：石某某，女，35岁。山东莒县刘官庄人。右侧小腹部胀闷，自觉有一股气体游走，病程半年，并伴有顽固性经前乳胀痛。某医院作B超未发现异常。笔者诊断其肝气郁结，下作少腹胀，上致两乳痛。治法同上。1次腹胀消失。共吐3次，当月喜来告，经前乳胀痛亦治愈。

5. 体会

（1）就祛病渠道而言，吐法是排病途径最广的治法。口、眼、鼻、汗孔是排邪的窍道，而不是仅仅是口。呕物、流泪、出涕、出汗仅仅是借以排邪的方式。

（2）就治病性质和病变部位而言，如果应用恰当，既可治急性病，又可治慢性病。既可用于实证，亦可用于虚证。就病变部位而言，通治三焦，不局限于上焦。

（3）只要无心肌梗死、内脏穿孔、内脏及脑出血的患者，皆可用吐法治疗，或用吐法辅助治疗。孕妇慎用，危重病人忌用。可空腹吐，亦可饭后吐。实证吐不拘时，虚证酌情减之。以吐后出泪、涕、汗为宜。

（4）吐法治病原理复杂。在“激荡”应激状态下，人体神经等网络系统发挥了调节作用，机体加速了自我调节恢复的速度，阴阳借此而变，正气乘机而复。这种“激荡”期的医学意义，应该是吐法的研究焦点。

诚如《医学心悟》所讲：“一法之中，八法备焉。八法之中，百法备焉。病变虽多，而法归于一。”吐法，内纳诸法，医理深奥，它是祖国医学的一颗明珠。

（二）“通”治方剂

通治不通，“通可去滞”。不通则瘀、则凝、则滞、则郁、则壅。适用于瘀血、气滞、便秘、水肿、食积、痰凝、湿困等一切病邪停滞于一定部位造成的“滞态”引起的疾病。它是中医治病谱系最广的一种治法，派生出最多的方剂元方。于是演生出以“通”为主的治疗方法：活血化瘀、行气、通便、利水消肿、祛湿、化痰等诸法。

1. 活血化瘀方剂

简论：血瘀之因多多：气滞、气虚、血虚、血热、血寒、外伤、湿滞等诸病因。故辨证求因，治疗血瘀，首先**对因治疗**，然后才是**活血化瘀**。化瘀代表元方为血府逐瘀汤。

①血府逐瘀汤

[组成] 桃仁12g，红花9g，当归9g，生地黄9g，川芎5g，赤芍6g，牛膝9g，桔梗5g，柴胡3g，枳壳6g，甘草3g。（《医林改错》）

[功效] 活血化瘀，行气通滞。

[主治] 胸中血瘀证。

[辨证要点] 胸痛，针刺感，固定不移，夜间痛甚。舌暗红或有瘀斑，脉涩。

[模型中医学点评]

阴阳模型认识瘀血：气、血——气滞则血瘀。本方由桃红四物汤合四逆散加桔梗、牛膝而成。主治抓主“气、血”二元素。

治血者，桃红四物汤。其中桃仁、红花，活血力优；四物汤（当归、熟地、川芎、白芍），生精养血，血足则能运。正如水涨则船行。

治气者，四逆散也（柴胡、甘草、枳实、芍药）。因为“气行则血行”。

唯桔梗、牛膝，发人深省。桔梗，木之茎也，疏肝行气，发越上达。牛膝，导血下行，入肝之“血库”，并下纳冲脉之“血海”。二药一上一下，成阴阳药对应用。

本方名之“血府逐瘀汤”。血府者，唯胸也，内纳“心肺”二脏腑。心空为腑，主血，以动血、行血、调血为己任；肺实为脏，主气，以动气、行气、调气为本分。而血之行、滞，全凭气之畅达。故王清任称之为“胸中血府”。该方为治血瘀之元方，可加减治疗任何血瘀证。

②补阳还五汤

功效补气活血，化瘀通滞，主治气虚血瘀证。气虚血瘀者可用补阳还五汤——黄芪120g，当归尾3g，赤芍5g，地龙3g，川芎3g，红花3g，桃仁3g。本方从“气、血”阴阳模型入手，重点突出“气虚”原因，因为气虚则鼓动无力，可致血瘀。所以本方适用于治疗一切因气虚造成的血瘀证，尤其适宜于中风后遗症的治疗。气足阳充，则血行无碍，“五体”复行，所以名之曰“补阳还五汤”。

③温经汤

功效温经散寒通闭，活血化瘀通滞。主治寒凝、血滞造成的阻止证。

吴茱萸9g，桂枝6g，生姜6g——**温经散寒**通闭。

当归6g，芍药6g，川芎6g，阿胶6g，麦冬9g——**补血养血滋阴**，阴血足则能运。

牡丹皮6g，川芎6g——**活血**通滞。

人参6g，甘草6g——**补气**，气足则行血。

半夏6g——行气**除痞**，利于血行。

2. 行气方剂

简论：气滞原因很多：瘀血、气虚、血虚、血寒、痰湿等均可造成气滞不行。行气方剂以柴胡疏肝散为元方，可加减应用。

柴胡疏肝散

［组成］柴胡6g，枳壳5g，芍药5g，甘草3g，陈皮6g，川芎

5g，香附5g。

［功效］疏肝解郁，行气通滞。

［主治］气滞证。

［辨证要点］病区胀闷疼痛，善太息，脉弦。

［模型中医学点评］

本方为四逆散将枳实换为枳壳，增加行气通滞之力。加陈皮、香附、川芎，增强行气散郁除滞的功能。

方药加减

瘀血致气滞，加活血化瘀偶对药——桃仁10g，红花10g；丹参15g，川芎10g。

血虚致气滞，加补血偶对药——当归10g，熟地30g；白芍15g，阿胶10g。

血热致气滞，可加清热偶对药——石膏30g，知母12g（清气分药）；柴胡18g，黄芩6g（清少阳热）。

痰饮致气滞，加祛痰偶对药——半夏12g，陈皮10g；瓜蒌15g，薤白12g（清痰湿除痞）。

血寒致气滞，加温里偶对药——附子8g，干姜8g；桂枝12g，葛根12g（通治三焦寒）。

3. 通便方剂

简论：因热邪、燥邪、寒邪、气虚、气滞、阴虚、阳虚等各种原因所致的大便在肠道滞留太久，都叫便秘。属于“滞证”之一，适宜用“通”法治疗。便秘阴阳模型治疗原则有二：通便治疗，为当务之急；对因治疗，抓根本矛盾。代表元方：大承气汤。

大承气汤

［组成］大黄12g，芒硝6g，枳实12g，厚朴24g。

［功效］峻下热结，通便除滞。

［主治］实热便结证——便秘、热结旁流；实热神志证——

狂、痉、厥。

［辨证要点］便秘；高热；狂、痉、厥因实热所致；脉洪大有力。

［模型中医学点评］

阴阳模型偶对药对：大黄、芒硝，泻便通滞。其中大黄泻下力强，芒硝软坚力优。枳实、厚朴，行气通滞药对。枳实苦辛破气，厚朴苦温下气，二者合用，行气、下气、破气、通滞，力大无比。四药合，便通气行滞消，恢复人体阴阳合和的太极“中和”之态。

方药加减

［1］**大黄附子汤**

寒积便秘，可化本方为“大黄附子汤”——大黄9g，附子9g，细辛3g，温里散寒，通便除滞。

［2］**麻子仁丸**

津枯肠燥便秘，可化本方为“麻子仁丸”——麻子仁20g，杏仁10g，芍药9g（润肠），大黄12g，枳实9g，厚朴9g（通便）。

［3］**黄龙汤**

阳明热结腑实便秘，兼气血虚，可化本方为“黄龙汤”——大黄9g，芒硝6g，枳实9g，厚朴9g（通便导滞），人参6g，当归9g，甘草3g（补气血）。

［4］**增液汤**

热结阴亏证，可化本方为“增液汤”——玄参30g，麦冬25g，生地25g（滋阴增液），大黄9g，芒硝5g（泄热通便导滞）。

4. 治水方剂

水、湿不运造成在体内不同层面滞定，形成与三才模型对应的三元水肿，并对应着不同的治疗侧重点：

腔水——胸腔、腹腔、盆腔等腔内积水（逐水）

肌水——水肿在肌肉腠理间积水（利水）

皮水——水肿在皮肤表层积水（发汗、利水、祛湿）

水湿阻止气机，影响正常气血运行，造成水湿停滞证。水、湿，阴阳偶对病素。水为湿之显，湿为水之潜。“湿”积成“水”，正如涓流成河。

1. 逐水方剂

简论：水肿停止在人体大的腔系中，如胸腔、腹腔、盆腔、鼻腔、腱鞘囊、水泡腔中。普通的利水、燥湿显得太慢，影响病人安全，所以，用峻烈的“逐水”法，达到快速“通”利目的。代表元方“十枣汤”。

十枣汤

[组成] 芫花　甘遂　大戟各等份，研末，每次取 1～2g，用 10 个大枣煮水冲服。

[功效] 攻逐水饮，利尿通滞。

[主治] 渗出性胸膜炎，肝源性、肾源性水肿，血吸虫等造成的胸腔、腹腔积水、水肿。

[辨证要点] 各种胸腹腔积水、水肿，二便不利，脉沉弦为实。

[模型中医学点评]

三才模型而治：

甘遂，善治经隧络脉之水湿，“破癥坚积聚，利水谷道。”(《本经》)

大戟，善治腹腔之水湿，“蛊毒，十二水，腹满急痛，积聚。”(《本经》)

芫花，善治胸腔之水湿，“消胸中痰水，喜唾，水肿。”(《别录》)

大枣，取其二意：缓和烈性，补助正气。

2. 利水方剂

简论：治水三才模型——顺金、水用降势利水药；升木、火用升势疏肝、补阳药；培中土用健脾益气药；并有效调动五行模型之治——金肃、水降、木升、火炎、土载，从各个方面，全面治水。

此处的水肿，多为肌水、皮水，一般不用于腔水。因为腔水危急，用逐水法较宜，但腔水后期可用利水。水“滞”肠道可致大便泄泻；水滞肌腠、表毛，可致外围性水肿。重用利小便，因“治湿不利小便，非其治也”，因小便为前阴，专为尿道也，由肺金、肾水两脏所主，而且金、水之性主降，顺应“水湿”之下趋天性也。

代表元方五苓散。

五苓散

［组成］茯苓9g，泽泻15g，猪苓9g，白术9g，桂枝6g。

［功效］利水渗湿，助阳化气通滞。

［主治］蓄水证、水湿内停证；痰饮证。

［辨证要点］诸水湿、肿以小便不利，舌苔白，脉浮。

［模型中医学点评］

三才模型妙解：

三泻之药“茯苓，泽泻，猪苓”，顺肺金、肾水之降势，利水渗湿。从前阴尿道祛水，突出了“降”。

桂枝，木质上达顺肝“木”之疏；温经通阳助胰“火”之升清。从消化道促水之“吸收”入血脉，突出了“升”。

白术、茯苓，健脾益胃，补脾“土”之中焦，突出了“中”。中者，中枢也，承上达下，非脾胃莫属。

所以，本方宗旨：三元之治明显“升、降、中”三才模型；又五元之治细致“金、木、水、火、土”五行模型化的五脏之治。可谓匠心独运。

方药加减

［1］**防己黄芪汤**

气虚外感风、湿所致的风水或风湿，可化本方为“防己黄芪汤”——防己15g，黄芪15g，白术9g，甘草6g。主证为：汗出恶风，小便不利，苔白脉浮。

［2］五皮散

脾虚湿困，水溢肌肤所致的“皮水”，可化本方为“五皮散”——生姜皮、桑白皮、陈橘皮、大腹皮、茯苓皮各9g，研细末，每次服9g。主证为：一身悉肿，小便不利，心腹胀满。

3. 祛湿方剂

简论：湿、痰（饮）、水，三元之化也，均是水液异化也。湿为痰、水之渐；痰、饮、水，为湿之凝之聚也。故三者治，唯治湿为之本治也。治湿不出三才模型之治：顺金、水之降；助木、火之升；培土之中枢。湿之为“滞”，阻遏气机，损伤阳气，“诸病多由湿生”也。元方为苓桂术甘汤。

苓桂术甘汤

［组成］茯苓12g，桂枝9g，白术9g，甘草6g。

［功效］温阳化水，健脾利湿祛滞。

［主治］阳虚水泛所致的痰饮证。

［辨证要点］胸胁支满，目眩心悸，舌苔白滑。

［模型中医学点评］

三才模型解：茯苓利小便，顺肺金、肾水之“降势”；桂枝木性，助肝木之“疏达”，温性助胰火之“炎上”升清，最终顺应肝木、胰火之“升势”；白术、茯苓，补脾土之“中势”。

方药加减

［1］甘草干姜茯苓白术汤

寒湿腰痛致的“肾着证”，可化本方为“甘草干姜茯苓白术汤”——甘草6g，白术6g，干姜12g，茯苓12g。主证：腰重冷痛，苔白不渴，脉沉迟。

［2］真武汤

脾肾阳虚致的水湿内滞者，可化本方为“真武汤”——炮附子9g，生姜9g（补阳），茯苓12g，白术9g，芍药9g。温阳利水通滞。主证：肢体沉重或水肿，小便不利，苔白脉沉。严重者，谓之"阴水"，以身半以下肿为甚，可用化本方为"实脾饮"——炮附子9g，干姜8g，厚朴12g，白术12g，木瓜9g，木香9g，草果仁6g，大腹皮9g，甘草3g。温脾健肾，行气利水。主证：身半以下肿甚，胸腹胀满，舌淡苔腻，脉沉迟。

［3］萆薢分清饮

下焦虚寒湿浊不化所致的白浊，可化本方为"萆薢分清饮"——益智仁9g，川萆薢9g，石菖蒲9g，乌药9g。温暖下元，利湿化浊通滞。主证：小便混浊而频数，舌淡苔白，脉沉。

［4］平胃散

湿滞中焦脾胃证，可化本方为"平胃散"——苍术15g，厚朴9g，陈皮9g，甘草6g。燥湿运脾，行气和胃。主证：脘腹胀满，舌苔厚腻。

［5］藿香正气散

外感风寒致"闭态"，内伤脾虚致湿滞，可化本方为"藿香正气散"——大腹皮5g，白芷5g，紫苏5g，茯苓12g，半夏曲9g，白术12g，陈皮6g，厚朴6g，苦桔梗12g，藿香15g，甘草3g。发汗破闭，化湿除滞。主证：恶寒发热（闭证），上吐下泻（湿证），舌苔白腻。

［6］茵陈蒿汤

湿热蕴滞血脉致黄疸（阳黄），可化本方为"茵陈蒿汤"——茵陈18g，栀子9g，大黄6g。清热利湿通滞退黄。主证：阳黄，一身面目俱黄，黄色鲜亮，舌苔黄腻，脉沉数。

［7］茵陈四逆散

寒湿内滞血脉所致的黄疸（阴黄），可化本方为"茵陈四逆散"——茵陈18g，附子9g，干姜6g，甘草6g。温里助阳破闭（寒闭），利湿化滞退黄。主证：一身面目暗黄，恶寒，舌苔白腻，脉紧细。

4. 祛痰方剂

简论：痰之为患，因湿、因热、因滞。湿凝为痰，热耗水成痰，不通，气血不运，可聚湿成饮、成痰。痰较黏，饮较稀，通称“痰饮”。痰性黏滞，易成“滞”证。

代表元方：二陈汤。

二陈汤

[组成] 半夏12g，橘红15g，茯苓9g，甘草3g（炙）。

[功效] 燥湿以化痰，理气以通滞。

[主治] 各种原因（以肺脾功能失调为主）所致的湿痰之证。

[辨证要点] 咳嗽痰多，易咯出，舌苔白腻或滑，脉缓、滑。

[模型中医学点评]

阴阳模型，半夏为君，辛温燥湿散结，主治湿痰、黏痰、结痰。橘红为臣，木质之精华，为种子类，故入肝木疏肝理气，行气祛滞化痰，正所谓气行痰易清。

茯苓，佐药，深意多元：健脾“土”促“水湿”吸收入脉道上，达心肺（太阴主升），通治三焦水湿弥漫；又顺“肺金、肾水”之降势，从前阴尿道利水出。所以，茯苓之功有二：补脾土吸水湿（入脉）（作用消化系统），顺肺金、肾水利水湿（作用泌尿系统）。

甘草，使药，与茯苓构成阴阳偶对药：调和诸药；润肺助肺肃降利水；培补脾“土”升清水湿上达心肺以备利水。

方药加减

[1] 小陷胸汤

痰热互结心下“胃脘部”的小结胸病，可以本方化为“小陷胸汤”——黄连6g，半夏12g，瓜蒌实20g。清热化痰，宽胸散结除痞。主证：胸、脘痞闷，舌苔黄腻，脉滑数。

阴阳模型对比记忆“大陷胸汤”——大黄，朴硝，甘遂。泻热遂水，主治水、热互结胸腹的“大结胸证”。主证：从心下“胃脘”到小腹鞕满而痛，拒按。

［2］苓甘五味姜辛汤

寒饮滞肺咳嗽，可化本方为“苓甘五味姜辛汤”——茯苓12g，甘草9g，五味子5g，干姜9g，细辛5g。温肺化饮。证：咳嗽痰稀色白，舌苔白滑。

［3］半夏白术天麻汤

风痰眩晕，多由脾虚不运化生痰，合肝风上冲，致“风痰”蒙闭清窍所致。可化本方为“半夏白术天麻汤”——眩晕头昏，舌苔白腻，脉弦滑。

［4］定痫丸

痰热互结于脑窍所致的“痰热痫证”，可化本方为“定痫丸”——天麻、川贝母、半夏、茯苓各6g，胆南星、石菖蒲、全蝎、僵蚕、琥珀各3g，陈皮、远志各4.5g，丹参、麦冬各12g，辰砂2g。竹沥1小碗，姜汁1杯，甘草200g煮膏，和药为丸，如弹子大，辰砂为衣，每服一丸。涤痰息风开窍。主证：痫证陈发，眩仆倒地，痰涎直流，舌苔白腻，脉滑。

二、补、泄元方

“补可击弱，泄可去闭。”补、泄，构成阴阳模型偶对治疗方法，由此演化出与补、泄治法对应的众多“元方”。

（一）“补”法元方

“补可击弱”，此处之“弱”字，代表着“虚”证。《汤液本草·卷上》：“补可以去弱，人参、羊肉之属是也。”从太极模型到阴阳模型，依次演化出：精虚、气虚、阴虚、阳虚。由此对应着众多元方：补精方、补气方、补阴方、补阳方。

1. 补精元方

简论：阴阳模型认为精含义有二元：细胞类之精（有生命），营养物质之精（无生命）。细胞类，有先天意义的“精、卵细胞”，后天意义的“体细胞”。而营养精华，是从饮食中获取的蛋白质、脂肪、碳水化合物等三大营养物质。所以，三才模型看中医之精，分为三大类：生殖之精、体细胞、营养物质。平常所谓的补“精”，其实包含着这三类之精。中药补精，就是说补精的药物，具有促进细胞生成、数量增多，同样也包括营养物质的补充。所以说，既是细胞之促使，又是物质之充纳。

无论先天之精，后天之精，治疗同法、同方。代表元方四物汤。

四物汤

[组成] 熟地黄 12g，当归 10g，川芎 6g，白芍 12g。

[功效] 生精化血补元。

[主治] 精亏血虚证。

[辨证要点] 面色无华，唇甲色淡，舌淡，脉细弱。

[模型中医学点评]

补精阴阳偶对药：熟地、当归。熟地大补精，兼补阴；当归专补血。精、血同源，因为精可化血，血可养精。

补血兼行气阴阳偶对药：白芍、川芎。白芍，有缓急之效，具有“动”的特点；川芎，补血行血，被誉为“血中气药”。二药共用，补精血又行精血，使补而不腻。白芍又有补阴之功，与熟地的补阴合用，阴足则逆向生精。因为精化阴、阳，同样，阴亦反向化精。

本方，是补精、血的元方、母方。可加减治疗任何精亏血虚证。

方药加减

[1] 左归丸

精血不足，髓窍空虚，可化本方为“左归丸”——熟地 24g，山药 12g，山茱萸 12g，枸杞 12g，川牛膝 9g，菟丝子 12g，鹿角胶

12g，龟板胶 12g。大补精血，填窍益髓。主证：腰膝酸软，头晕目眩，舌光少苔，脉细。

注：传统方剂学将本方列为补阴药，笔者认为不妥。因为本方，是六味地黄丸去掉三泻之药“茯苓、泽泻、丹皮”，加枸杞、川牛膝、菟丝子、鹿角胶、龟板胶 5 味血肉有情之品。六味地黄丸减掉三泻的“抑阳顺阴”作用，就只剩下纯补精血之药了，正如四物汤补精血。因为熟地为主药，本来就是以补“精血”为己任，略有补阴。加上 5 味药，尤其鹿角胶、龟板胶，是血肉有情之品，更是以补精血见长。所以，**本方是大补精、血的良方**。虽然略有补阴功能，或精血足可以化阴，但同样也化阳。

可见，六味地黄丸，如果保持它的补阴性，三泻之药“茯苓、泽泻、丹皮”不可随便减去。因为它“顺金、水而抑木、火”，才使六味地黄丸成了以补阴势为主的“补阴名方”。这才是方药之大妙也。

［2］大补阴丸

精血亏，虚火旺，可化本方为“大补阴丸”——熟地 18g，龟板 18g，黄柏 12g，知母 12g。补精益血，助阴降火。主证：骨蒸潮热，舌红少苔，尺脉数。

注：熟地以补精血为首任，兼补阴；龟板血肉之品，大补精血。二药共，以补精血为目的。精血足，自可化阴气、阳气。巧妙加入了“黄柏、知母”寒性降势药，“顺金、水，抑木、火”，增加了“阴势”力量，使熟地、龟板向着化“阴气”的方向演化。再，知母滋阴寒凉，黄柏苦寒，均有泻火之效。

所以，本方如果去黄柏、知母，就只剩下补精血的“元补”了，只有一丝丝补阴功能（因熟地有微量滋阴功能，但以补精血为首务）。朱丹溪创此方之时加入黄柏、知母，就已经潜意识地告诉我们：熟地、龟板是大补精血的药，是差不多中庸元态之补，很少有补阴泻火的功能。

2. 补气元方

简论：阴阳模型划分，气有先天之“元气”，后天之“元气”。先天元气，就是精、卵细胞所化之气；后天之元气，就是体细胞所化之气。当然每一个脏腑器官，均因为有自己特殊的精所以化出特殊的气，但由于演化的同源性，所以，本质而论，先天、后天之元气、脏腑器官之气，治疗同法、同方。

补气代表元方：四君子汤。

四君子汤

［组成］人参6g，白术12g，茯苓9g，甘草5g。

［功效］补元益气。

［主治］气虚证。

［辨证要点］神疲乏力，少气懒言，舌淡苔白，脉虚弱无力。

［模型中医学点评］

阴阳模型治疗，本方既治先天元气虚，又治后天元气虚。

纯补阴阳偶对药：人参、甘草，大补元气，补中“土”而实四方，可谓中庸之补，无偏之补。

补中兼利阴阳偶对药：白术、茯苓，补中“土”助“太阴主升”，使消化道吸收精微物质上达心肺以化气化血。然此二药又有利小便作用，顺肺金、肾水，促使水从正途尿道出，利于补“土”，正所谓水利通好种田（土）。一升一降，一补一利，相得益彰，颇具深意。

四药合，补中有利，补而不滞，祥和而治，绅士风度，可谓君子也，故名为“四君子汤”。

方药加减

［1］参苓白术散

脾胃气虚，湿浊下泻的脾虚泄泻证，可化本方为“参苓白术散”——人参、白术、茯苓、山药各15g，甘草9g（大补元气），莲子仁9g，薏苡仁9g，砂仁6g，白扁豆12g，桔梗6g。益气健脾，渗湿止泻。主证：泄泻，舌苔白腻，脉虚缓。

［2］补中益气汤

气虚引起的下陷证、发热证，可化本方为“补中益气汤”——黄芪18g，人参6g，白术9g，甘草9g（炙）（大补元气），橘皮6g，升麻6g，柴胡6g（升举阳气）。补元益气，升阳举陷。

注：气虚无力外托故可内陷、下陷；气虚无力外达则内郁；气郁化火，故可发热。因为“阳明主合”，主能量内储。气虚则内郁化火。正如台湾柏杨先生所说，旧社会中国人善于“窝里斗”“窝里横”，虽然贫穷着，但“内敛”“内郁”“内耗”“内斗”的功夫很老道。正像气虚发热，不是气有余发热，而是气不足“内郁”发热，自我内耗也。

［3］玉屏风散

气虚不固成耗散性质的“开态”而自汗，可化本方为“玉屏风散”——防风6g，黄芪12g，白术12g。益气固元止汗。主证：汗出恶风，少气懒言，舌淡，脉虚弱。

［4］人参蛤蚧散

肺肾两脏元气虚造成的咳嗽，喘息，可化本方为“人参蛤蚧散”——人参6g，茯苓6g，甘草15g（大补元气），蛤蚧1对，杏仁15g，贝母6g，桑白皮6g，知母6g（降逆、止咳、平喘）。主证：咳嗽、哮喘，痰稠色黄，脉虚弱。

［5］八珍汤

气虚兼有精血虚所致的“气血两虚证”，可化本方为“八珍汤”——人参、白术、茯苓、甘草各9g（大补元气），当归、熟地、白芍、川芎各9g（大补精血）。主证：少气懒言，神疲乏力，面色无华，唇甲色淡，脉细弱无力。

3. 补阴元方

简论：二元阴阳模型观：元气化阴气、阳气。所以，阴气之补有三个方面：

直补阴气（直补）。

源头补元气，元气足则化阴气、化阳气（源头补，补母令子实）。

补阳气使之化阴气（间接补，因阴阳互根互化）。

代表元方六味地黄丸。

六味地黄丸

［组成］熟地24g，山萸肉12g，山药12g，泽泻、牡丹皮、茯苓各9g。

［功效］大补元阴。

［主治］元阴虚亏证。

［辨证要点］腰膝酸软，头晕目眩，口燥咽干，舌红少苔，脉沉细数。

［模型中医学点评］

三补之药熟地、山萸肉、山药，大补元精、元气。元精足则可化元气。元气足，可化元阴气、元阳气。故三药，从源头上大补“精、气”，为中庸之补，无偏之补，因为精、气足，可化出等量的“阴气、阳气”也。

三泻之药泽泻、牡丹皮、茯苓，妙不可言也。三药趋下，顺金、水而逆木、火，最终使降势之金、水胜过升势之木、火。就是说，增强阴势抑制阳势。所以，使三补之精、气，向着演化出“阴气”的方向演生，多于向着“阳气”的方向演生。

故，是三泻之药，像催化剂一样，催促三补药变成了“补阴药”。如果无三泻之药，本方的三补，只是大补元精、元气，并无单独的补阴或补阳之功。故中药配伍，意味深长。

4. 补阳元方

简论：二元阴阳模型观：元气化阴气、阳气。所以，阳气之补有三个方面：

直补阳气（直补）。

源头补元气，元气足则化阳气、化阴气（源头补）。

补阴气使之化阳气（间接补，因为阴阳互根）。

代表元方肾气丸。

肾气丸(《金匮要略》)

［组成］熟地24g，山萸肉12g，山药12g，泽泻、牡丹皮、茯苓各9g，附子3g，桂枝3g。

［功效］补元壮阳。

［主治］元阳不足证。

［辨证要点］畏寒肢冷，腰膝酸软，小便不利或反多，舌淡而胖，脉虚弱而尺部沉细。

［模型中医学点评］

三补之药熟地、山萸肉、山药，大补元精、元气。元精足则可化元气。元气足，可化元阴气、元阳气。

三泻之药泽泻、牡丹皮、茯苓，三药趋下，顺金、水而逆木、火。所以，使三补之精、气，向着演化出“阴气”的方向演生，多于向着“阳气”的方向演生。阴气足，亦可化出阳气，因为阴阳互根互生。

补阳药附子、桂枝，性温，顺木、火之升达，最终使补阴药潜潜向着补阳气的方向演化。

所以，本方补阳气来源：

源头补精，三补之药可为。精可化气，气可演出等量的阴气、阳气，为阳气一补也。

补阴气，三泻之药可为。阴气足可化阳气，因为阴阳互根互生。

补阳气：直补阳气，附子、桂枝可为。

最终大势，补阳药胜过补阴药。

注：本方补阳药不足。如果阳虚严重，可以去三泻之药，加大附子、桂枝用量，并可加干姜，如真武汤：附子12g，干姜10g，尤其用于阳虚水泛证。

右归丸(《景岳全书》)

命门火衰，元阳不足，可化本方为“右归丸”——熟地24g，山萸肉9g，山药12g（大补精血、元气），枸杞9g，鹿角胶12g，菟丝子12g，当归9g，杜仲12g（补精血，补元阴），制附子6g，肉桂6g（补元阳）。填补命门之精髓，温补命门之元阳。主证：畏寒肢冷，腰膝酸软，脉沉迟。

赞景岳：张景岳，是中医界对命门最有思考的大学者之一。

（1）命门最高论：它第一次将命门捧高到无以复加的程度。《景岳全书》载有：“命门为元气之根，为水火之宅，五脏之阴气非此不能滋，五脏之阳气非此不能发。”张景岳将命门独立出来，成为任何脏腑器官最后的平台或“老板”。命门是任何脏腑背后一个统一的思想模型。命门之精，就是元精；命门之气，就是元气。元气所化元阴、元阳。中医有时错误地认为肾阴、肾阳为元阴、元阳，这只是偷梁换柱，将肾拔高到命门的位置上。笔者认为，肾与任何脏腑一样，只是一个普通的器官，奉命门为祖。命门就是太极模型，是细胞内的基因链，承载于生殖细胞、体细胞中。它是生命之宗、之祖。

（2）去三泻药：去掉三泻之药泽泻、牡丹皮、茯苓，说明张景岳已经认识到三泻之药，顺金、水之降性，逆木、火之升性，非常不利于补降势之“阴气”。正合模型中医学之意。这是中医界第一“去”，大胆改革，创新求是。

（3）增加补精血之药：在六味地黄丸三补的基础上，加枸杞、鹿角胶、菟丝子、当归、杜仲，增强了补精血之功能。从“源”上，补精血，因为精血可化元气，元气可化阴气、阳气。是中态中庸之补。无偏无倚！大公无私！

（4）加大补阳药：制附子6g，肉桂6g，将疏通三阳的桂枝换上纯补阳的肉桂，与附子配对，极大增加了补阳功能。二药大温大热，顺木、火之升腾，抑金、水之沉降，强迫补精血的补益药，向着演化“阳气”的方向前进。高明，实在是高明！

（5）右归含义：秦越人观点，认为两肾“左为肾，右为命门”。中医附其说“左肾主水为阴，右肾主命门为火”。本方是补命门之火、之阳的方，故应该“右归”。右归是补阳的意思。

（6）右归饮：景岳同样发明了“右归饮”——熟地30g，山药9g，枸杞子9g，山茱萸6g，甘草3g，肉桂6g，杜仲9g，制附子9g。功同右归丸，填补命门之精髓，温补命门之元阳，只是比右归丸略显逊色。

（二）“泄”法元方

“泄可去闭”。泄，形声字，从水、世声，本义：泄水。假借为“歇”，发泄，发散，指情志意义上的“发泄、疏泄”。

所以，泄法治疗含义，重在“水郁、气郁”造成的“闭证”——水肿、气郁、气滞。通用“泄法”治疗，泄水、泄气、泄大便。

水肿证、便秘证，已经在“通法”中详述其要，现在重点讲一下因气的郁结造成的“郁闭证”——气郁、气滞。对应着“疏肝理气剂”。

1. 疏肝理气元方

简论：肝具有疏泄外达的特性。肝气郁结可致气滞内闭态。所以，疏肝理气，疏泄外开，属于“泄”治法之一。此处的肝，是一个模型思维，是生命功能的一个子系统，不是器官之“肝”，可用五行之“木”代表。代表元方——四逆散。

四逆散

［组成］柴胡12g，芍药9g，枳实6g，炙甘草6g。

［功效］透邪解郁除闭，疏肝理气通窍。

［主治］肝郁气滞证（实证），气虚郁滞证（虚证）。

［辨证要点］气滞阳气不展，胸胁胀闷，脘腹胀满疼痛。阳气不外达则手足不温，阳气内郁化火则身微热。气郁内滞则肺气不宣则见咳、心悸。脉弦而有力为实；脉弦而无力，则为虚。

［模型中医学点评］

柴胡为君药，升发阳气，除郁开闭，使内敛或内滞之气外疏外达。白芍为臣药，收敛趋内，一是使柴胡、枳壳疏肝有度；二是涵养阴血，防止升散疏泄之药耗伤阴血。枳壳，质重，疏肝解郁然有降势，故与柴胡构成“一升一降”阴阳模型，使气郁解而又有“升清降浊”之效。甘草，使药，调和诸药，并有益气防耗散作用。

诸药合用，外在气郁闭得解，内在阴血适度之补。最终恢复阴阳合和的“中”态。

如果气郁实证，可加重行气之药；因气虚造成的无力外达的气郁证，应该在适当疏肝理气的同时，可加适量补气的党参、黄芪。

方药加减

［1］逍遥丸

主治气虚郁滞证。内因气血虚亏，致因虚而气不通达外疏。证见胸胁胀闷疼痛，乳房胀痛（气滞证）；神疲乏力，月经少，脉弦而虚弱（气血虚）。可用逍遥丸——当归9g，茯苓9g，芍药9g，甘草9g，白术9g（补气血），柴胡9g（疏气）。内在养血滋阴，外在疏肝理气解郁。本方以大补阳明之“气血”，因为阳明主“合”主“敛”，阳明经多气多血，才能有足够的力量外达。正所谓内在充实，自可外溢。唯一味柴胡，在气血补足之时，再巧借东风，事半功倍，顺势“开郁疏肝”，解除气郁证。

［2］小柴胡汤

主治少阳证。其实，此处少阳只是一种思维模型——正、邪交争，胜负难确。正虚是其本，病势往复以寒热往来为显示。证见寒热往来，胸胁苦满，默默不欲饮食，口苦咽干，目眩，脉弦而弱。可用小柴胡汤——柴胡24g，黄芩9g，人参9g，甘草6g，半夏9g，生姜9g，大枣12枚。补助正气，清泄余热，达到恢复中庸之态所谓“半表半里”之少阳。此处少阳仅是一个思想概念，是正气虚弱到恰好与病邪打“拉锯战”。所以，清补兼施。补正气人参、甘草、大枣，清余热柴胡、黄芩，二者善疏肝升发而清热。半夏、生姜，降逆、收敛，既可降泄热邪，又可顺阳明主“合”收敛阳气，顺补气之势。

三、轻、重元方

“轻可去实，重可去怯”，轻、重，构成阴阳模型偶对治疗方法，由此演化出与轻、重治法对应的众多“元方”。

“轻可去实”，指用轻清疏解的药物，可以解除外感表实证。《汤液本草·卷上》：“轻可以去实，麻黄、葛根之属是也。”如头痛身热，微恶风寒，无汗，咳嗽，苔白，脉浮数之表实风热，可用葱豉桔梗汤以疏风清热。凡感受外邪造成身体“闭”态，都可用“轻清”之方药治疗，与“宣”治法相似，所谓“轻宣”。属于汗法的范畴。已在“宣”法中详述其要，在此不再赘述。

本节重点讲“重”法方药。

“重”治元方

“重可去怯”，指用质重镇坠的药物，治疗惊怯、精神失常之“怯懦”证。属于情志方面的治疗。《汤液本草·卷上》：“重可以去怯，磁石、铁浆之属是也。”很显然，就是用重镇安神的“矿石、壳甲”之类的“质重性沉”药，治疗因情场张扬、狂越、发散的精神病。分属于《方剂学》中的“重镇安神、平肝息风”类方剂。

重镇安神元方

简论：“无火不作狂”。实性之火，使人体处于兴奋状态，产生迫于外向的"开态""狂越态"。所以，一要清火，二要重镇安神。代表元方朱砂安神丸。

朱砂安神丸(《医学发明》)

[组成] 朱砂 1.5g，黄连 18g，炙甘草 15g，生地黄 6g，当归 6g。

[功效] 重镇安神，清热泻火。

[主治] 火热亢盛，惊悸失眠证。

[辨证要点] 惊悸失眠，舌红，脉细数。

[模型中医学点评]

朱砂重坠之药，权宜之计，为君药，敛浮越外开之狂势。黄连苦寒，功不可没。寒可清热，一功也；苦可降泻，二功也。尤其苦降，顺金、水而逆木、火，抑木又抑火，最终让补精血的"生地、当归"沿降势演化出"滋阴、补阴"的阴势药性，所以为臣药。

地黄、当归，大补精血。精血足，则可化阴、化阳，且生地兼有补阴之功。在黄连强力促"降"的苦寒召唤下，乖乖演化出了寒凝性的"阴气"。

宗此方，阴气补，火热降，发越敛。

方药加减

[1] 生铁落饮(《医学心悟》)

痰火上扰之癫狂证，可化本方为"生铁落饮"——天冬、麦冬、贝母各 9g，胆星、橘红、远志、连翘、茯苓、茯神各 3g，元参、钩藤、丹参各 4.5g，辰砂 1g，生铁落 30g（煎熬 45 分钟以汤代水煎药）。重镇安神，清热涤痰。主证：躁狂不安，舌苔黄腻，脉滑数。

注：痰火上扰，蒙闭清窍。火邪令人狂，痰邪令人癫。可狂可癫，因痰与火交织作乱。故可"重镇、清火、祛痰"三元并举，不可偏倚！

［2］天王补心丹(《摄生秘剖》)

阴血不足，神志不安证，可化本方为“天王补心丹”——酸枣仁、柏子仁、当归、天门冬、麦门冬各9g，生地黄12g，人参、丹参、玄参、白茯苓、五味子、远志、桔梗各5g。上药为丸，炼蜜丸如梧子大，朱砂9g为衣，每次空心冲服9g。滋阴养血安神。

注：对因治疗，重在补阴、血。适量重镇安神药“朱砂”。以养为主，阴血充足，自可养神、敛神、安神。可见，重镇之药，只图治标之用。

四、滑、涩元方

“滑可去着，涩可去脱。”滑、涩，构成阴阳模型偶对治疗方法，由此演化出与滑、涩治法对应的众多“元方”。

（一）“滑”治元方

“滑可去着。”滑，指用“润滑通利”药物。着，指“固着、留滞”的病邪。临床多见于淋证治疗。如《汤液本草·卷上》：“滑可以去著，冬葵子、榆白皮之属是也。”用于石淋，尿中夹砂石，排尿困难，或尿时疼痛，或腰痛难忍，尿色黄赤而浑浊等泌尿系疾病的治疗，属于利湿剂。代表元方八正散。

八正散(《太平惠民和剂局方》)

［组成］关木通、车前、瞿麦、萹蓄、滑石、山栀子仁、甘草、大黄各9g。研细为散，每次服6g。

［功效］清热泻火，利水通淋。

［主治］湿热互结膀胱所致淋证。

［辨证要点］尿频、尿急、尿痛。舌苔黄腻，脉数。

［模型中医学点评］

阴阳模型决定治疗方案：前利小便，后通大便。关木通、车前、瞿麦、萹蓄、滑石利水通淋，滑利小便，使湿热从前阴尿道利出；大黄通便导滞，让湿热从后阴肛道泻出。

山栀子仁通泄三焦弥漫之火。甘草调和诸药，兼顾护脾胃之“土”气，防止二便泄利造成脾“土”损伤。

因膀胱属于下焦，所以，前后二阴均可成为泄热祛湿之“通道”。

八味药研末散用，成偶数阴阳模型，与太极“八卦”对应，不偏不倚，故称“八正散”。

方药加减

[1] 石韦散(《古今录验》)

由结石引起的“石淋”，如肾结石、输尿管结石和膀胱结石，可化本方为“石韦散”加减——石韦12g，冬葵子12g，车前子15g，金钱草15g，海金沙12g，鸡内金12g，芍药12g，甘草10g。可煎汤服。清利湿热、通淋排石。主证：泌尿系小结石（不大于1.0cm)，小便不利、涩痛，舌红，脉数涩。

[2] 沉香散(《太平圣惠方》)

由气滞引起的“气淋证”。《诸病源候论·淋病诸候》：“气淋者，肾虚膀胱热，气胀所为也。”可化本方为“沉香散”——沉香15g，石韦15g（去毛），滑石15g，当归15g（锉，微炒），瞿麦15g，白术23g，甘草7.5g（炙微赤，锉），葵子23g，赤芍药23g，王不留行15g。行气导滞，利水通淋。主证：小便涩痛而脐下胀满特甚，常有余沥。

注：因气虚而致气淋者，可用补中益气汤加减。

[3] 五淋散(《太平惠民和剂局方》)

湿热蕴结膀胱，致小便带血的“血淋证”，可用八正散化裁成“五淋散”——赤茯苓9g，当归7g，甘草7g，赤芍15g，山栀15g。清热凉血，利水通淋。主证：尿中带血，涩痛。

注：《医宗必读·淋证》将血淋分为血热、血冷、血虚、血瘀诸种。主证小便涩痛有血。血热者，尿出灼热刺痛，血色鲜红，脉

有力，治宜凉血清热，可选用小蓟饮子、导赤散。血冷者，尿出血色晦暗，面色枯白，脉沉迟，治宜温暖下元，可用金匮肾气丸。血虚者，尿出时涩痛不甚，尿色淡红，脉虚数，治宜滋阴补血，用八珍汤加减。血虚有热，宜滋阴清热，用知柏八味丸。血瘀者，尿时阴中痛如刀割，血色紫暗有块，小腹鞕满，脉沉弦或数，治宜活血通淋，选用四物汤加桃仁、通草、红花、牛膝、丹皮。

［4］**萆薢分清饮**(《医学心悟》)

湿热互结膀胱所致的小便混浊如米泔水，就是“膏淋”。可化八正散为“萆薢分清饮”应用——川萆薢 9g，黄柏 3g，石菖蒲 3g，茯苓 6g，白术 6g，莲子心 4g，丹参 9g，车前子 9g。清热利湿，分清泌浊。主证：小便混浊如脂膏，排尿时尿道有灼热感，涩痛较明显。

（二）“涩”治元方

“涩可去脱”，指用收敛、固涩的药物，以治疗具有滑脱不固症状的疾病。如病人多汗或病后自汗，为卫气不固，用牡蛎散以敛汗固表。又如肾虚而遗精，用金锁固精丸以涩精止遗。

“涩”治法往往用于“因虚”而固的疾病。严格说属于“补”范畴。临床常见于“涩汗法、涩精法、涩肠法、涩血法”。由此产生出相应的元方。

1. “涩”阳元方

简论：阳虚气耗，人体呈虚弱性“开态”，肌腠皮肤疏松，毛孔因气虚而时时处于时开时闭的“虚闭”状态，所以形成自汗或盗汗证。代表元方牡蛎散。

牡蛎散(《太平惠民和剂局方》)

［组成］黄芪 30g，麻黄根 9g，牡蛎 30g。为散，每次冲服 9g。

［功效］益气固本，敛阴止汗。

［主治］气虚不固自汗证。

[辨证要点] 常自汗出，少气懒言，舌淡，脉虚弱。

[模型中医学点评]

阴阳模型治疗：标本二治。黄芪，大补元气治本；麻黄、牡蛎，收敛固涩治标。因气主“固摄作用”，并顺应“阳明主合”，所以，气足则人体处于固闭的健康态。气虚引起的自汗，补气为正治之法。治标的涩汗，只是权宜之计。

注：传统认为自汗是表虚不固，笔者认为不妥。因为所谓表虚，只是整体“元虚”的外在表现，本质是元气虚。皮肤之“表”，做不到单独的“虚”。还有虚人易感冒，也是元虚的表现，不是表虚。正如“边防”差的国家，是因为国力差。

汗证多元，辨证论治。阴虚者，六味地黄丸加减。湿热者，用清利湿热法治疗，不可拘泥于补气。

2. “涩”肺元方

简论：肺阴阳模型运动：宣发、肃降。肺久咳可致肺气损而肃降功能减。所以，本质而言，与自汗一样，均是气虚所致。气虚性的久咳，可由全身性的元气虚所致，也可由肺源性的气虚所致，或兼而为因。但治疗均以补气为首要，兼顾清肺化痰。代表元方九仙散。

九仙散(王子昭方，录自《卫生宝鉴》)

[组成] 人参、款冬花、桑白皮、桔梗、五味子、阿胶、乌梅各10g，贝母5g，罂粟壳15g。为末，冲服，每次9g。

[功效] 敛肺止咳，益气养阴。

[主治] 久咳肺虚证。

[辨证要点] 久咳不止，少气懒言，神疲乏力，脉虚数。

[模型中医学点评]

治病三才模型推导出的三元之治：

器源而治——适宜病因在脏腑器官的疾病。

态源而治——适宜病因在全身大环境之“态”的疾病。

器－态共治——适宜病因既有脏腑器官原因，又有全身大环境状态的疾病。

本病，是由肺因性的久咳而为，所以，重点调治“肺”。可清痰，可清肺热，可补肺阴。本证因肺久咳，而致“气、阴”两虚。所以，阴阳模型而治：敛肺止咳以治“标”，补气滋阴以图“本”。

罂粟壳、五味子、乌梅三药酸敛内收，顺肺之肃降而敛肺止咳。（治标）

人参大补元气，取其“固摄作用”，顺肺肃降之性而大补肺元。（治本）

阿胶大补精血，化肺阴、肺阳。（治本）

桑白皮、款冬花化痰以清肺壅，下气以顺肃降。（治标）

贝母清痰止咳，敛降肺气。（治标）

桔梗，木质，入肝经有疏泄上达之性，防止诸药皆降而碍于肺的另一功能“宣发”，又可载药上行。（治标）

3. “涩”肠元方

简论：肠道泻痢日久，首先易造成“气虚”。气虚致“温煦”功能减退，又易造成“阳虚”。故在涩肠止便的同时，重点补气、补阳，让肠管有“气”固摄。代表元方真人养脏汤。

真人养脏汤（《太平惠民和剂局方》）

［组成］人参9g，白术9g，甘草6g，当归6g，白芍15g，肉豆蔻6g，诃子12g，罂粟壳15g，肉桂3g，木香4.5g。

［功效］涩肠止泻，温中补虚。

［主治］久泻久痢。

［辨证要点］泻痢滑脱不禁，腹痛，少气懒言，神疲乏力，舌淡苔白，脉迟细。

［模型中医学点评］

阴阳模型二元而治：补气、温阳固其本，涩肠止泻图其标。

人参9g，白术9g，甘草6g，大补元气；肉桂3g，大补元阳。

当归6g，白芍15g，养血、行血，缓急止痛。肉豆蔻6g，诃子12g，罂粟壳15g，收敛止泻。木香4.5g，行气通滞止痛。

注：传统中医，认为肾阴、肾阳相当于“元阴、元阳”。笔者认为元阴、元阳由命门承载。肾，只是一个命门统帅之下的普通之“脏”。

方药加减

[1] 四神丸(《内科摘要》)

如果元阳虚为主，可将本方化为“四神丸”应用——肉豆蔻6g，补骨脂12g，五味子6g，吴茱萸6g，大补命门元阳，收敛固涩止泻。主证：五更泄泻，舌淡苔白，脉沉迟无力。

注：四神丸补元阳力大，真人养脏汤补元气力优。均从命门之“元”入手。

[2] 桃花汤(《伤寒论》)

虚寒性痢疾，可化本方为“桃花汤”应用——赤石脂25g，干姜6g，粳米25g。温命门元阳，涩肠止痢。主证：久痢便脓血，色暗不鲜，腹痛喜温喜按，舌淡苔白，脉迟弱。

4. “涩”精元方

简论：命门慷慨，将两大功能交给了“肾”办理：主前阴、主后阴。肾领“命”行事，将命门之元气改编成“肾气”，统帅“精”。肾气虚，则精关不固，成遗精或滑精。可以用补肾气的方法“涩”精。涩精元方“金锁固气丸”。

金锁固气丸(《医方集解》)

[组成] 沙苑蒺藜（炒）、芡实、莲须各12g，龙骨酥（炙）、牡蛎各10g。

[功效] 补肾涩精。

[主治] 肾虚精关不固证。

[辨证要点] 遗精、滑精，腰酸膝软，舌淡苔白，脉细弱。

［模型中医学点评］

本方以收敛固涩为主，图标之治。如果固本，应该大补肾元背后的命门之元气。如加人参、黄芪、茯苓、熟地等补气、补精之药。因为“气能固摄”。另，凡治阳痿等一切肾阳虚的病人，一定大补命门精气、元气，适当加补阳药：巴戟天、补骨脂、淫羊藿、肉苁蓉、菟丝子、杜仲、鹿茸等。

5. “涩”尿元方

简论：尿从前阴出，所以本质上仍然由命门派生的“肾气”所主。肾气足自可开阖有度；肾气虚则致膀胱失约，形成尿频、遗尿症。代表元方桑螵蛸散。

桑螵蛸散(《本草演义》)

［组成］桑螵蛸 9g，龙骨 15g，茯神 12g，菖蒲 6g，远志 6g，龟甲 15g，当归 9g，人参 9g。

［功效］调补心肾，涩精止遗。

［主治］心肾两虚型遗尿、遗精证。

［辨证要点］尿频或遗尿、遗精，心神恍惚，舌淡苔白，脉细弱。

［模型中医学点评］

阴阳模型从“标、本”二治。

本治之药：当归、人参、龟甲，分别大补元精元血、元气、元阴，从命门“元”头治其“本”。精、气、阴足，则可开可放，让生理作主。

标治之药：桑螵蛸，刀螂、螳螂之“卵蛸”，“肝肾命门要药，功专收涩，故男子虚损，肾虚阳痿、梦中失精、遗溺白浊，方多用之。”（《本经逢原》）合龙骨，加强了收涩之功。共为君、臣偶对药。

茯神、菖蒲、远志三药共调神志。因为命门一亏，六神无根、无主，仍为治标之药。

6. “涩”崩元方

简论：妇人崩漏，妇女常见病。或因元气虚无力固摄，或因热气盛冲破约束。对因治疗，兼用涩药。代表元方固冲汤。

固冲汤(《医学衷中参西录》)

［组成］白术30g，生黄芪18g，生杭芍12g，山萸肉24g，煅龙骨、煅牡蛎各24g，海螵蛸12g，茜草9g，棕榈炭6g，五倍子1.5g（冲服）。

［功效］大补命门元气，固摄冲脉经血。

［主治］命门元气大亏，冲脉、任脉、督脉不固。

［辨证要点］经血量多于常态，色淡质稀，少气懒言，腰膝酸软，舌淡脉虚。

［模型中医学点评］

太极模型的命门“元气”虚，是全病根本。白术、生黄芪从中“土”大补命门元气。真元充足，冲脉、任脉、督脉得固。尤其冲脉为血海。二药为君药。为治本主药。

山萸肉、生杭芍酸敛、滋补双管齐下，入水、木，大补兼收敛肾、肝之血精。益之又敛之，妙趣横生。共为臣药。

煅龙骨，煅牡蛎，海螵蛸，茜草，棕榈炭，五倍子，一派收涩之药，共主敛降、固崩止血。

方药加减

固经丸(《丹溪心法》)

阴虚血热所致的崩中漏下，可化本方为固经丸应用——黄柏（炒）6g，黄芩（炒）15g，椿根皮12g，白芍（炒）15g，龟板（炙）15g，香附6g。为末，酒糊丸，每次冲服6g。滋阴清热，固经止滞。主证：经血深红或紫暗，稠黏，舌红，脉弦数。

7. “涩”带元方

简论：妇女，三才模型演化的模范，以三值原则，在下边演出三个“窍”——尿窍（尿道），阴窍（阴道），肛窍（肛道）。不像男人要懒使滑，短斤少两，让尿道、阴道合二为一成“阴窍”。可见女性做事比较仔细。

女性阴窍，前有尿道之“水”路，后有肛道之“陆”路。为三窍之中枢，为水、谷之精华。正常阴道有适量精华之“白带”。当元气虚亏，则带多如崩，精微杂合而下，成“带下证”。代表元方完带汤。

完带汤(《傅青主女科》)

[组成] 人参 6g，白术 30g（土炒），山药 30g（炒），白芍 15g，车前子 9g，苍术 9g，甘草 3g，陈皮 2g，黑芥穗 2g，柴胡 2g。

[功效] 补脾益元疏肝，化湿通滞涩带。

[主证] 脾土元气虚所致的湿浊白带证。

[辨证要点] 妇人带下清稀色白，舌淡苔白，脉濡、缓。

[模型中医学点评]

本方求因而治，从太极源头大补命门元气虚。此元气虚，主要表现为中焦“脾”土上。所以，人参 6g，白术 30g（土炒），山药 30g（炒）。（大补元气）求元治本。因为“气能固摄”，气能收敛。

车前子 9g，苍术 9g，利湿、燥湿，使湿因利尿或燥化而去。

柴胡、白芍、陈皮疏肝解郁，又防诸药内敛之弊。

黑芥穗，黑入水，止水。

甘草调和诸药。

注：如果白带发黄因湿热下注所致，可加清热药“黄柏 9g，公英 12g，薏苡仁 12g”；或可化本方为“易黄汤”（《傅青主女科》）应用——怀山药 30g，芡实 30g，白果 12g，车前子（酒炒）3g，黄柏（盐炒）6g。精元阳之真火，祛湿利水止黄带。

五、燥、湿元方

“燥可去湿，湿可去枯”，燥、湿构成阴阳模型偶对治疗方法，由此演化出与燥、湿治法对应的众多“元方”。

（一）“燥”治元方

《汤液本草·卷上》：“燥可去湿，桑白皮、赤小豆之属是也。”用芳香燥湿的药物，以治疗湿浊内盛的病证。

湿之为患，治法多元：

湿邪在表者，可汗法解之；湿邪在里者，可甘淡渗利除之，或芳香苦燥化之；水湿壅盛成胸、腹腔式积水，可攻下逐水。凡水气已去，唯“湿”性弥漫，可以用“燥”治法。代表元方平胃散。

平胃散(《太平惠民和剂局方》)

[组成] 苍术15g，厚朴9g，陈皮9g，甘草6g。

[功效] 燥湿运脾，行气和胃。

[主治] 湿滞脾胃证。

[辨证要点] 脘腹胀满，舌苔厚腻，脉缓。

[模型中医学点评]

胃，喜润恶燥；脾，喜燥恶湿。本方四药，燥湿之意，在于“行脾、运脾”，恢复脾的“运化”功能，促使运化“水液、水湿”。有些同学在学习燥湿药时，误认为燥湿药像阳光“蒸干”了水塘一样，将水“燥”没了。其实不对，是燥湿药芳香挥发，使湿困的脾醒来，恢复了自主的“运化水湿”作用。所谓运化水湿，就是促进了水、湿的吸引、通利，使湿从小便出。正如开疏水渠，让水归大江、大河、大海。脾的运化功能，是吸收水上达心肺，再合肺、肾的下降、下纳从小便出也。所以，湿之去，一靠脾之运化、升清上达，二靠肺肾之下纳从小便排利。

注：燥湿药多有“辛”性。辛能散、能行，使滞定或阻滞的湿邪靠醒脾功能而“运化水湿”。藿香、佩兰、苍术、厚朴、砂仁、白豆蔻是临床常用“燥湿”药。

（二）“湿”治元方

《汤液本草·卷上》：“湿可以去枯，白石英、紫石英之属是也。”指用滋润的药物治疗津枯血燥证。燥证多见皮肤干燥、肺燥咳嗽、口鼻干燥等。代表元方增液汤。

增液汤(《温病条辨》)

[组成] 玄参30g，麦冬24g，细生地24g。

[功效] 增液润燥。

[主治] 热病伤津，肠燥便秘证。

[辨证要点] 便秘，口渴，舌干红，脉细数。

[模型中医学点评]

阳明肠胃，喜润恶燥，所以热病耗伤津液，最容易伤及胃肠致大便秘结。因为阳明主“合”——内敛、内闭，常态利于水谷精微有足够的时间吸收，由脾升清上达。但在“热”性病中，内敛之能量，却反而为害：一是阳明所蓄能量因“热火”引燃，产生**阳明之经证**——大热、大汗、大渴、脉洪大；二是因大热、大汗，势必耗伤阴津，产生**阳明之腑证**：大便秘结。

经证，病演于无形之“气”，所以引动气的“温煦”过亢而发热；腑证，病演于有形之“器”，所以引动器官的“通降”使大便壅滞肠腑。因腑是中空之器官，“以降为和，以通为用”。不通不降，大便滞留肠道，久之水分反复重吸收，必致便秘。增液汤增液润燥，以补耗损之阴津；恢复阳明之润态。

方药加减

[1] **清燥救肺汤**(《医门法律》)

温燥之邪，最易伤肺，因肺为娇脏，喜润恶燥。温燥伤肺，可化本方为清燥救肺汤应用——桑叶9g，石膏8g，甘草3g，人参2g，胡麻仁3g，阿胶3g，麦门冬4g，杏仁2g，枇杷叶3g。清燥润肺。主证：身热，干咳少痰，气逆而喘，舌红少苔，脉虚大而数。

[2] **玉液汤**(《医学衷中参西录》)

命门元气虚，感温、热、燥邪，致使真阴不足所致的消渴证，可化本方为玉液汤应用——生山药30g，生黄芪15g，知母18g，生鸡内金6g，葛根5g，五味子9g，天花粉9g。益气补元，滋阴止渴。主证：口渴尿多，少气懒言，神疲乏力，舌红，脉细数无力。

本章总结

1. 太极模型

受太极“端性”元态模型影响，每一类方剂均有一个可作母亲的“元方”，以此可化出众多子方。元方，不在于它与子方药物的相似度，而是它们的治疗思维模型一脉相承。如汗法，均与麻黄汤相似，以汗开启“闭态”。所以麻黄汤就是元方。

2. 阴阳模型

方剂之治，图标、图本。图标权宜之计，图本剖根求原。药势、病势，不共戴天，势不两立，呈异属阴阳偶对。如热病用寒药，虚病用补药。君、臣之药多同心，佐、使之药多同德。君、臣、佐、使，阴阳模型搭配，产生的综合药势，克制病势。一器两势药性应用，如治肺久咳既重视收敛顺应肃降，又适量小许桔梗升达顺其宣发。

3. 三才模型

每一阴阳之治，求其“中和”之位相。求阴阳的目的，就是求其中，所谓“阴平阳秘”，阴阳潜含不显，在中庸中求和谐。阴势、中势、阳势，就是三才模型，三势协调，就是治疗的最终“稳态”。这正是老子“三生万物”命题中，“万物负阴而抱阳，冲气以为和”的“和”态。和态，就是稳态。

4. 五行模型

自然万类，却因为演化出某一气、味，而有规律框定于统一的五行模型中。寒、热、温、凉、平；升、降、浮、沉、中；辛、甘、酸、苦、咸等等肯定是奇数演化规律。五行，成为继太极、阴阳、三才后，最有收成的一个模型。治疗的最高境界，就是五元而调，以五行模型而治。

5. 奇数演化模型

无论中药有多少对阴阳模型演化出的“偶对”药性，绕不开一个“中”字。阴阳存在的前提，就是有一个中庸可爱、不偏不倚的“中势”存在，它在万有演化原则中，占中时空位。中药治疗同样如此，万药杂合，阴阳反治，无非消灭阴阳之“偏激”，恢复人体之“中庸”。

$S=2m+1$，一个药物治疗的本能公式。$2m$ 旗帜鲜明，阴阳偶对；1，一个人体中和之态相，一个中时空位也。

药物的治疗背后，统一的思维模型，潜化出数学模型，统一在同一个公式 $S=2m+1$ 中。这正是中药方剂之妙，同样是治疗之妙。

第五章 针灸学演化模型统一论

图5－1 石学敏院士

石学敏院士（如图5－1），用他的“醒脑开窍法”，给阿尔及利亚国防部副部长萨布巧施银针，让瘫痪达半年之久的病体重新站立起来。石学敏的针灸奇效轰动了阿尔及利亚，博得了众多阿国人“OK、OK”。

我们不禁要问：

经络的演化律、穴位的演化律、穴位取穴规律，是同一个东西吗？它们有统一的模型表达吗？

模型中医学，第一次回答了这样的大问题：古人用相同的数学模型，找经络，找穴位，找取穴规律！

一、经络演化律

本书以近乎刻薄的数学精确，求证了这样的事实：万物时空位奇数演化原则；并认为，有形的器官，无形的精气，均以此原则演化，均是模型演化。

并认为经络是无形的精气运动，应该符合同样的模型解释。因为中医，高瞻远瞩，万变不离其宗：太极、阴阳、三才、五行……

先有模型思维在先，然后才是按“模”索骥。古人很可爱，很务实，“照葫芦画个瓢”，这个葫芦就是“思维模型”，这个“瓢”，就是经络学说，一个可称得上人类医学奇迹的“奇珍异宝”。

（一）初级算数 一目了解

经络演化模型，就是传统的中医“太极、三才、五行”的奇数模型。统一在时空位素数演化简式：$S=2m+1$。你所需要的，就像中学生一样，“算”出你身体上的经络数量。

1. 太极模型解当 $m=0$

代入 $S=2m+1$

得 $S=1$

1，为太极模型的解值。太极一气，处于以自我为中心的“元态”。此时存在阴阳演化之潜势，但表达不出有差别的阴阳外在现象。此时精气高度统“1”。对于经络，此时处于与太极模型对应的“始态”之元经。

元经？

每一相对独立的器官演化单元或群落，均有自已的元经模型。如胸腹内脏腑作为相对独立的器官演化群落，有共同的元经模式。它是未来脏腑阴阳经演化的母基，而四肢亦作为相对独立的器官，在其过中趾（指）的中轴线，也有其元经存在，它是未来手足三阴、手足三阳经演化的母基。

元经，是器官或器官群落未来经络演化的母基或太极，具有始端性、统一性。它自我高度统一、自恰，阴阳之性潜在不显，即所谓“阴平阳秘”。元经，就是演化的始态之太极，它一般呈**一维线性**存在。生命体任何器官，都有对应的穴位在元经上潜在着。可以这样理解，任何相对独立的条状器官演化，高度内向凝敛形成一个一维线性演化的元经“线”。

2. 三才模型解

当 $m=1$

代入 $S=2m+1$

得 $S=3$

呈现“一源三歧”的三才演化数学模型。此时有一对阴阳演化部分，一个中轴（或中心）部分。对于经络，此时处于与三才模型对应的三经存在：三阴经、三阳经。

每一器官或器官群落，以其中轴或中心的“元”经为母基，按照阴阳偶对的演化潜规则，演化出了包括中轴元经在内的三经：阴经、元经、阳经。

在四肢部，内侧（阴面）有一条阴经，外侧（阳面）有一条阳经。它们又各自构成未来三阴经三阳经的母基（次元经），再按照三才模型，阴经演化出了三阴经：太阴经、厥阴经、少阴经。阳经也演化出了三阳经：阳明经、少阳经、太阳经。

在胸腹部，腹侧（阴面）有一条阴经，背侧（阳面）有一条阳经，二者各自演化出腹面的三阴经：太阴经、厥阴经、少阴经；背面的三阳经：阳明经、少阳经、太阳经。

所以，从演化模型上看，三阴经、三阳经，都是从单一的太极模型“元经”演化出的子代经脉。

3. 五行模型解

当 $m=2$

代入 $S=2m+1$

得 $S=5$

呈现“一源五歧”五行演化模型。此时产生出两对阴阳部分，一个中轴（或中心）部分。对于经络，此时处于与五行模型对应的五经：五阴经、五阳经。与三阴、三阳相比，五阴、五阳，只是多了一对“阴阳偶对经络”。让三才模型，跳跃到五行模型。

但“五”的优越感，是显然的：

五阴经、五阳经，与五脏、五腑高度相合。中医之所以最后取五行模型为演绎“总工程师”，是因为五行，远比太极（一行）、三才（三行）能容纳更丰富的生命演化内涵。可以说，太极为始态，三才为小成，五行为大成。始、小、大，反映了生命演化的序次或能级差别。五行模型的建立，最终使有形的五脏、五腑、五指、五趾、五官，与无形的经络统一起来了。此处的五脏是胰、肾、肝、脾、肺；五腑是肠、膀胱、胆、胃、心。人体，是以五行为最完美演化模型的。

经络的演化与脏腑的演化高度统一；五脏、五腑与10指（趾）有关；同理，10条经络与10指（趾）也有关。五阳经、五阴经都达五指（趾）、五窍；五脏、五腑、五官、五窍、五指（趾）等等，一切人体组织或器官，都会在五阳经、五阴经的连接下，构成一个整体。

（二）张颖清教授的全息经络说

山东大学的张颖清教授，发现了一个天秘：每个相对独立的生命结构单元，均是全息胚。并发现了第二掌骨侧，穴位呈一维线性分布。（参看中篇图1-4）

头穴：第二掌骨的远端（靠近食指部位）。

足穴：第二掌骨的近端（靠近腕关节部位）。

胃穴：头与足穴的中点上缘。

肺心穴：头与胃穴的中点上缘。

颈与上肢：从头到肺心穴分为3等份，头穴下依次为颈穴和上肢穴。

肝穴：肺心穴与胃穴的中点。

十二指肠穴及肾、腰、下腹、腿诸穴：胃穴和足穴之间分为6等份，从胃穴端起依次5个点分别是：十二指肠穴、肾穴、腰穴、下腹穴、腿穴。

其实，在笔者的模型经络演化律中，第二掌骨侧的全息线性穴位分布，只是 $m=0$ 代入 $S=2m+1$ 的一个解值：$S=1$。得到的是元经，就是经络只是一条线，呈一维线性存在。可推知，全息经络，是生命奇数演化公式中的一个解值之一，与传统经络本质是一个东西。

解值与意义：

m=0，1，2

S=1 太极模型，经络呈一维线性的"元经"。

S=3 三才模型，经络呈二维面性的"三阴经、三阳经"。

三阴、三阳，阴阳合"一"，就是呈三维立体的"六经"。

传统经络、全息经络，都符合统一的公式 S=2m+1，说明二者数学模型相同。同式性，就是全息性。于是得出如下结论：传统经络，就是全息经络。只是将张颖清教授的一维线性，变成了二维面性、三维立体性。本质上是统一的。这就为几千年的经络神秘找到了解读理念：统一数学模型全息性。这里的全息，不再是信息量上的"全"等，而是统一于相同的一个数学公式。

（三）十经说含苞待放

开启新理论资源，接受最佳的经络学说：十经说。

传统经络体系，显然是以三才为演化模型思维，开发出三阴、三阳六经说。本书反复论证了，人体是以五行模型，为显然的最佳模型。所以，元经以"一源五歧"的五行模型而演化，应该是最理想的演化模型选择：五阴经、五阳经。阴阳合就是"十经说"。

十经说经络体系假说：

1. 经络是按万有时空位奇数演化原则 S=2m+1 而演化。

2. 经络是以五行模型为最优演化基数选项。

3. 每一相对独立的生命结构单元，均潜含着五行模型经络演化存在。

4. 每一生命单元的阴面，有五阴经分布；阳面，有五阳经分布。

5. 在胸腹面，运行着五阴经；在背面运行着五阳经。

6. 四肢部，阴面运行着五阴经；阳面运行着五阳经。

7. 在头面部运行着五阴经，头后部运行着五阳经。

结论

经络数量的演化，是以模型思维制订其演化数学参数的。奇数律演化 $S=2m+1$ 为演化公式。张颖清教授的一维线性经络，如第二掌骨侧穴位线性分布，只是公式解值为 1 的“太极”模型选项。传统三阴、三阳的六经说，只是解值为 3 的“三才”模型选项。最佳的演化模型，应该是五阴五阳的十经说，此时公式解值为 5 的“五行”模型选项。与时俱进，中医应该选择最佳的经络新体系：十经说。十经说的治疗效果，应该远远好于传统的六经说。期待创造更加辉煌的医学新篇章！

二、穴位演化律

《模型中医学》秉承着这样的理念：

经络穴位，是古人在“以痛为腧”偶然发现一些穴位之后，成功嫁接了中国古典哲学太极、阴阳、三才、五行等模型，尤其三才模型，让六经体系“经纬分明”，为顺经寻穴成为可能。如果没有一套模型，让古人一个穴位一个穴位地“乱摸索”，那不是太折磨古人了？

（一）太极模型与元穴演化律

当 $m=0$，代入时空位奇数演化公式 $S=2m+1$，则 $S=2\times0+1=1$。

得数为 1，说明同源物质的演化，处于太极元态。此时经络呈基态的“元经”高度自恰，阴阳潜含不显，没有演化出阴经，也没演化出阳经。元经一般处于每一相对独立器官中轴线上。在万有时空位演化公式中，处于元时空位的位置。元经在器官长轴阳面投影，就是三阳经“太阳、阳明、少阳”的中轴经“阳明”；元经在器官长轴阴面的投影，就是三阴经“太阴、厥阴、少阴”的中轴经“厥阴”。元经在人体上下长轴上，前面元经是“任脉”，后面元经是督脉。元经最大特点：中轴性。

元经对应于元穴演化。所谓元穴，就是在元经上演化出的经气凝聚的腧穴。它有两大特点：

1. 治疗的“中”轴性

因为生命演化具有顶端性或中轴性（顶端一定落在中轴），如植物顶端优势。顶端一定落在中轴，原因是顶端包含着生命的“元”性。人体中轴线上的督脉、任脉，是人体众多元阳穴、元阴穴分布的中轴“元经”。三阴经、三阳经中的“厥阴经”“少阳经”，是四肢、胸腹元阴穴、元阳穴分布的中轴“元经”。百会穴，在头顶中央，是人体第一元穴或母穴。因为头是人体演生之顶端“中位”，对应万有演化公式中时空位表达图中的 0 位。人体所有穴位，均以它为中轴顶端核心而对称分布。人体一共有四类元经：

督脉、任脉；厥阴、少阳。

它们对应着各自的元穴演化。（如图 5－2）督脉，对应着人体所有元阳穴在其上的演化。

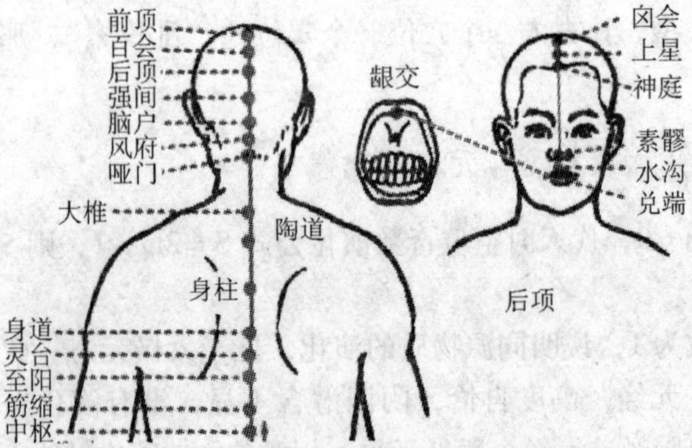

图 5－2　督脉对应元阳穴演化

2. 治疗的“元”性

所谓元性，就是元经上演化出的众多“元穴”，治疗具有元性、全能性。既能调阴，又能调阳。阴阳双调、不偏不倚是它的特点。如百会穴治疗的全能性，几乎整个头部疾病，全身疾病，均需要取百会。

督脉成为“阳脉之海”，通调诸阳；**任脉**成为“阴脉之海”，通调诸阴。所以，几乎所有阳经之病或阳热疾病，多针督脉之穴“大椎”，或大椎穴刺血。而阴病可取任脉“神阙”调诸阴病。这种广泛的治疗作用，说明元经上的元穴，具有元性、全能性。

（二）阴阳模型与偶对穴位演化

“一阴一阳之谓道”，中医理论的铁律。以元经为轴心演化出两侧对待的经络，称为阴经、阳经。如在四肢部，厥阴经向两侧演化出太阴、少阴，对应着众多阴穴演化；少阳经向两侧演化出太阳、阳明，对应着众多阳穴演化。

人体又以中轴脊柱为核心，成左右对待演化身体左右侧。所以，身体左侧的任何一个穴位，都会在右侧，找到异侧同名穴。如左合谷穴对应右合谷穴。这种左、右穴位的对称性，显然是以人体中轴脊柱为轴心近对称演化的结果。左、右阴阳偶对穴，有如下几个特点：

1. 位置的“对称”性

人体以脊柱为中轴，将人体穴位区分为左、右两部分。左右的镜像对称性，使人体任何一侧的每一个穴位演生，都能在异侧找到它的同名穴演化。如左、右足三里，左、右内关等等。在 $S = 2m + 1$ 中，$2m$ 就代表着成偶对演化的穴位数量。（如图 5－3）

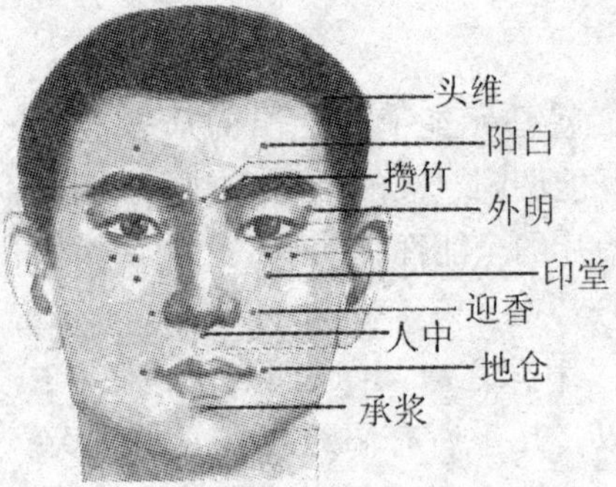

图5－3 穴位左右对称演化

2. 疗效的“缪治”性

所谓缪治性，就是左病取右侧穴；右病取左侧穴；上病取下位穴；下病取上位穴；前病取后位穴；后病取前位穴。这种方位的“缪”取，本质上源于阴阳的互根演化。正是由于阴阳互根演化，才产生了张景岳的“阴病治阳，阳病治阴”的阴阳互调理论。这也是针灸缪刺法的理论根据。

（三）三才模型与三元穴位演化

老子的“三生万物”的三才模型，具有广泛的宇宙学演化意义。对应穴位演化，就是左、右偶对穴，是以“中时空位”上的某穴为演化中心坐标。这种穴位三元式存在，在于经络三元式演化。在人体，任何两条左右同名阴经脉，均与中轴的任脉构成一个三角式分布关系。同样，任何两条左右同名阳经脉，均与中轴的督脉构成一个三角式关系。胸腹、背部、四肢的三阴经、三阳经，又各自构成三角式对应关系。三角式的三经，对应着三类经穴的演化。太阳经、阳明经、少阳经，分别对应着太阳经穴、阳明经穴、少阳经穴的“三元”穴位演化。同理，太阴经、厥阴经、少阴经，分别对应着太阴经穴、厥阴经穴、少阴经穴的“三元”穴位演化。

本质而言，人体任何一对可构成“阴阳偶对”的双穴，均可与“百会穴”构成一个“三角式”的三元穴分布关系。百会穴特殊的“顶端中轴”性，使它成为前后、左右偶对穴的“中”时空位坐标“O”点。如左右合谷，与百会构成一个“三元”时空位演化关系。同在督脉上的“前顶、后顶”，与百会穴构成一个“三元”穴位关系。

结 论

太极、阴阳、三才，在中国哲学中具有极高的哲学价值。它反映古典哲学对宇宙演化思想的高度凝结，这种思维却以精确的数学模型，表达于公式 $S=2m+1$，一个万物演化的普适的奇数演化律。人体腧穴，是生命无形精气演化的精气凝聚区域。所以，它一定符合相同的公式演化经穴：元穴、阴阳偶对穴、三元穴。没有这些统一的思维模型，不可能发现如此有规律的时空位分布。这说明，无形精气凝结的穴位演化和有形腑脏器官演化，遵从统一的数学公式 $S=2m+1$。

三、取穴原则

模型中医学，强调针灸的三维立体性，提出了“三维针灸”定义：将穴位模型三维立体化，多方向任意取穴，如果获得的针灸刺激度是相同的，针灸效果等效；穴位产生的针感，先是满足呈三维方向上的等度外传，呈球状的酸麻区，然后再在器官双向条状演化方向上，呈线状传导；对于一个给定的病区，在病区三维任何方向上取穴针灸，如果给病区提供的治疗阈是相同的，治疗等价。模型中医学，历史上第一次对针灸取穴原则给出了详细的研究：

（一）串联取穴原则

所谓串联取穴原则，就是在同一条经络上选取数个穴位的取穴原则。目的是在同一个方向或同一条经上，获得最大的治疗效果。如肺咳，可在同一条手太阴肺经上，选取多个穴：天府、尺泽、太渊等等。一般而言，适当地串联取穴，可增加治疗效果。因为模型中医学研究认为，在达到一定治疗阈之前，治疗效果可以随着串联取穴的数量增加，而呈现正向叠加效应。（如图5－4）

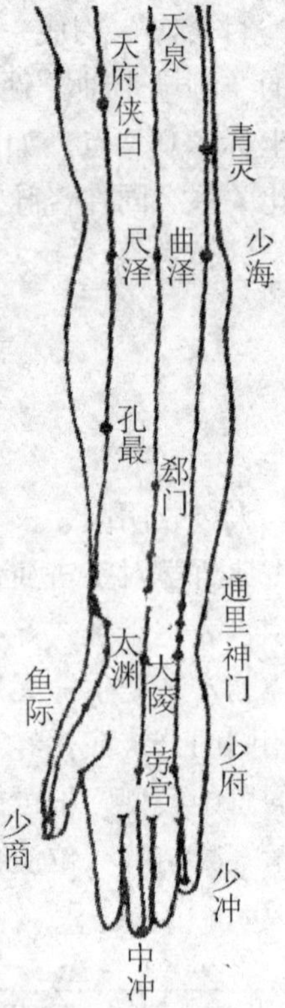

图5－4　上肢内侧穴

（二）并联取穴原则

所谓并联取穴原则，就是在不同经络上选取穴位的取穴原则。目的是从不同的方向或不同的经络，获得最大的治疗效果。如肺咳，可在手三阴经上取不同的穴。既可取手太阴肺经上的中府、尺泽，又可取手厥阴心包经上的曲泽、内关，同时也可加取手少阴心经上的神门、劳宫。研究认为，并联取穴，可极大提高治疗效果，比串联取穴更具有优势。

（三）太极取穴原则

所谓太极取穴原则，就是在病区中轴线上或中心位置，选取一个或数个穴位的取穴原则。属于局部取穴原则，简称“局取”。因为太极，就是极端、元态、根本的意思。局部的穴位，一般针灸效果最肯定。所以，局取是针灸最常用的方法。如头顶的“百会”，是人体最大的太极元穴，任何病均可取之。尤其头上的病。百会，是任何经脉“汇合”的意思。

太极取穴，是针灸取穴第一选：局取。举例如下：

胃病取**中脘**（中心穴），或上脘、中脘、下脘（中轴三穴串联取穴）。

腹痛取**神阙**（中心穴），或上脘、神阙、关元（中轴三穴串联取穴）。

（四）阴阳取穴原则

所谓阴阳取穴原则，就是以阴阳模型为指导，有目的地在相对待的方向上选取穴位的原则。临床主要有如下几种：

1. 上下配穴原则

因为脐为先天之用，是人体内脏器官在体表的定位中心。所以，以脐、腰为中心，作为上下阴阳模型配穴的参照界面：脐腰以上穴与脐腰以下穴配合；上肢腧穴与下肢腧穴配合。

上下配穴在临床上应用广泛，如胃病可取内关（上肢）配足三里（下肢），牙痛取合谷（手）配内庭（足）。脱肛或子宫脱垂取百会（上）配长强（下）。此外，八脉交会穴配合，如内关配公孙，外关配临泣，后溪配申脉，列缺配照海等，也属于本原则的具体应用。

2. 前后配穴原则

前指胸腹，后指背腰，二者构成了阴阳模型配伍原则。选取前后部位腧穴配合应用的方法，称为前后配穴原则，亦名“腹、背阴阳配穴法”。凡治脏腑疾患，均可采用此法。例如，胃痛前取中脘、梁门，后取胃俞、胃仓；哮喘前取天突、膻中，后取肺俞、定喘等。

3. 左右配穴原则

是指选取肢体左右两侧腧穴配合应用的原则。临床应用有两种情况：

左、右同名穴同时取用，如心病取左、右双侧的心俞、内关；胃痛取双侧胃俞、足三里等。

左、右不同名穴也可同时取用，如左侧面瘫，取左侧颊车、地仓，配合右侧合谷等；左侧偏头痛，取左侧头维、曲鬓，配合右侧阳陵泉、侠溪等。

4. 内外配穴原则

从宇宙广泛的视角来看，并没有上下，只有内外，才更准确地反映了时空特点。将人体球式演化模型化，就会发现，以脐为核心，人体由内向外，是由一组组渐变的球壳组成的。正像一只气球被慢慢吹大，留下一串串球壳逐渐变大的影子，像膨胀的宇宙。

所谓内外配穴原则，就是在病区内源与病区外源同时取穴的针灸配穴原则。如胃痛以中脘为取穴核心，可以外取上脘、中脘；也可以在上取耳穴胃点；也可在上肢取穴内关，在下肢取穴足三里。所以，内外取穴，只是对任何方向上的阴阳模型取穴，在三维立体上重新又界定了一下。只要在以病区为核心外开渐变的不同的两个球壳上取穴，均可称阴阳模型取穴。这实际将取穴原则任何化了：病区球壳、非病区球壳同时取穴，均为内外配穴原则。

（五）三才取穴原则

所谓三才取穴原则，就是以三才思维模型为指导，从三个方向选取穴位的取穴原则；就是太极模型核心取穴，加上任意的阴阳模型取偶对穴。如胃病，太极核心取中脘穴，再加一对阴阳模型取穴，要么上取左右内关，要么下取左右足三里。因为每一个左右取穴，与中心病区的核心取穴，均构成所谓“三角式”（三元）取穴配伍。

（六）五行取穴原则

所谓五行取穴原则，就是以五行思维模型为指导，从五个方向选取穴位的取穴原则；就是太极模型核心取穴，加上两对阴阳模型取穴。如胃病，中取中脘，加左、右内关，左、右足三里。共五个穴。

五方取穴的五行模型配穴，在所有取穴中具有最佳的治疗优势。因为人体是以五行为最大的演化基数选项，这正是中医选取五行模型的优势所在。而五方取穴，比三方取穴更具有疗效，而且又不复杂。所以，五行模型取穴法，成了中医治疗疾病的潜在的优选法，不自觉地被应用着。这也正符合人体演化的所谓“五体”形态学分布：四肢+头脊柱。由此演生出在四肢与头脊方向上的所谓“五行”模型取穴法。

针灸处处感受到“五行”的魅力，如五输穴是与五行相对应的五个所谓的起始穴：井、荥、输、经、合，分布在十二经脉肘膝以下，描述人体气血运行情况的五个特定腧穴。古人聪明地想象出经气像涓涓细流一样，经过五个穴位的时空潜变，由潜在变显在，由细水变江河：

井——象征经气如泉水初出的源头。

荥——指经气稍盛，如涓涓流水的小溪。

输——指经气渐盛，如水流灌注。

经——指经气更盛，有如滔滔江水经过。

合——指经气充盛，汇合在一起，有如江河归入大海。

（七）奇数类取穴原则

因为本书已经从精确的数学模型推导出生命演化的有法可依：呈奇数演化，所以，针灸取穴，以奇数**方向**，或奇数个**穴位**，为最佳配穴原则。太极、三才、五行……演替出的数字1、3、5…均是奇数演化模型，可代表奇数取穴方向，也可代表取奇数穴数目。其实，由于太极模型取穴，又称元位取穴，对应的穴叫“元穴”。所谓元位，是病区核心之穴位，如胃病取的中脘，头顶痛取的百会。元穴加双向阴阳模型取的所谓阴阳偶对穴，能炮制出几乎任何的奇数类取穴配伍原则。此处的阴阳模型，可以是左右、上下、前后、内外等对偶穴。

模型取穴举例

模型中医学，以病位所在的区域为划分区，划分出七区：胸区、腹区、四肢区、头区。以病理反映所在的区，为针灸要点。如内脏病多在胸腹区，所以，以取胸腹区里的穴为主，再配四肢穴。四肢病，多在病肢取穴为主，再配对应的异侧同名穴。如左上肢病，加取右上肢穴，亦可加取左下肢穴。头部疾病，如各种头痛、中风、脑血管疾病，病区在头，所以，均需要以头穴为主，再兼配胸腹穴、四肢穴。简举3例如下：

1. 腹痛

腹痛是指脘腹和少腹部的疼痛，可见于多种消化道疾病。采取奇数类模型取穴原则，以神阙为中心的“元穴”，取七穴治疗：

神阙——元穴（中心）

下脘、关元——阴阳模型（上、下）

左足三里、右足三里——阴阳模型（左、右）

左内关、右内关——阴阳模型（左、右）

2. 头顶痛（肝阳上亢型为例）

头顶痛，是偏上部的头痛，见于多种内科疾病。采取奇数类模型取穴原则，以百会为元穴，以取头穴为主，兼顾阴阳配穴。可取九穴治疗：

百会——元穴（中心）

前顶、后顶——阴阳模型（前、后）

左通天、右通天——阴阳模型（左、右）

左列缺、右列缺——阴阳模型（左、右）

左太冲、右太冲——阴阳模型（左、右）

3. 右上肢痛（肩胛部为主）

由于人类习惯于用右手工作，所以右上肢痛的机会比左上肢多。右肩胛部痛为主，就要以右肩胛部的肩髃为元穴，再阴阳配穴。可取五穴治疗：

肩髃——元穴（中心）

合谷、曲池——阴阳模型（同侧阴阳偶对穴）

臂臑、肩井——阴阳模型（异侧阴阳偶对穴）

并可在左肢加取异侧同名穴位，这正是针灸缪治法：左病取右穴，右病取左穴；前病取后穴，后病取前穴；上病取下穴，下病取上穴。体现了中医针灸的多元方向性的三维针灸模型。

思考经络

李四光说过：思维的方法，比知识更重要！

模型中医学，已经从大量的数学模型的研究中，得出了可以信服的结论：中医思想深处，就是模型思维：用统一的模型，打磨中医任何的可以打磨的地方！经络学说也不例外。该学说认为，经络不存在，但穴位可以存在。

什么是“穴”？

穴，象形字，小篆字型。上面“宝盖”代表覆盖物，下边“两边”代表洞孔。本意指“土窟窿”“地洞”。《说文》：“穴，土室也。”所以，穴位，就是有一个“孔式”结构的位置。《玉篇》：“孔，窍也，空也。”穴位就是“孔窍”，是人体肌腠、纹理间一些容纳精气蕴结的“小孔窍”。

经络存在吗？

中医理论，以五行为模型，在舌头上折磨出“五脏”。请问中医界，谁在舌体上，真的找到了证据证明有“五脏”存有？还有，在耳朵上对应着一个“小型人”，谁解剖出“小型人”了？中医在任何相对独立的器官，都用了统一的思维模型看问题，这是根本。

但不等于任何器官都能拿得出完全相等的“实物”。它充其量是一种思维模型，不是原型。经络是“按模画经”，根本不存在。但穴位是存在的，它就是肌腠纹理间的“孔窍”。

正如你在赤道上，找不到“赤道线”一样。我们中医界，应该反省中国砸进去的金子，经络研究项目，一个中医的无底洞！

模型中医学的经络观：

1. 模型并非有原型

经络的体系，从经络数量、穴位发现、取穴原则，无不是有一套成熟的模型在起着潜在作用。用三才模型炮制了三阴、三阳经；五行模型折磨出“五输穴”。穴位的串联取穴法、并联取穴法、太极元穴取穴法、阴阳偶对取穴法、五行五方取穴法等等。总之，经络体系是一套模型思维的炮制：太极、阴阳、三才、五行！它只需要模型就足够了，不一定非要有原型。

就是说，经络，不一定非要有可剖而视之的“实体之络”存在。经络是虚无的东西，并不存在。正如人类天天念叨“鬼”，其实它只是大脑中的一个模型“符号”，并不存在。但你可以画出任何形态的“鬼图”——一个你心中的鬼模型。

2. 模型意义

模型思维的最大优点，将具体复杂的问题简单化；最大缺点，也是它的最大优点，将问题太简单化了，与事实不完全符合。如五脏一体观，似乎认为五脏是一母生的亲弟兄五个。其实错了，五脏是不同三胚层生的非亲弟兄五个，是同祖不同母！但由于中医界承载着“一源五歧”的五行模型思维，所以，仍然坚持着五脏“一母”的错误观点！

五脏从五湖四海来，却很好地适合了“五行”模型理想化的大集体，但五脏，确实不是血缘“一母人”，只是综合“一家人”！是同祖不同母。

所以，不理解模型中医的本质，就不可能从更高层面上认清中医的“奥”理！你只能漂在所谓针灸有效性上，孤芳自赏！

3. 模型与经络体系

中医用三才模型炮制经络，得出三阴经、三阳经，成为所谓的六经。但同样，可以用太极模型炮制经络，得出元经。亦可以用五行模型炮制经络，得出五阴经、五阳经。可能五阴经、五阳经比三阴经、三阳经更具有临床优势！符合 $S=2m+1$ 的经络体系模型值解，可说潜在无限。只是中医只取了三才模型，建造了三阴经、三阳经的所谓“六经”。

4. 经络的全息性

因为张颖清教授发现的全息经络，只是一维线性经络，是太极模型。而传统的三阴经、三阳经，所谓六经，是三才模型。模型中医学已经用无可争议的数学公式，将这些奇数解统一在一个公式 $S=2m+1$ 中。这实际上证明了一个大问题，张颖清教授的经络与中医传统经络，均是统一的东西——公式化、全息化、数学模型化。所以，模型中医学，作出了历史性的贡献：揭示出经络的模型性演化！

没有模型思维，中医经络学说产生不出来！正如没有三才，古人不可能天才到发现脉位的所谓“寸、关、尺”。是谁有本事，将一股脉，三分法成三位取脉？又与五脏对应？

中医界想好了吗？

是因为中医祖宗，将模型引入了中医，不自觉创立了“中医模型思维”。所以，笔者创立的模型中医学，一点也不是自己的货，全是将古人的东西又翻晒了一下，实在不是自己的功劳！

5. 穴位治疗的特性

三才模型、三值原则演化出穴位三大治疗特性：

（1）一元全能性：因为穴位，是一团精气凝结，从太极模型演化而来，所以，治疗具有元端的“全能”性。如合谷穴广泛的治疗谱！

（2）双向调节性：每一个空位，都具有双向治疗作用。因为从元端的太极模型，外延演化，只能演化出极端的“阴阳模型”双向调节。如中脘，可降逆止呕，又可升举下陷之中气。一降一升，成双向调节作用。

（3）三元治疗性：局部治疗、中部治疗、远部治疗。

局部近治呈三维团状传导；中部治疗呈一维线状传导；远部治疗呈不可思议的异位同步跳传。如至阴治头痛、合谷治牙痛。

6. 现代经络研究的诘问

思维，决定研究的成败。中医经络，在没有从思维的大脑研究出好的思路之时，盲目涉入用原型的方法，想用解剖刀“刀”出经络。结果，建国六十年了，中医化在经络寻梦中的金子，不计其数。结果仍然是一个可怕的结论：经络很神秘！

废话，越研究越神秘，咱中医就别浪费国家的钱了，先静下心来，研究研究是哪里出了问题！

只研究研究一个天大的问题：在舌头上，我们能找到与五行模型对应着的“五脏”吗？问题就打发了！

不可能！

不可能在舌头上找出“五脏”，因为它本来是子虚乌有的事，本来就是理想主义！是先人按着自己大脑里的图腾或模型，折磨出来的乌托邦——一个五行模型。怎么能用找原型的解剖刀，“刀”出来五脏？

还有中医界自我欺骗的安乐死：经络是超越现代科学的，人类现代科学水平还不足以找到它。等科学发达到更高级程度，就会发现它等等，云云！

如果中医界能“刀”出三阴经、三阳经，让三才高兴得乐开了花，那么五行就不高兴了：为什么不找出我的儿女：五阴经、五阳经？

所以，当前我们没有找到三阴三阳，真是积了大德，省下了一场三才、五行世界大战！

看到了吗？还没找到“经络”，经络的模型们就已经打起架来！

7.《模型中医学》经络观

（1）呈线状的所谓形态经络，不存在。

（2）经络理论的产生，是受模型思维三才的“如模炮制”。没有三才，就不会有三阴经、三阳经思维。

（3）穴位应该存在。正如世上本来没有路（经络），但没说没有洞穴、孔窍（穴位）！人体形态器官的如模炮制，为穴位的规律性分布，创造了可能！空实偶对演化，实就是实体，空，就是在实体中的“孔”也。孔者，穴也！

所以，本人承认穴位存在，但不承认经络存在，尤其不承认臆构出的首尾相联的所谓十二经“手拉手”首尾相贯！更讨厌反观内视发现经络的胡思乱蒙！

经络学说是有穴无经！

就像天上，有散在的星星，但没有将星星串起来的星“线”！穴位分布，与人体器官演化的球状、条状具有相关性！可呈带状、线状分布。每一个经穴传感特点：三维团式立体外传；沿肌体结构走势外传；同步异位跳传。模型的经络“线”可以应用，但确实不需要存在。正如地球赤道线不存在，但可以抽象出一圈“赤道线”满足人类地图定位的需要！如此而已！

穴位间的联系，是靠生物电产生着全方位的“立体”联系，不会势利眼到拘泥于“线状”的传导。因为针灸产生首先是一个麻胀“团”——三维立体。当然这种针感在满足立体“结团”的同时，可以将多余的能量沿某一方向产生“线性”运动，但让这些偶然的“线性”感觉自觉连成中医针灸的十二经“手拉手”，不可能！

施旺、施莱登创立了细胞学说；达尔文提出了生物同源演化学说；孟德尔发现了生物配子杂交定律；张颖清教授提出了生物全息论……这些重大科学发现，都在昭示着《内经》里的一句话：“智者察同，愚者察异。”聪明的人类精英，总是在“察同”的方向上，读出了生命演化的规律。

在这众多规律背后，从器官层面到基因层面，能否再找到一条更本质的规律，成为众律之“本”？

我想到了用数学来完成这件有趣的事：

生物演化数学模型统一论！

追数，一路辛苦一路歌

我虔诚着这样的信念：上帝造成万物，也许用了相同的数学规律，可推导出统一的数学公式。虽然读《圣经》知道上帝是万能的，但如果一物一理，理因物变，也太难为上帝了。也许在一朵花里，一个芽里，一粒种子里，都蕴藏着上帝同样的智慧，同样的大能，同样的秘密。这些秘密最大的承载者，只能是数学。伽利略所言，自然之书是由数字特征写成！

为此，我兢兢业业着，痴迷不改着，寻找上帝“数码”。学中医的我，逮着了“五行”不放，认为它是个常数。因为中医理论太宠五行了，将自然界万类“一扫光”：五色、五音、五方、五味……。但却失败了，失望了。“五行”常数论非常倒我的胃口：人类五趾（指），但鸟却是四趾，马只有一趾！

浮于器官的“物”层面，研究生命演化的数学统一性，科学吗？

我知道，如果用精确的数学，求精、求确、求稳，也许连自然界的一片叶子，也难统一。因为叶子太“变化多端”了，太“奇形怪状”了。但透过叶子背后，有没有更合理的研究方略？

图0－1　莱布尼兹

我思考着，思考着！

终于，我找到了研究的诀窍：抛开器官具体的“物”真实，从器官背后更能反映生命本质的“不变”数学模型中，研究植物的“多情善变”。正如从复杂的宇宙万物中，莱布尼兹（如图0－1）发现了计算机二进制通用语言“0，1”，一组永远的模型符号。我发现了生物世界通用的数学模型——时空位的奇数演化链。在器官背后，统一的万有时空位演化，才是宇宙演化的真实表达！

我敏锐地感觉到，时空位是一个研究的突破口。生物在器官层面、基因层面上，原来用了相同的时空位数学模型、数学公式来演化。纵向、横向，高度统一；宏观、微观，高度统一！

是的，一朵普通的黄瓜花，与你的五指，是同一个生命数学符号的展开。你手上的生命演化神秘，一点不比德克里克发现的基因长链少。生物界同模演化，原来用了相同的数学公式，将自己静悄悄地定格在一个响亮的结论之下：我们是同模演化，因为我们拥有统一的数学模型符号！

借此，我向达尔文的生命同源演化观提出了挑战。生物演化不必同源，可以是多源、泛元，只不过都用了统一的数学模型演化，才具有了生命界中如此规律的秩序井然，让人类误认为它们是“同源演化”。生命，不必要机械地从大非洲走来，也许地球任何适宜的角落，都成为生命演化之源。只不过不自觉按照同样的数学模型演化而已。

在一个苹果里，在一朵花上，在你的牙齿里，在你的手掌上，在你不经意捡起的一枚枫树叶里，找到了相同的生命演化秘方！一个生物演化时空位数学模型统一论，上帝创生万物的千篇“一”律！

这正是生物演化数学模型统一论所关注的重点！

第一章 植物演化数学模型统一论

盘根错节的根，亭亭玉立的茎，千姿百态的叶，万紫千红的花，春华秋实的果。植物亿万年修来的“根、茎、叶、花、果”，却遵从统一的旋律在弹唱。无论在纵向上、横向上，都用统一的时空位奇数律 S=2m+1（如图1-1），在谱写生命乐章！

植物分类的演迁，器官形态的演迁，在纵向或横向上保留着的证据，均可抽象出与形态对应着的精确的数学模型；并可推导出共同的数学规律。

这，就是生命的天秘！

图1-1 万有时空位演化原则

一、植物纵向演化数学模型统一论

植物（plants）是生物界中的一枝独秀，一般有叶绿素，没有神经，没有感觉。按五行模型的五值演化原则演化出五大类植物：

藻类植物、苔藓植物、蕨类植物、裸子植物、被子植物

植物特点：具有光合作用的能力，可以借助光能，利用体内的叶绿素，将水、矿物质和二氧化碳，制造成碳水化合物。

所有植物的祖先都是单细胞非光合生物，它们吞食了光合细菌，二者形成一种互利关系：光合细菌生存在植物细胞内（即所谓的内共生现象），最后细菌蜕变成叶绿体。叶绿体是一种在所有植物体内都存在却不能独立生存的细胞器。这说明一个大问题，叶绿体是细菌演化而来的；也说明了，生物任何相对独立的具有“营生”功能的器官，均是生命体。

《模型中医学》认为，植物形态上的演变，尤其在外在形态器官层面上的演变，可以抽象出明确的数学模型，对应着相关的时空位，焦点研究如下几个问题：

植物分类，就是以器官演替为最主要证据。如有没有演化出根、茎、叶，以及种子是被子或是裸子等等。

植物自我繁殖，也是以演化出不同器官为主要表达。如种子生根、发芽、结果的不同时段。

植物每一个相对独立的器官，在发生过程也发生着明显的变化。如一片叶在发生时形成了叶脉。

本文用数学的方法，从下列三个方面，论证植物在纵向演化上高度统一在公式 $S=2m+1$。

（一）植物分类纵向演化数学模型统一

原始单细胞生物，由于受到不同的环境诱迫，向着不同的方向演化，可以呈线性演化（同源演化），可以呈三维方向演化（多源演化）。所以，模型生物观认为，生物演化不一定是同源演化，从一个祖先演化而来，还可以是多源演化。但由于生物都是用统一的数学模型演化，所以，却有规律地服从万有时空位奇数演化公式 $S=2m+1$，从低级到高级演化出奇数项 5 大类：藻类植物、苔藓植物、蕨类植物、裸子植物、被子植物。

1. 藻类植物

许多藻类植物，是我们熟悉的美食佳肴，如海带、紫菜。（如图1－2）

图1－2　藻类植物

藻类是一群古老的植物。大约在35亿～33亿年前，在地球的水域中，原核蓝藻捷足先登。藻类在地球上有水的地方几乎无处不在。淡水或海水，潮湿的岩石、墙壁、树干、土壤中，到处是它们忙碌的身影。为了适应不同的环境，它们的形态千差万别，小的只有几微米，必须在显微镜下才能见到；大的肉眼可见。最大的体长竟达60m以上。

形态特点：它们基本上是没有根、茎、叶分化的植物器官。生殖器官多数是单细胞，虽然有些高等藻类的生殖器官是多细胞的，但生殖器官中的每个细胞都直接参加生殖作用，形成孢子或配子。高等的藻类可以有简单的组织分化。藻类植物过度繁殖会引起赤潮。

2. 苔藓植物

苔藓植物是绿色自养性的陆生植物。植物体是配子体，它是由孢子萌发成原丝体，再由原丝体发育而成的。苔藓植物一般较小，以阴阳模型二值原则演化出两种类型：

苔类，保持叶状体的形状。

藓类，开始有类似茎、叶的分化，是比苔类更发达的一类。

苔藓植物没有真根，只有假根（是表皮突起的单细胞或一列细胞组成的丝状体）。茎内组织分化水平不高，仅有皮部和中轴的分化，没有真正的维管束构造。叶片多数是由一层细胞组成，既能进行光合作用，也能直接吸收水分和养料。（如图1－3）

3. 蕨类植物

蕨类植物（pteridophyte）是植物中主要的一类，是高等植物中比较低级的一门，是最原始的维管植物。大都为草本，少为木本。孢子体发达，有根、茎、叶之分，没有花，以孢子繁殖。以五行模型的五值原则演化出五纲：

水韭纲、松叶蕨纲、石松纲、木贼纲、真蕨纲。

图 1－3　万年藓

图 1－4　桫椤

全球蕨类植物共约 12 000 种。我国蕨类植物，大多分布于长江以南各省区。多数蕨类植物用途广泛，食用（如蕨）、药用（如贯众）或工业用（如石松）。包括了原始的脉管类，例如蕨类、木贼和石松。这三种植物，有同样的发展史，都是在泥盆纪时代开始出现。繁殖过称中，所有的蕨类植物都需要静止的水，新生的植物只能存活在肥沃的地方。因此，长年干燥或四季气候变化极大的地方，难以看见它们的踪迹。（如图 1－4）

4. 裸子植物

裸子植物，名字很好玩，就是种子露天裸出的一类种子植物。种子植物以阴阳模型的二值原则演化出两大类植物：

裸子植物——种子裸露（简单）

被子植物——种子被覆（复杂）

被覆比裸露复杂高级，所以，裸子植物是种子植物中较低级的一类，具有颈卵器，既属颈卵器植物，又能产生种子。它们的胚珠外面没有子房壁包被，所以不形成果皮。种子是裸露的，故称裸子植物。多为乔木，少数为灌木或藤木。如常见的银杏树、松树等等。（如图 1－5）

图 1－5　马尾松

裸子植物出现于古生代，中生代最为繁盛，后来由于地理条件的变化，逐渐衰退。现代裸子植物约有 800 种。按五行模型的五值原则演化出 5 纲：

苏铁纲、银杏纲、松柏纲、红豆杉纲、买麻藤纲。

5. 被子植物

被子植物是植物史上最后出现的植物种类，是种子植物最高级的一种。被子植物因为具有美丽富饶的花朵，所以又叫显花植物。

被子植物首先出现在白垩纪早期，在白垩纪晚期占据了植物界的大部分。被子植物的种子藏在富含营养的果实中，富含营养的果实提供了生命发展很好的环境。受精作用可由风当传媒，大部分则是由昆虫或其他动物传导，这些传播使得显花植物能广为散布。

被子植物是植物界最高级的一类。自新生代以来，它们在地球上占着绝对优势。现知被子植物共 1 万多属，20 多万种，占植物界的一半。中国有 2 700 多属，约 3 万种。被子植物能有如此众多的种类，有极其广泛的适应性，这和它的结构复杂化、完善化是分不开的，特别是繁殖器官的结构和生殖过程的特点，提供了它适应、抵御各种环境的内在条件，使它在生存竞争、自然选择的矛盾斗争过程中，不断产生新的变异，产生新的物种。

被子植物有五个进化特征。

（1）具有雌蕊：

雌蕊由心皮所组成，包括子房、花柱和柱头3部分。胚珠包藏在子房内，得到子房的保护，避免了昆虫的咬噬和水分的丧失。子房在受精后发育成为果实。果实具有不同的色、香、味，具有多种开裂方式；果皮上常具有各种钩、刺、翅、毛。果实的这些特点，对于保护种子成熟，帮助种子散布起着重要作用。（如图1－6）

图1－6　各种雌蕊

（2）具有双受精现象：

双受精现象，即两个精细胞进入胚囊以后，一个与卵细胞结合形成合子，另一个与2个极核结合，形成3n染色体，发育为胚乳。所有被子植物都有双受精现象，据认为这是它们有共同祖先的一个证据。

（3）具有真正的花：

典型的被子植物的花由花萼、花冠、雄蕊群、雌蕊群4部分组成，各个部分称为花部，并附着在花轴上。

（4）孢子体高度发达：

被子植物的孢子体，在形态、结构、生活型等方面，比其他各类植物更完善化、更多样化，有世界上最高大的乔木，如杏仁桉，高达156m；也有微细如砂子的小草如无根萍。它适应性能好，可营生在水、砂、石和盐碱地。有自养的植物也有腐生、寄生的植物。在解剖构造上，被子植物的次生木质部有导管，韧皮部有伴胞。

（5）配子体进一步退化：

被子植物的孢子以阴阳模型的二值原则演化出两大类：

小孢子

大孢子

小孢子（单核花粉粒）发育为雄配子体，大部分成熟的雄配子体仅具有2个细胞（2核花粉粒）。其中1个为营养细胞，1个为生殖细胞，少数植物在传粉前生殖细胞就分裂1次，产生2个精子，所以这类植物的雄配子体为3核的花粉粒，如石竹亚纲的植物和油菜、玉米、大麦、小麦等。

大孢子发育为成熟的雌配子体称为胚囊。通常胚囊只有8个细胞：3个反足细胞，2个极核，2个助细胞，1个卵。反足细胞是原叶体营养部分的残余。有的植物（如竹类）反足细胞可多达300多个，有的（如苹果、梨）在胚囊成熟时，反足细胞消失。助细胞和卵合称卵器，是颈卵器的残余。

由此可见，被子植物的雌、雄配子体均无独立生活能力，终生寄生在孢子体上，结构上比裸子植物更简化。配子体的简化在生物学上具有进化的意义。

被子植物又以阴阳二值原则演化出两个纲：双子叶植物纲（木兰纲）、单子叶植物纲（百合纲）。

（二）植物器官纵向演化模型统一

植物史上亿万年演化出的植物五大类，可以说是五大类以形态器官变化为主要标志的“器官综合体”，这纵向奇数项“5”过程演变史，却可很容易让一粒落地的种子，在几个月内在器官渐变中又重演出来：

根、茎、叶、花、果。（如图1－7）

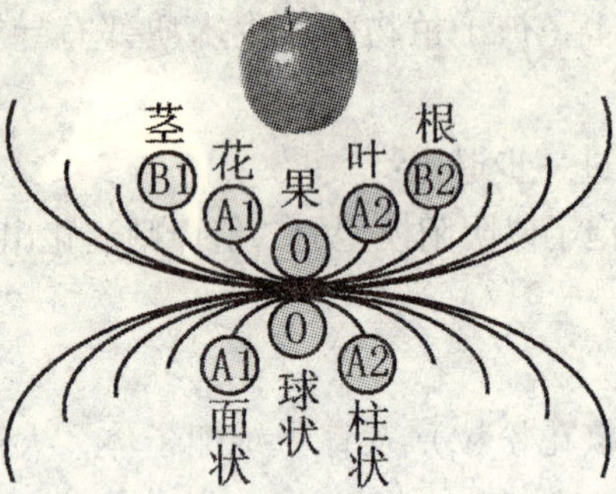

图1－7　植物器官演化

这五大类器官，在种子里高度统一，符合太极模型。但却在纵向演化上，吐出了呈奇数项5的器官演变。符合万有时空位奇数演化公式：$S=2m+1$。

1. 太极模型元态原则演化

演化于统一的种子。种子就是演化的“元端”。

2. 阴阳模型二值原则演化

根、茎——纤维木质类柱状器官。根性趋下为阴，茎性趋上为阳。

叶、花——片状器官。叶为花之始，花为叶之变。

3. 三才模型三值原则演化

柱状——根、茎，同属阴阳偶对，生于“阴性”的土中。根往下扎，为“阴中之阴”，多有滋阴抑阳之功，如生地、山药；茎往上长，为“阴中之阳”，多有生荡疏泄理气之能，如桔梗、苏梗。根、茎，形态相似，多呈“柱状”。

面状——叶片、花瓣，呈片性面状结构。说明二者演化同源。

为上部演化器官，轻扬升达。叶子面状结构还利于光合作用。

球状——果，多呈球状结构。因为原始细胞多球状。当然环境因素可呈多种形态。但球状无疑是最常见的形态。如桃子、苹果、西瓜等等。

4. 五行模型五值原则演化

根、茎、叶、花、果。

果中含有种子，是又一个太极模型，可产生下一代。故五大器官的渐变，最终却让包含种子的“果”，处于万有时空位演化的中时空位 O。植物演化，从生殖角度考虑，确实围绕着“种子”展开。细胞、胚芽、种子，均是生命之“种子”、之太极。种子本一体，纵向演化却让器官在演迁中，将五行模型的五值演化律，吐出了“5”变：根、茎、叶、花、果。其中，果中又容纳“种子”，又是对母体种子模型的回归与重演。所以，生命是“种子演生种子”。

（三）每一器官纵向演化模型统一

植物纵向上的五行模型五值演化原则，却又在个体器官的纵向演化上，又重演出来了。如花的演化。

德国天才的诗人、剧作家与博物学家歌德（Goethe，1749～1832），认为花是有繁殖作用的**变态枝**。这一观点得到了化石记录以及很多系统发育与个体发育证据的支持，并且能较好地解释多数被子植物花的结构，因而延用至今。

关于花结构的本质，比较一致的观点倾向于将花看作一个节间缩短的变态短枝，花的各部分从形态、结构来看，具有叶的一般性质。说明花、叶同源演化。

而一个花胚，像一粒潜在于枝条上的“种子”，一不小心就按着五行模型，演出五大器官：

花萼、花冠、雄蕊、雌蕊、花轴。

此处的数学模型“5”，只是 $S=2m+1$ 中一个奇数解值。当 m 设为 2，则 $S=2\times2+1=5$。题解意义：有两对阴阳模型演化偶对，一个中时空位演化部分。

其实，植物演化的每一个相对独立的器官单元，都在纵向上潜在着同样呈奇数类演化公式 $S=2m+1$。如叶脉演化、花脉演化。我们已经推导出叶脉在纵向上的演化公式之一，也是 $S=2m+1$。说明叶、花在纵向上演化同式。

花的五个群落演化生物模型解析如下：

1. 太极模型元态原则演化

一朵花，从统一的太极模型之“花胚”苞演化而来。花胚我们叫花芽，因为在初期与叶芽高度相似。这也是叶、花同源的证据。花胚，是一群全能细胞，是它开启演化花朵的总司令部。花胚就是花的太极“元端”。

2. 阴阳模型二值原则演化

萼片、花瓣——均呈片状结构。萼是小花片，花瓣（冠）是大花片。

雄蕊、雌蕊——雄蕊在外围（阳）；雌蕊在内里（阴）；雄蕊柱头上的小孢子产生雄配子体（授精，为阳），雌蕊柱头上的大孢子产生雌配子体（受精，为阴）。

3. 三才模型三值原则演化

面状——萼片、花瓣，均是面状结构。

球状——雄蕊柱状上产生花粉粒的小孢子，雌蕊柱头上产生花粉粒的大孢子，均是呈球状的结构器官。

柱状——花胚，总是在中时空位，演化出一个有承载作用的“花轴”或“花柱”，让花的各部分附载。所以，花轴就是“柱状”。

面状、球状、柱状，是花器官在演化过程中，与三才模型三值原则演化出的三大器官形态特点。只是一个三才模型的展开。

4. 五行模型五值原则演化

花萼、花冠、雄蕊、雌蕊、花轴。

所以说，花作为一个独立的植物演化器官，在纵向上，器官潜演中表达出的数学模型，符合公式 $S = 2m + 1$。与叶脉演化律高度统一。

（四）器官的每一部分纵向演化模型统一

一片叶作为相对独立的器官，以三才模型的三值原则演化出3部分：

叶托、叶柄、叶片。

而叶片又作为相对独立的器官，以中脉为轴心纵向演化。我们已经在叶脉演化公式中，推导出它的纵向演化式为 $S = 2m + 1$。

这说明，叶脉总体部分的纵向演化，与每一部分的纵向演化，高度统一。

花与叶同源演化，所以花也同样如此演化。

本节结论

植物在演化的漫长岁月，积累了丰富的“变脸术”，正如孙悟空的“变身术”。正是这种形态的改变，让人类有了将植物分类的冲动。每一套脸谱，都对应着一个时空位，一个数学模型，对应着植物纵向演化数学模型统一性：

（1）植物纵向演化五大类界定：藻类植物、苔藓植物、蕨类植物、裸子植物、被子植物。

（2）种子植物器官纵向演化的五大类器官界定：根、茎、叶、花、果。

(3) **每一器官纵向演化的五过程界定**：如花器官的“花萼、花瓣、雄蕊、雌蕊、花轴”，均是同源花胚演生出的五部器官表达。

但所有器官迁演史的模型变化，却可以高度精简为统一的数学公式 $S=2m+1$。

二、植物横向演化数学模型统一论

模型中医学，重点锁定在“偶对器官”上的横向演化数学模型统一性研究。如选取“叶片、花叶”，“根、茎”横向年轮演化对比。最后得出结论：器官在横向演化上，与纵向演化是统一的、共式的，符合万有时空位奇数演化原则：$S=m+1$。以叶片，花瓣，根、茎的年轮为论据论证之。

（一）叶、花横向演化数学模型统一

叶（leaf）是维管植物营养器官之一，可进行光合作用合成有机物，并有蒸腾作用提供根系从外界吸收水和矿质营养的功能。

1. 叶片显微结构横向演化模型统一

叶片的形状，即叶形，类型极多。就一个叶片而言，上端称为叶端，基部称为叶基，周边称为叶缘；贯穿于叶片内部的维管束则为叶脉，这些部分亦有很多变化。可以说，自然界的叶片，千姿百态，美不胜收。(如图 1-8)

(1) 横向显微结构：

叶片作一横切片，可看出如下显然的三才模型的三值原则大化：

[1] 双表皮

表皮为叶片表面的一层初生保护组织，通常有上下表皮之分，上表皮位于腹面，下表皮位于背面。表皮细胞扁平，排列紧密，通常不含叶绿体，外表常有一层角质层。有些表皮细胞常分化形成气

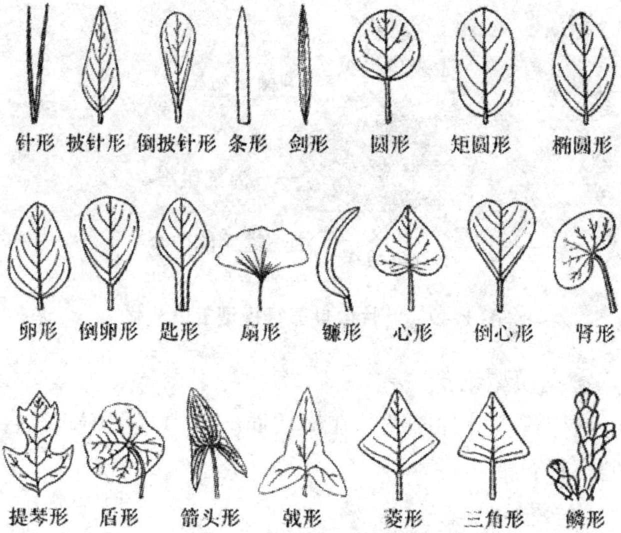

图1-8　叶形千姿百态

孔或向外突出形成毛茸。可见叶的每一微细部分，都是细胞“千锤百炼”的成果。

［2］中间叶肉层

上下表皮，夹着丰厚的“叶肉层”，很像“肉夹馍”。叶肉层为表皮内的同化薄壁组织，通常有下列两种。

①栅栏组织：因其形状像农村常见的“栅栏”木棍墙而得名。紧靠上表皮下方，细胞通常一至数层，长圆柱状，垂直于表皮细胞，并紧密排列呈栅栏状，内含较多的叶绿体。在两面叶或针形叶，栅栏组织亦分布于下表皮上方或整个表皮内侧四周，但亦有一些水生及阴生植物的叶是完全没有栅栏组织的。

②海绵组织：因其形状像海绵而得名。细胞形状多不规则，内含较少的叶绿体，位于栅栏组织下方，层面不清，排列疏松，状如海绵。

可以说，叶片**厚度**，就是一个展开的五行模型五值演化模板。

（如图 1－9）

图 1－9　叶片厚度五行模型五值演化

（2）统一模型论：

可以这样说，叶片厚度，在横切面的显微解剖中，符合统一的数学模型解释：

［1］太极模型解

太极模型一值原则演化：叶片是从统一的叶原基细胞群演化而来，可说演化同源。符合太极模型。

［2］阴阳模型解

阴阳模型二值原则演化：上表皮组织、下表皮组织；上栅栏组织、下栅栏组织。上与下，本质而言是统一的，均是相同的组织，只是时空位的分布有原则的区别：上为阳，下为阴。这种上、下的区别，也决定了它们的功能有些许区别。

［3］三才模型解

三才模型三值原则演化：上表皮层、中间叶肉层、下表皮层。对应着不同的组织与细胞结构。

［4］五行模型解

五行模型的五值原则演化：上表皮组织、上栅栏组织、海绵组织、下栅栏组织、下表皮组织。五部组织，符合万有时空位奇数演化原则。（如图 1－10）

而花与叶是同源演化，花是叶的变态。这决定了花片与叶片结构相同。

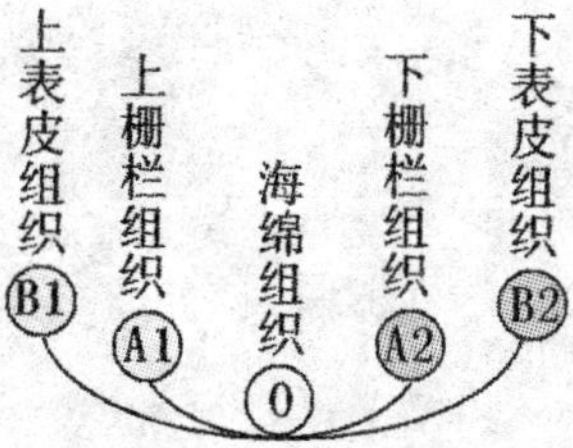

图1－10 叶片厚度万有时空位演化表达

“花瓣的结构与叶的结构大致相同，大多数情况下，花瓣上表皮由一层乳突状细胞排列而成，其下是由1～2层细胞构成的栅栏组织，海绵组织紧接其下方，海绵组织中有很多充满空气的细胞间隙，维管束也在其中通过，最下面是由单层细胞构成的下表皮。”[13]

2. 花脉、叶脉横向演化模型统一

花脉，叶脉，均是一枚花、一片叶作为相对独立器官演化中的一个更微细部分。在叶脉演化公式推导中，我们已经精确地推导出奇数演化公式 $S=2m+1$。

在叶脉纵向演化主线上，是以中叶脉为轴心，呈纵向演化。但在横向上，其侧叶脉（中脉两侧的叶脉），又以雷同的方式，在横向上如模炮制，演化出自己的更微细的子叶脉。每一侧叶脉，均成了自己为演化源的“中脉”，如此而已。

花由叶演化而来。叶、花，在植物演化史上是两类器官。“在植物学家的眼里，花是植物茎的变态，它只是一节缩短的枝条，在枝条上生长着变态的叶子。”[14]

这表现在三个方面：二者均呈面性演化；二者本质上均是“叶子”；叶脉与花脉在横向、纵向上演化数学模型高度统一。叶脉与花脉都以中脉为中轴向外对称演化。包括中脉在内的两级脉数所在的时空位奇数公式都符合：$S=2m+1$。（如图1－11）

图 1－11　叶脉横向、纵向演化数学模型统一

（二）根、茎横向演化数学模型统一

植物根、茎，在横向上演化高度统一。如年轮，是根、茎共同的演化时空位分布证据。在地球冷带、温带地区，树木一年生长有共同规律。"在春、夏雨水充足季节，木质细胞生长快、细胞体积大，木质演化表现出明亮的轮纹；反之，在秋冬季节雨水少，细胞生长慢、细胞小，木质演化表现出灰暗的轮纹。"[15]

这样，一年生年轮就表现出有规律的明、暗对应的年轮规律。每年如此，所以根、茎年轮表现出从内向外雷同的明暗区。年轮，只是生物周期性演化的一种时间记录法。还有月轮、日轮等多种周期演化律。如一年生植物，多呈月轮。

（如图 1－12）图左为甜菜根、右图为杨树茎，横截面均为以中轴为中心相同的时间周期律演化图。

其实，一个果实也符合相同的横向演化，如桃子，呈层状从内向外依次演化出五大时空位演化层：核仁层、核仁皮层、硬壳层、桃肉层、桃外皮层。

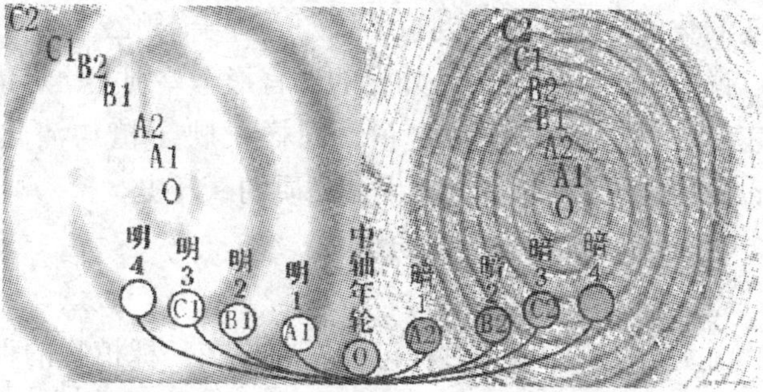

图 1－12　根、茎相同明、暗纹时空位演化

三、植物演化模型统一大论

本节主要从器官层面，研究植物器官演化的形态规律。器官演化，只是生命演化宏观层面上的“剧变”，比较容易看到。可说是宏观层上的“变脸”术。从原始单细胞生物，到高大的多细胞生物，器官一次次地以自己的特殊“面貌”让我们认识。只是每次变化，我们抽象出数学模型来与此对应，正如我们抽象出数字，将宇宙万物的变化度“量”出来。

（一）器官纵向、横向演化模型统一大论

将生物演化的时间量考虑进去，就会发现在历史的长河中，生物演化有一个方向问题，无论在纵向，或是横向。

1. 纵向统一大论

纵向是深厚的历史沉淀。它记载着植物演化最显著的器官跃迁史。植物也借此跃迁，将自己定格在不同的所属类型中。

（1）生物类型演化史的纵向统一：

藻类植物、苔藓植物、蕨类植物、裸子植物、被子植物。

这五大植物分类法的产生，标志着植物从幼稚低级的单细胞类的藻类植物，演化到根、茎、叶三大器官齐全。其生殖方式，也从

细胞裂变演化的原始，发展到苞子繁殖、种子繁殖。

所以说，五大类植物，从外在的器官形态差别上，定量将植物之差别表达出来。当然这种定量，同样反映了植物演化的“定性”。五大类植物，反映着五大生命品质的跃迁史。

（2）植物器官发生史的纵向统一：

根、茎、叶、花、果

植物五大分类的“5”过程记性，同样在一棵植物的种子发生史上，全然重演了一次。五大器官的差别是显然的。正如五大植物分类是显然的。虽然它们都经历了生物演化漫长岁月的“饱经苍桑”。

（3）每一器官演变的纵向统一：

如植物繁殖器官的“花”，一不小心，将同样植物演化纵向“五”步曲的天秘又很夸张表演了一遍：

花萼、花冠、雄蕊、雌蕊、花轴。

如像花，同源如一的“花胚”五分法产生了五个时空位，容纳这花的五部分演化。而每一部分，又可再以同样的奇数演化律而再演化。如在花的每一更细小的单元上，如花片，如同叶片一样，其花脉、叶脉纵向演化早已统一在公式 $S=2m+1$ 中。

2. 横向统一大论

从资料研究，我们找到了两对横向演化证据：根、茎；花片、叶片。从它们的演化“纹络”中，探求生物演化横向统一问题。

（1）根、茎横向演化统一：

根、茎，是一对阴阳偶对。同为柱状演化。但演化趋势有别。根有趋地性，向下扎根；茎有趋光性，向上升腾。但二者均具有明显的“年轮”痕迹。年轮是一种植物横向演化的阴阳模型证据，尤其有一个季节变化比较突出的地区，如地球温带、寒带，一年有雨季、旱季，一年“两季”的水分变化，决定了植物生长的“快慢”频率不同。水分充足，则细胞生长快，所以木质表现出“明亮”的阳势视觉效应；水分缺少，则细胞生长慢，所以木质表现出“灰暗”的阴势视觉效应。这正是植物演变在生物钟上的“阴阳”模型演化证据。

（2）叶、花的横向演化统一：

花、叶，均是茎演化的产物，而花是叶的变态。所以花、叶，是近亲关系。它的形态高度相似，多面性演化。叶脉、花脉奇数演化公式 $S=2m+1$。

3. 纵向、横向统一大论

上文已经论证了植物在纵向、横向上的演化公式相同，事实上已经证明了本论题。在叶的演化部分，我们已经论证了叶在“纵向（长）、横向（宽）、厚（高）”三维方向上的高度统一。说明植物在三维任何方向上，演化数学模型统一。似乎生物是由一个球心“元点”向四周等距离或等数学模型演化。如一个桃子，从桃仁“中心”向外任何三维方向上均演化出“五”层器官：

桃仁、桃仁软皮层、桃核壳层、桃肉层、桃皮层。

又可剖出两个三才模型：

桃核、桃肉、桃皮（大三才模型，桃子演化大势）

桃仁、桃仁皮、桃核壳（小三才模型，桃核演化大势）

桃核的三层演化，是对桃子作为一个水果三层“三才模型”演化的重复，是三才演化。正如人体三层三才模型演化的“骨骼、肌肉、皮肤”也；也如地球的三层演化“地核、地幔、地壳”也；还如鸡蛋的“蛋黄、蛋白、蛋壳”也。它所有的三才模型都只是万有奇数类演化公式 $S=2m+1$ 的一个小解值。

（二）器官各部“数”演化统一大论

植物世界，数类庞杂，能否抽出一个完美的主线，让万有时空位奇数演化律来统一在一起？

1. 叶片数量与叶脉演化数量的统一论

一个芽演化出的叶片数量，与叶脉演化数量，具有统一的数学模型公式表达吗？一簇花演化数量，与花的演化、花脉演化，数学模型统一吗？

这又是一个很有意义的研究问题。

我们先看一下，一串叶或一簇叶，与一片叶的叶脉演化的高度统一性。（如图 1 – 13）无论掌形叶（左），或是串形叶，都与叶脉演化具有完全统一的模型表达。二者均以顶叶为中时空位 O，以对侧偶对叶 A1A2、B1B2、C1C2、D1D2、E1E2、F1F2 等为对称分布的偶对时空位内演化的子叶。与我们曾经研究的一片叶子的叶脉演化，高度统一。公式表达为 $S = 2m + 1$。

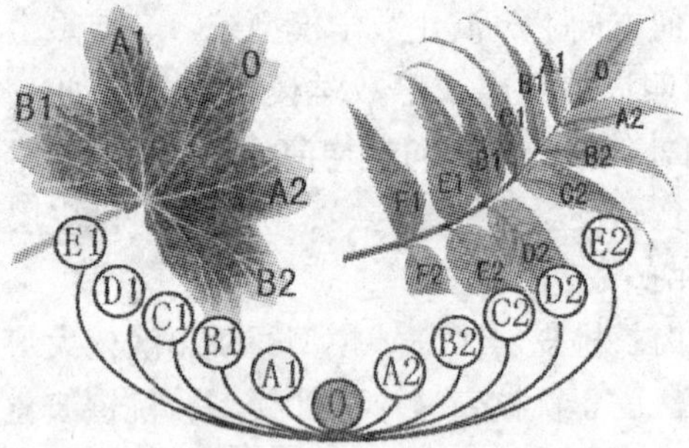

图 1 – 13　叶脉、叶片统一时空位演化分布

我们甚至可以用另一个观点看，这些小叶片，是由大叶片以叶脉公式 $S = 2m + 1$ 裂变出的子叶。掌形叶，只是小叶还连在一起，只是呈掌形。但到了串叶，小叶裂变成功，独立分家了，只是所有的小叶柄，均连在统一的中轴叶柄上。预示着它们曾是同源演化，由一片大叶子裂变而来。或者用回缩还原观，将所有小叶回缩，小叶柄都回归到中轴大叶柄上，所以它们是同源演化。

关于叶片的奇偶数问题，我们认为，由大叶片以中脉演化出的子叶片，时空位演化永远是奇数律，公式为 $S = 2m + 1$。1 为中轴时空位，容纳中脉演化出的一片子叶（顶叶），所以根据此式，子叶片数量是奇数。因为它有顶叶。如果顶叶退化，或由于种种原因，没有演化表达出来，所以，只有 2m 对时空位，对应呈偶数存在的 2m 对子叶。此时中时空位虚空或虚设，只有中轴叶脉演变成的“中轴叶柄”存在。所以，子叶数量是奇数或是偶数，一般与中脉演化出的顶叶（如图中的 O 叶）退化与否，有直接相关性。但由于进化的繁杂性，叶片可偶可奇，有时让人觉得没有规律可循。其实，模型论已经清楚地表达了这个观点：进化可以影响外在数量的规律循证，但却难以掩盖时空位奇数演化的共同本质表达。只是进化增加了寻找规律的难度。这正是模型中医学产生之艰难所在。

是否我们人类的五指（趾），也可用回缩还原的观点，认为是从统一的一个掌形器官，经过裂变形成了“五指”或“五趾”？

有意思！

2. 簇叶、叶芽演化数量的统一

簇叶现象，在松树中比较普通：许多叶簇拥在一起生长，成为一个叶“苞”。松树的一个叶苞有许多呈针状的子叶。一个叶苞，相当于一个“胚芽”或种子，而一个针叶，相当于芽苞（种子）生出的子叶。（如图 1－14）

图 1－14　松叶芽“苞”演化

研究认为，簇叶，只是众多叶子在一起集结演生结果。在三维立体上，呈簇拥状态，但在面性的投影上，可以呈一片叶子。叶子的面性，只是对三维立体性的一个面性表达。每条叶脉，相当于每个叶子。所以，我们已经证明了叶子叶脉的演化时空位公式是奇数演化。所以不难证明，一个松叶苞所含的子叶数时空位公式也是 $S=2m+1$。如果“1”个中时空位容纳一条中子叶，那么子叶演化是奇数演化。如果中时空位虚空，没有中叶（或顶叶）演化，那么子叶数就是偶数。

芽的演化相对比较简单。无论**对生**叶芽，或是**互生**叶芽，都是**阴阳**模型的二值演化，就像叶脉演化一样，有条不紊。如萹蓄，利尿植物，为互生叶芽，以共同的茎柄演化，有顶芽。（如图1－15）所以非常容易推导出叶芽的公式为：$S=2m+1$。

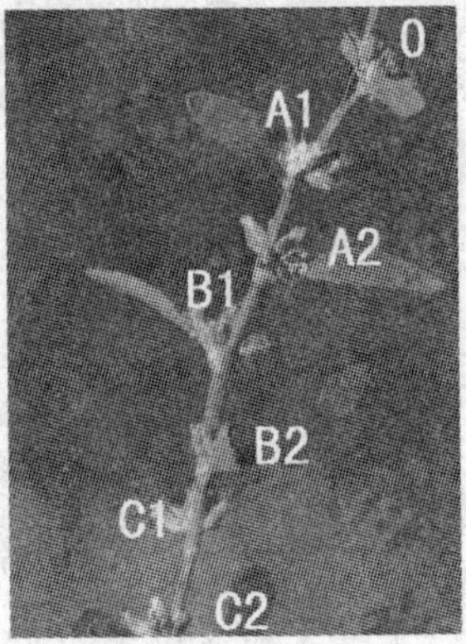

图1－15　萹蓄

3. 果实演化模型统一论

果实，只是植物演化一个包含所有生命要素的生命载体。它一定在任何领域，积极显示出“数”规律。

（1）以貌取“数”：

图1－16　瓜络10、花瓣5

最常见的南瓜，是五瓣花植物。（如图1－16）它的花、叶演

化公式肯定统一在 $S=2m+1$。谁知，它的大果实南瓜，外在瓜络，却也明目张胆地来个“10 条”，是五瓣花的二倍。由此可推测出它的基因演化有连锁现象，就是将花瓣“5”作为一个整体模板，二倍演化形成瓜体果实。所以，它的外在南瓜络是 10 条，外在果形也有 10 个轮墩突起。横切果实，如同我们横切苹果得出个“5 角星”，在基因连锁的南瓜腔，我们得出的却是“10 角星”。看来瓜体与花的演化基数成数倍关系。

（2）心中有“数”：

果实结的种子，有数学规律吗？

正如人体脊柱从统一的“脊索”演化出人类现在的五大类奇数骨：颈椎、胸椎、腰推、骶椎、尾椎。我们在同一枚豆豉荚里，剥出了多是奇数粒的豌豆粒。

解释如下：

一枚豌豆荚，作为一个统一的生命演化单元，它的任何豌豆粒，均从统“1”的元态成豌豆“受精卵”形成的统一“胚”演化而来。豌豆荚的蒂端为阴端，尖端为阳端。它的演化规律符合万有时空位演化原则：$S=2m+1$。(如图 1－17)

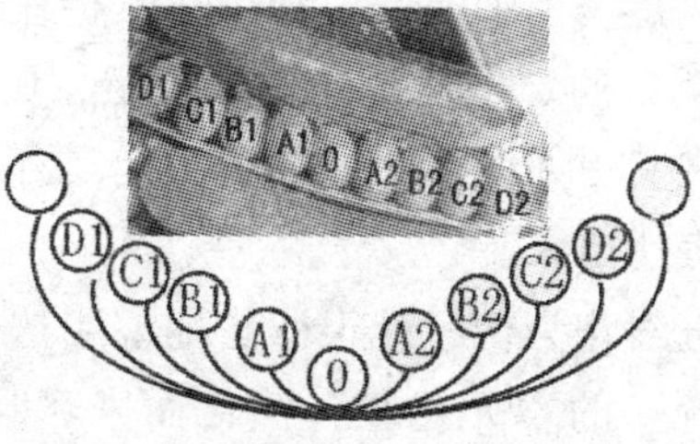

图 1－17　豌豆结子时空位分布

以中时空位 O 处的最大粒的豌豆为核心，向两侧阴阳两端对称演化，形成有规律的演化，越到外侧，豌豆粒越小。大小以中豌豆为标准，依次呈梯度向外递减演化。理论上推导，演化的豌豆粒永远是奇数。但由于进化的复杂性，有的豌豆可以不表达出来。所以，粒可多可少，奇数、偶数不等。但背后的万有时空位奇数演化，却是恒成立。

（三）奇、偶数统一大论

毕达哥拉斯学派认为："万物皆数也。"数是万物之"本"。任何物质演化有"数"，需要一定时间、空间。将演化的物质意义上的"奇数、偶数"统一在一起，是做不到的。因为奇数就是奇数，偶数就是偶数。但将万物演化背后，抽出必要的物理学稳定必需的要素来考虑，如都需要一个"中"时空位，无论中时空位有没有物质存在或填充，都是必要的。那么，万物演化确实能推导出一个万能意义上的"万有时空位公式"。这正是本书的主旋律：$S=2m+1$。

1. 奇、偶数统一的哲学基础

中国两大哲学流派"道生论""太极说"，给出了鲜明的证据：道生论强调"三生万物"的奇数演化律，让中时空位充实有"物"；太极说强调对立意义上的"一阴一阳之谓道"的偶数对等演化律，让中时空位虚空无"物"。但这两大学派却是统一的，无论中时空位是虚、是实，中时空位都是必然存在的，必然需要的。因为它是一个物质系的定位参量。正如设定"0"一样，否则正、负数无从表达出来。正如设定"中"位方向是存在的，否则东西、南北四方将无从表达出来。

以四瓣花与五瓣花为例，就很清楚地说明这个问题。五瓣花、四瓣花，均可由统一的"元花胚"演化而来。但四瓣花以阴阳模型二值演化，演化出与对立意义上的 A1、A2，B1、B2 四大时空位对应的偶数四瓣花，但让中时空位 O 虚空。（如图 1－18）

而五瓣花，却以三才模型的三值演化，演化出的与 A1、A2，O，B1、B2 五大时空位对应的奇数量五瓣花，却让中时空位 O 充实，有一瓣花在其中演化。

对此，我们提出了基因渐次打开说。基因渐次打开说认为花可

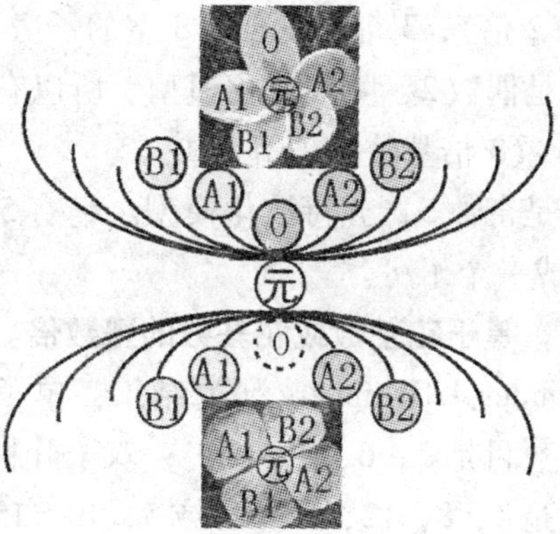

图 1-18　奇、偶数统一时空位分布

以从同源基因，以一定基数渐次演化，并逐渐打开相应的基数。当打开偶数时，就可以滞定在偶数项上，如 2，4，6…演化出偶数瓣花，中时空位 O 虚空。当打开奇数项，如 1，3，5，7…演化出奇数瓣花，中时空位 O 充实。

这里还有一个问题，奇、偶数花的相互演化问题：奇数瓣花变成偶数瓣花；或相反，偶数瓣花变成奇数瓣花。这是很可能的。当偶数瓣花其中有一个不表达，就会变成奇数瓣的花。同样，当奇数瓣花有一个不表达，就会变成偶数瓣花。自然花在许多特殊情况下有不表达的现象。如白菜花，花基数是 2，萼片为 4，每轮花瓣也是 4，两轮应该是 8 瓣，但由于其中两个花瓣已经高度退化，所以两轮花只剩下 6 瓣，每轮是 3 瓣，像是为“3”的奇数演化。

2. 花基数

什么是花基数？

花的各部分的固定数目叫花基数。它往往是一个整数，每个花数部分的数目是花基数的整数倍。

如大葱的花基数是 3，奇数项，三才演化模型。它像个固定模型块一样，呈连锁演化。所以大葱每轮花是 3 瓣，两轮是 6 瓣（2

倍），6 个雄蕊（2 倍），3 个心皮合成3 室的子房。

白菜花基数是偶数2，阴阳演化模型。所以有 4 个花瓣（2 倍基数），6 个雄蕊（3 倍基数），2 上心皮。

樱桃花基数是奇数5，五行演化模型。它有 5 个萼片，5 个雄蕊，5 个心皮连成一个子房。

花瓣的数目，等于花基数或花基数的整数倍。

美国学者 Stanley L. Weinberg 研究结果：单子叶植物的花以 3 为花基数，花瓣数目是 3，6，9，12…；双子叶植物以 4，或 5 为花基数，花瓣数是 4，8，12，16…；或 5，10，15，20…[16]

3、5 为奇数，4 为偶数。说明单子叶植物花基数是奇数，而双子叶花基数可以是奇数，可以是偶数。所以说双子叶植物比单子叶植物更进化，兼容性更强。

3. 果基数

模型中医学，已经将数基数推广到更广泛的领域，并提出果基数。

果的各部分的固定数目叫果基数。它与花基数是同一个基数。花及花演化出的果，均以此基数，或基数的整数倍演化。这个基数可以是偶数，也可以是奇数。植物花、果，或花、果的每一部分，如花萼、花瓣、雄蕊、雌蕊、果实外形、果实内形、种子的演化等等，均以此基数为整数倍。

如南瓜花开 5 瓣，花基数是奇数 5，南瓜外形是 10 条瓜络，内在横切面是 10 边形结构，种子容纳在这 10 边体内演化。黄瓜也是如此。还有苹果，花开 5 瓣，外在果形突出 5 个轮墩，横切苹果会发现一个大大的“5”角星蹲在里边。苹果种子，也严格控制在 5 边体里演化。

可见，果基数与花基数，是同一个基数，昭示着植物演化“心”中有数。

（三）器官演化方式大论

任何植物器官，以三才模型的三值演化原则，依次演化出三大类型：封闭式演化模型、半开放式演化模型、开放式演化模型。如同前边已经讨论的三种演化方向：一维线状演化（根、茎柱状或线状）、二维面性演化（如花片、叶片）、三维立体演化（如果实球状）。

1. 封闭式演化模型

正如吹气球，由大到小呈球状，呈渐次演化。多见于果实的演化，如桃子、杏子、梨、苹果等被子植物结的果实，多呈近球状由外向内演化出奇数类部分。（如图 1－19 杏子）由外向内以三才模型的三值原则，演化出三部分：

外果皮、中果皮、内果皮。

种子也不甘示弱，同样以三值原则由外向内演化出三部分：

胚层、种皮层、内果皮层（核硬壳）。

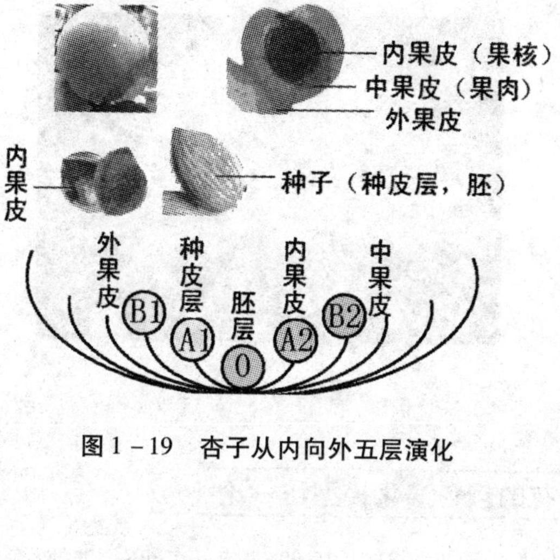

图 1－19　杏子从内向外五层演化

2. 半开放式演化模型

半开放式演化即器官的演化，一半是封闭，一半是开放。如喇叭花的演化。外侧开放式，内侧呈封闭的喇叭状。其花被也连成一体。花瓣是连体花。也许，植物的花瓣，都是从封闭到半封闭演化而来。现在我们看到的独立的花瓣，都是由连体花演化面来，由连体到裂体。正像由整体的大叶片，裂变成无数的小叶片。因为叶、花，本质上是一种东西，是同源茎的演化。（如图 1－20 喇叭花）

图 1－20　喇叭花

3. 开放式演化模型

所谓开放式的演化，就是器官向三维方向对等演化。（如图 1－21）菊花演化，几乎向任何方向，都菊花怒放。开放式演化，又可称为爆炸式演化，向外各个方向均等势演化。（如图 1－21）

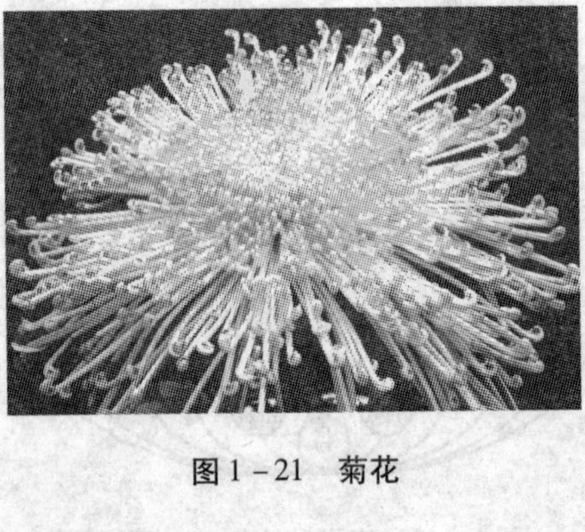

图 1－21　菊花

四、花的颜色演化模型统一论

宇宙最神奇的光，让牛顿的三棱镜折磨得原形毕露：红、橙、黄、绿、蓝、靛、紫。以绿光为中时空位，任何红、紫两端的偶对光谱“红紫，橙靛，黄蓝”，井然有序地统一在万有时空位公式 $S=2m+1$ 中。

植物世界里，美丽的花朵，也以她那俏丽的五彩缤纷，同样乖乖地定格在牛顿三棱镜打磨出的统一光谱中。说明，花色的演化与光谱的演化，数学模型高度统一：$S=2m+1$。

（一）化学家品花容花色

化学家早就发现了花色与“酸碱”度的关系。他们认为，花颜色的演化序列，就是花色素所在细胞液里酸碱度的变化序列。

“做了几次实验，把一朵映山红泡在肥皂水里，它很快就变成了蓝色；再把这朵变成蓝色的花取出，放进醋里泡，它又变成了红色。这是何故呢？原来在红色、蓝色、紫色的花中含的花青素遇到碱（肥皂水）后，就变蓝；遇到酸（醋）就变红。”[17]

花青素是花颜色的缔造者。不论是花还是叶，它们的细胞液里都含有由葡萄糖演变成的花青素。当它是酸性的时候，呈现红色，酸性愈强，颜色愈红。当它是碱性的时候，呈现蓝色，碱性较强，成为蓝黑色，如墨菊、黑牡丹等。而当它是中性的时候，则是紫色。

所以，三才模型三值原则演化，酸碱度有三元演化：

酸性、中性、碱性。

与此对应的花颜色品种三类：

红、紫、蓝（黑）

（二）色素组成与花色

“哈布伦（Harborne）调查了代表花色的色素组成，结果见下表 1－1。

表 1－1　花色及色素组成（Harborne，1965）

花色	色素组成	植物
奶油色及象牙色	黄酮　黄酮醇	金鱼草　大丽花
黄色	(a)纯类胡萝卜素 (b)纯黄酮醇 (c)橙酮 (d)类胡萝卜素和酮醇或查耳酮	黄色蔷薇 樱草类 金鱼草 牛角花，荆豆
橙色	(a)纯类胡萝卜素 (b)天竺葵色素＋橙酮	百合 金鱼草
绯红色	(a)纯天竺葵色素 (b)花青素＋类胡萝卜素 (c)花青素＋类黄酮	天竺葵，一串红葵 郁金香 Chasmanthe，Lapeyrousa
褐色	花青素＋类胡萝卜素	桂竹香，蔷薇，西洋樱草
品红或深红色	纯花青素	山茶，秋海棠
粉红色	纯甲基花青素	牡丹蔷薇
淡紫色或紫色	纯花翠素	南美马鞭草，大母鸯茉莉
蓝色	(a)花青素＋辅色素 (b)花青素的金属配合物 (c)花翠素＋辅色素 (d)花翠素的金属配合物 (e)高 pH 型的花翠素	藿香叶绿绒篙 矢车菊 蓝茉莉 飞燕草，多叶羽扇豆 藏报春
黑色	高含量的花翠素	郁金香，三色堇

从表中可以看出，具有奶油色、象牙色、白色的花，大都含有无色或淡黄色的黄酮或黄酮醇。我们通常说的白色花实际上是奶油色或象牙色的花，指的是非常淡的黄色花，而不含色素的纯白色的花则非常稀少。

黄色花的色素组成有三种情况：

有些只含有类胡萝卜素；

有些只含有类黄酮；

还有些是类胡萝卜素和类黄酮共存。

橙色、绯红色和褐色花的色素组成较复杂，有些是单由类胡萝卜素组成；有些是单由花色素形成；有些是由花色素苷和橙酮及其他黄色的类黄酮共同形成，还有些是由花色素苷和类胡萝卜素共同形成等等。深红色、粉红色、紫色、蓝色、黑色等花色基本上都产生于花色素苷。”[18]

（三）花色在物理学家的慧眼里

物理学家总是与众不同着。太阳光经过三棱镜或水滴的折射，会分成红、橙、黄、绿、蓝、靛、紫七种颜色。物理学家认为，光在不同酸碱度的花色素中的折射率及温度，决定了花的颜色。

1. 花色与光折射率

七色光的光波长短及折射率不同，决定了光的品质。

紫光波短。酸性的花青素会让紫光波通过，却将红色的长光波反射出来，送到我们的眼帘，所以让我们感觉花的“红”色。同样，中性的花青素反射紫色的光波，碱性的花青素反射蓝色的光波，胡萝卜素有不同的成分，便分别反射黄色光波或橙色光波。

白花不含色素，但组织里面含有空气，会把光波全部反射出来，所以我们看到的是“全”光，所以花是白的。

2. 花色与光容热量

花儿的颜色还有它生理上的需要。光波长短不同，所含热量也不同：红、橙、黄光波长较长，含热量较多，是温色调；蓝、紫光波较短，含热量较少，是冷色调。

花的组织，尤其是花瓣，在野生状态，红、橙、黄花等温色调的阳性植物，都喜欢生长在阳光强烈的明亮地方，反射了含热量多的长光波，所以“散热冷却”才不致引起灼伤，有自我保护的作用。蓝、黄、紫花等冷色调的阴性植物，都喜欢生长在树下、草丛间等阴暗地方，反射短光波，吸收微弱的含热量多的长光波，对它的生理起到“吸热保温”作用。

白花也多是阴性植物，有些夜间开放，反射了全部的光波，是另一种适应措施。自然界少有黑色的花，只有少数的花偶然有黑色的斑点，因为黑色吸收全部的光波，热量过多，容易受到伤害。

美国学者曾对 2 680 种花的颜色作了统计，发现白、黄、红、绿是花色最多见的品种[19]：

白色花 1 193 种

黄色花 951 种

红色花 307 种

绿色花 153 种

橙色花 50 种

茶色花 18 种

黑色花 8 种

（四）达尔主义的进化观

从达尔文的进化论来考察，花色是一个漫长的演化过程。种子模型是显花植物，而裸子植物的花是最原始形态的花，都带绿色，花药和花粉则呈黄色。

在光谱里面，与绿色邻接的，长波一端是黄、橙和红，短波一端是蓝、靛和紫。可以认为，花色以绿色为起点，向长波一端发展，由黄而橙，最后出现红色；向短波一端发展，是蓝色和紫色。红色应被认为是最晚出现的花色，在进化过程中居于顶峰，最鲜艳，最耀眼。

从达尔文的自然选择学说来看，昆虫起到了重要的作用。亿万年前，裸子植物在地球上出现的时候，昆虫还不多。花色素淡，传粉授精，依靠风力，全部是风媒花。后来出现了被子植物，昆虫也繁生起来。被子植物的花有了花被，更分化为萼和花冠。花瓣不再是绿色，而是比较显眼的黄色、白色或其他颜色。形状也大了，有的生有蜜腺，分泌蜜汁，有的散发芳香，这就成为虫媒花。"蜂争粉蕊蝶分香"，昆虫有为花完成传粉授精的作用。

昆虫采蜜传粉，有一特殊的习性，就是经常只采访同一种植物的花朵。这个习性有利于保证同一种植物间的异花传粉，繁殖后代。这样可以固定种的特征，包括花的颜色。我们可以设想，假如当初有一种植物，花色微红，由于其中红色比较显著的花朵，容易受到昆虫的注意，获得传粉的机会较多，经过无数代的选择，在悠长的岁月中，昆虫就给这种植物创造出纯一、显著、鲜艳的红色花朵。昆虫参与自然选择的作用，造成各种不同的植物，也造成各种不同的花色。

花儿为什么这样红？最后还要归功于人工选择。自然选择进程缓慢，需要经过很长的时间才能显示它的作用。人工选择大大加快了它的进程，能够在较短的时间内取得显著成果。例如牡丹，由自然选择了亿万年造成的野生原种，花是单瓣的，花色也只有粉红的一种。经过人工栽培，仅就北宋中叶（公元11世纪）那一个时期来说吧，几十年工夫，就创造出多叶、千叶（重瓣）、楼子（花心突起）、并蒂等深红、肉红、紫色、墨紫、黄色、白色等几十个品种。再如大丽花，原产墨西哥，只有八个红色花瓣。自从美洲被发现以后，才开始人工栽培，现在已有上千种形状、颜色不同的品种。又如虞美人，经过培养，已有红、黄、橙、白等多种颜色，却从来没有出现过蓝色。20世纪末，美国著名园艺育种家蒲班克，发现一株花瓣上好似有一层烟雾的虞美人，特意培养，到21世纪初，便育成了各种深浅不同的蓝色虞美人，为花卉园艺增添了新的品种。

（五）模型中医学的察花观色

模型中医学认为，自然宇宙万物具有统一的时空位奇数演化原则。花色，作为一种自然生物演化的“现象”，必然统一在这一相同原则解释中。花色演化与多种原因有关。但由于自然光谱准确有序地以“绿光”为中时空位向两极端呈对待演化出七色光谱：

红、橙、黄、绿、蓝、靛、紫

所以，花色的演化，必然与此对应有序。由于自然以“绿光”为核心，所以才演化出了以叶绿素为统治地球生物的“主色调”。

而花是叶的变态，或者说花是由叶演化而来，所以，花的颜色也像植物叶一样以绿色为主，呈对立向两个极端演化。以模型中医学演化解释如下：

1. 太极模型一值演化

以太极模型的一值原则演化，花色起源于统一的“绿色”主色调。绿色占万有时空位的 O 时空位。

2. 阴阳模型二值演化

原始主色花的绿色，以阴阳模型二值原则，向着两个大方向演化：

温色调花——黄、橙、红（红加深为黑）

冷色调花——蓝、靛、紫（紫加深为黑）

并以有序的偶对颜色，作为花色演化的阴阳模型对立表达现象：

黄、蓝

橙、靛

红、紫

3. 三才模型三值演化

所谓花的三才模型三值演化即原始绿色花，以三才的三值原则，演化出“一源三歧”的三元之色：

三元主色：

冷色调花（趋紫）

中色调花（绿）

温色调花（趋红）

同属三元色：

红、橙、黄——同属性温色调

蓝、靛、紫——同属性冷色调

异属三元色：

蓝、绿、黄（蓝与黄对立）

靛、绿、橙（靛与橙对立）

紫、绿、红（紫与红对立）

4. 奇数演化

花的奇数演化即花以绿色光为元色，以万有时空位奇数演化原则 S = 2m + 1 而演化。其中"1"，就是处于中时空位 O 的一元之"绿色"。以偶对 2m 向阴阳冷、温两个色调演化。而七色花，只是七个比较明显有别的七大时空位，分别与红、橙、黄、绿、蓝、靛、紫七色花对应。

由于每一时空位同样以相同的奇数演化律再演化，所以，自然界由绿色为母基演化出的花颜色，远远大于七色，可以是万紫千红。**黑色花**，是红、紫花颜色加深的结果。**白色花**，是任何花色素变淡或非常之少的结果。所以，任何花均有颜色，只是程度有别。

花色奇数演化律，可以用图 1 - 22 有序表达：

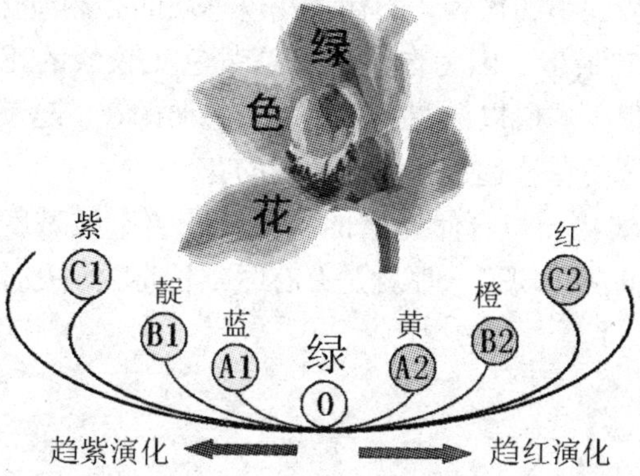

图 1 - 22　花色以"绿"为元色的两极演化

结 论

1. 花色从绿色演化而来。

2. 以绿色为元色，以二值原则向两个极端演化：温色调花色演化——绿、黄、橙、红；冷色调花色演化——绿、蓝、靛、紫。黑色花，是红、紫花颜色加深演化的结果。白色花，是任何花色素变淡或非常之少的演化的结果。

3. 自然花以奇数类花色为演化的主流，公式表达为 $S=2m+1$。并以绿色花为最多类，依次向温、冷两个极端色调呈梯度递减演化。理论上推导，两极端上的红、紫花最少。但由于昆虫比较喜爱红色花，促使了红色花得到传粉的机会远比紫色花多，红花比紫花更具有进化优势，故而红花比紫花多。显花植物数量的多少，只代表演化优势大小的比较，不代表花色本质的必然演化规律。

4. 白色花最多。因为白色，只是黄色比较淡的花。真正的无色的白色花很少。所以白花仍然是趋温色调的花。这就决定了，自然界中温色调的花，远远多于冷色调的花。

5. 花色演化，与自然光谱的演化、花色素酸碱度的演化，具有完全统一的演化规律。那就是万有时空位奇数演化原则所提供的公式 $S=2m+1$。

第二章 骨骼演化数学模型统一论

从第一眼看到龙鸟骨骼化石（如图2-1），我就对骨骼在考古学中的“举足轻重”产生了兴趣：

图2-1 中华龙鸟

骨骼识数吗？

人体骨骼演化规律是什么？

用数学如何表达？

每一块骨，每一个相对独立的骨骼演化群落背后，如四肢骨、脊椎骨、掌骨、指骨、牙骨、头骨，却拥有统一的数学演化公式。

当我发现人类的五指，与牙齿的演化群落，却用了同一个五行模型的五值演化数码时，我感到非常兴奋。当我发现鸟的四趾、马一趾、人五指，背后却可统一在同一个万有时空位演化简式：$S=2m+1$，简直惊讶得不知所措！

毫不夸张地说，在所有生命器官中，骨头最硬，演化最有数。因为每节骨的历历在目，让你不得不佩服，骨头是识数的。

但如何找到研究突破口，确实让我玩尽了聪明。从实事求是的小学生数骨头，到对研究方法的怀疑，倒来倒去，将我折磨得没了脾气。最后终于找到了可爱的“形而上学”——抛开具体事实，研究骨骼背后统一的“时空位”变化规律。从中国古典哲学中，研究每一个相对独立的骨骼或骨骼群落背后统一的哲学思维模型，然后再升华到数学模型。

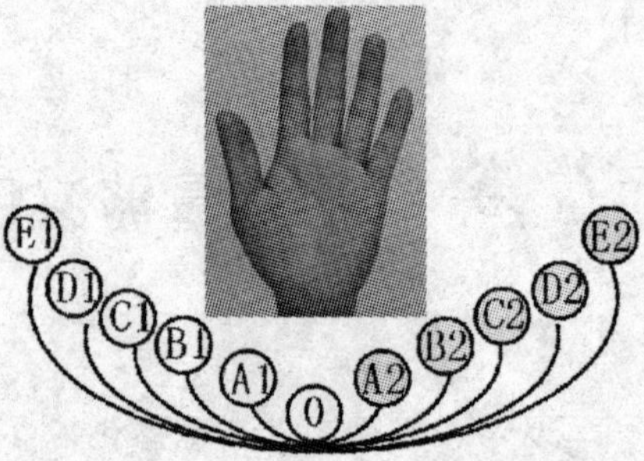

图 2－2　万有时空位演化原则

这正是本书的主旋律——万有时空位奇数演化原则。（如图 2－2）公式表达 $S=2m+1$。

在《脏腑是怎样炼成的——脏腑演化律》一书中，我们已经找到了脏腑结构性命名原则：实者为其脏，空者为其腑；并根据严格的五行模型，推导出人体演化出五类脏腑：脏、腑、奇恒之脏、奇恒之腑、奇恒脏腑；并最终考定，骨为奇恒脏腑。简述如下：

一、给骨骼合法的身份证

1. 脏

脏，是组织特化产生的实体器官。最大特点是器官内在充实、不空。根据生命演化的先后顺序，哺育类动物，在胸腹腔内一共演化出五大类实质的器官，即狭义性五脏：胰、肾、肝、脾、肺。

2. 腑

腑，是组织特化产生的空腔类器官。最大特点是器官内在空虚、不实。空虚性，是它的定义依据。如内源性演化的五大类空腔器官，即狭义性五腑：肠、膀胱、胆、胃、心。

3. 奇恒之脏

符合脏的定义：内实者为其脏，又不在常规的狭义五脏范畴内。凡是体内演化出的除五脏之外的一切符合脏定义的器官，均应该叫奇恒之脏，如脑、髓、睾丸、卵巢，及五官中的眼睛、舌等等。有奇恒之腑，必有奇恒之脏与之相对应，这是由“一阴一阳之谓道”的逻辑惯性使然。中医历来重视奇恒之腑，忽视了奇恒之脏的存在。

4. 奇恒之腑

符合腑的定义：内空者为其腑，又不在常规的狭义性五腑范畴内。凡是体内演化出的除五腑之外的一切符合腑定义的器官，均应该叫奇恒之腑。这样看来，传统中医的奇恒之腑“脑、髓、骨、脉、胆、女子胞”，应该修正一下：大脑充实，髓质不虚，所以二者应该叫“奇恒之脏”。脉、女子胞、精囊，及五官中的耳、鼻、口腔等等，因其内空，均可叫奇恒之腑。

5. 奇恒脏－腑

器官有复合性的结构特点，有脏的成分，也有腑的成分。如头，作为人体最大的器官，既有头壳之空，所以似腑；又有脑体结构之实，所以似脏。头作为相对独立又宏观可见的器官，是由头骨、脑两部分组成：内脏、外腑。头，是脏腑合二为一的完美结合器官，又不在五脏、五腑之列，故称为“奇恒脏－腑”。

而骨呢？

如果内部演化出的髓汁充满骨腔，也应该属于奇恒脏－腑。因骨腔内空，所以称为腑；髓质内实，所以又叫脏。而骨的命名与头的命名相同，说明头作为骨类的演化，在历史上二者演化同理。或者说，头就是一个骨类奇恒脏－腑演化单元，是骨骼演化的一个特例。头是一节颈椎膨大形成的一个相对独立的器官，是一个奇恒脏－腑。

脏实腑空，是界定脏腑的一条主线，对生殖器官的脏腑界定大有帮助。女性子宫、男性精囊，都因为内化为空所以属于奇恒之腑；女性卵巢、男性睾丸，都因为内化为实所以属于奇恒之脏。回归脏腑结构性命名原则，是脏腑研究的一个突破。

骨，是生命为更好地适应万有引力而演化出的一类昂贵的器官。中医称为奇恒之府。此处的“府”显然具有“藏、府”双重之意，指代具有储藏功能的结构单元。现代中医学称为“奇恒之腑”，实为不妥。笔者认为，骨腔中空似腑，内化精髓似脏，故应该叫奇恒脏－腑。

生命演化出节肢动物时，就演化出很像样子的骨骼。如螃蟹、蚂蚱身体外面的硬壳，就是演化出的外骨骼。无脊椎动物没有内骨骼，柔软身体外的硬壳、甲或磷片，是演化出的外骨骼。昆虫类的外骨骼分布在外边，意义重大，它成为昆虫“南征北战”的“盔甲”。只是到了鱼类动物，才演化出像模像样的内骨。一挂脊椎骨的诞生，使鱼儿脱离了虫类的低级趣味，阔步迈进了“新时代”。

二、骨骼是怎样炼成的

对于人类，骨、肾、生殖腺，均是由三胚层的中胚层演生而来。所以中医有“肾主骨生髓、主生殖”的观点，是有发生学依据的。“骨来源于胚胎时期的间充质，骨祖细胞在一定的条件下分化为成骨细胞，形成骨组织。骨的发生有两种形式：①膜内成骨：由结缔组织膜直接骨化；②软骨内成骨：由间充质先形成软骨雏形，然后软骨被逐渐替换成骨。虽然方式不同，但骨组织发生的过程基本相似，都包括了骨组织形成与骨组织吸收两个方面。”[20]

（一）骨组织发生的基本过程

骨组织形成过程很有趣：源于胚胎间充质的骨祖细胞，是演化骨的同源之“太极”。它首先增殖分化出成骨细胞，再由成骨细胞分泌出类骨质将其包埋，包埋后的成骨细胞就转变成了骨细胞，然后类骨质钙化为骨质，与骨细胞合营形成骨组织。

骨组织形成的同时，另一个相反的阴谋在策划运行中：原有骨组织的某些部位，又奇怪地被吸收、侵蚀溶解掉，而这一幕的导演者恰恰是由“破骨细胞”来完成的。

生命真是幽默，在骨的演化中实在是滑稽，源于骨祖细胞的“太极”一气，按三才模型“一源三歧”而演化出三大类细胞：骨祖细胞、成骨细胞、破骨细胞。骨的演化，都是这三元细胞导演的形形色色。其中，骨祖细胞按“一阴一阳之谓道”而演化出两大类具有相反脾气的细胞：成骨细胞、破骨细胞。然后是二者相协调，共同完成骨组织的形成和吸收，从而保证了骨的生长发育与个体的生长发育相适应。

（二）骨发生的方式

简单而论，骨发生方式有两种：膜内成骨、软骨内成骨。

所谓膜内成骨，“是指先由间充质分化成原始的结缔组织膜，然后在膜内直接成骨。人体的额骨、顶骨、枕骨、颞骨、锁骨等扁骨和不规则骨以此种方式发生。成骨的基本过程是：在将要成骨的部位，间充质首先分化为原始结缔组织膜，然后间充质细胞分化为骨祖细胞，后者进一步分化为成骨细胞，成骨细胞在此生成片状骨组织，即骨小梁。首先形成骨组织的部位为骨化中心，随着骨化的不断进行，骨小梁由中央向周围不断扩展，骨化中心的范围逐渐扩大成为松质骨；成骨区周围的结缔组织相应地转变为骨膜，以后骨膜内侧的成骨细胞在松质骨表面形成骨组织，为密质骨。”[20]

所谓软骨内化骨，基本过程是，“首先在将要成骨部位形成软骨雏形，然后软骨逐渐被替换为骨。人体的大多数骨，如四肢骨、躯干骨和部分颅底骨等，都以此种方式发生。”[20]

（三）骨组织、骨和骨骼的区别

骨组织，即骨质，由骨密质和骨松质组成。它是支持和保护作用的结缔组织。由骨细胞和细胞间质构成。其特点是间质中有大量骨盐，因此，它是一种极坚硬的结缔组织。其中基质呈固体状态，由无机质和有机质两种成分构成。骨组织排列致密，叫骨密质；排列疏松叫骨松质。通常所说的硬骨头，是因为骨组织中，含有金属类的矿物质。是金属元素，支起了骨的钢筋铁骨性格。

骨，即骨头，在人类和脊椎动物体内广泛存在。由骨膜、骨质和骨髓等不同部分组成的结缔组织。每一块骨，都是同源成骨物质形成的一个器官。正像细胞一个个地化演，每块骨也是各自独立形成。骨膜，由致密结缔组织构成，合有丰富的血管和神经。骨质由骨组织构成，骨髓由网状结缔组织构成。骨的三个组成部分，分别由形态、功能各异的细胞和细胞间质构成。

骨骼，即各个骨头连接构成的形体支架，位于体内，所以称内骨骼。棱角分明的骨骼，给动物以一定的形态，保护内部器官，使肌肉附着，并承担起肌肉运动的杠杆作用。

骨，生命演化最坚硬部分。它使生命向更高的目标演化，提供了可能。

三、在骨骼群落里提取公因式

用中医思维读出骨骼演化律，关键找到研究的切入点问题。而且这种研究的形为，要被现代科学认可，又要符合中医的思维惯性；而且还应该具有相当的预见性。通过详细研究，笔者提出了如下研究要素项：

1. 骨骼、骨骼群落

中医有同源演化的思想模型，如道、一、易、太极、元气。最典型的莫过于《庄子·知北游》“通天下一气耳”的宇宙同源演化观。笔者有时在想，我们的古人既然储备了这么优秀的哲学思想，为什么提出宇宙大爆炸理论的是美国的伽莫夫，而不是中国人？

道、一，是有原则区别的。道是“有物混成，先天而生”，是演化“一”态真元的最原始物质，所以才有“道生一”；易、太极，又是同样有区别的对偶语汇。“易有太极，始生两仪”。所以笔者经过细细品味，提出了“道、易对等性，一、太极对等性”的观点。它们都是对同源演化不同的描述语汇。如果用种子或胚芽来比喻，道、易，就是处于对古人来说混然未知晓的那团始基之物“种子或胚芽”，而一、太极，则是种子或胚芽潜在着演出生命的统一之“胚”，准确地说是胚里边的DNA链。

种子里有大量物质，如糖、蛋白质、脂类、染色体、DNA、RNA等，所以它混然天成，符合道的“有物混成”定义。但种子或胚芽，只有胚里的蛋白质、DNA、RNA、染色体，尤其是DNA起到了演化生命的核心作用，是统一生命的“一”或“太极”。其他成分只是演化生命的必要条件。

对于骨骼演化，就要找到与此相对应的研究同类项。每一块骨或骨骼演化群落，都推测是从同源骨演化而来。如四肢骨、头骨等等。以上肢骨为例，它是由相同的骨祖细胞群的“太极”统一精气演化而来。在青蛙中，从蝌蚪的无四肢，慢慢吐出一个个小的肢芽，再慢慢抽出四肢骨节。这团幼稚的肢芽，就是一团混沌而在的“道或易”，其核心演出骨的统一的骨祖细胞，就是“一”或“太极”。骨骼，是以细胞为演化单元，以气为演化原料与动力。

所以，同源骨就是每一块子骨或每一个骨骼群落。它们应该遵从相同的骨序演化规律而化演。

2. 骨骼演化方式问题

生命演化方向，在现代科学定位有三方面：一维线性、二维面性、三维立体性。其实生命演化方向是多元的混合体。真正的线性或面性是不存在的，只能是抽象意义上的存在。所以，从绝对意义上讲，骨骼演化都是三维立体性的。但为了研究问题的方便，只能承认线性、面性演化存在的必要。

如四肢骨、椎骨、每一长骨的一维近线性演化，头顶骨近二维面性演化等等。

3. 演化的数学语言表达

骨是人体演化最适宜用数学表达的器官。每一块骨，每一骨骼演化群落的过渡间隙的一目了然，说明骨骼演化是识数的。从某种意义上讲，数学表达规律，就是骨骼演化规律。这是最重要的研究切入点。

而中医的太极、阴阳、三才、五行，都显然透露出数学的意义。《素问·上古天真论》有“法于阴阳，和于术数”，实际已经注意到了数的产生对生命演化的作用。只是对这些数的统一研究，仍然处于很模糊的境地。

太极、三才、五行，可提炼出具有模糊数学意义上的“1、3、5”三大奇数，是生命演化最精炼的数学语言表达，透视着深邃的生命演化秘密。

四、骨骼演化进行时

在“论生命‘一源N歧’的素数演化观”一文中，得出1、3、5三大奇数，只是生命众多演化基数选项中的很普通的三元，但却成为宇宙生命演化最常见的基本数字。

“一源N歧”奇数规律，潜含着无穷的演化模型。公式表达为：$S=2m+1$，说明任何同源生命演化物质，都以太极之“1”为核心，以“一阴一阳之谓道”的阴阳思想模型，作为相对待演化。之所以称阴阳为“相对待”，是因为阴阳与对立意义上的“矛盾”是不同的。它并不仅指绝对意义上的“对立”，而且还指有对比意义上的“对比”或“对待”。如左与右，男与女，只要有属性差别的，在一定范畴内可比较，都是阴阳对待的表现，并不一定是你死我活的“水火不相容”。

阴阳相对待，在三才、五行中，都能轻易读出来。三才是“天才、人才、地才”，其中天才、地才，构成阴阳相对待含义，从有差别属性上讲，阴阳相对待可叫“阴阳偶对”。而“人才”可称为“中才”，是演化之中源或核心。如双子叶植物，太极种子演化出“一对双子叶、中轴胚芽”，胚芽就是“中才”，一对双子叶就是“阴阳偶对”。再如人体骨骼演化，中轴脊椎就是“中才”，左、右上下肢骨，就是阴阳偶对。五行是“金、木、水、火、土”五类属性，因金克木，水克火，所以，金与木，水与火，各自成阴阳偶对。“土生万物”，所以，五行之“土”正如三才之“中才”，是五行之“中行”，它是演化之中心或核心。如五指（趾）之中指（趾），五脏之脾。

生命从始于混沌意义上的“道”或“易”，统一于“一”态或“太极”之精气，以“阴阳偶对”为演化模板，以三才为之小化，以五行为之大化。三才、五行，一体两制，但却很好地反映了生命演化所处的能级或序次差别。从人体骨骼演化产生的段数或痕迹中，能清晰地读出“道”“太极”“阴阳”“三才”“五行”，并顺次读出这些哲学模型背后雷同的骨骼演化律。举例如下：

1. 上肢骨辐射演化

上肢骨，从混然未分的一个小肢芽，渐渐演化出了一挂美丽的上肢骨骼数列。

（1）“道”模型表达：上肢演于一个小肢芽，相当于古人“有物混成”的“道”。

（2）“太极”模型表达：上肢统一于具有生命意义上的小肢芽里的同一团骨祖细胞，它们是上肢骨演化统一之“太极”、之“一”元精气。它潜于“道”中。

（3）“阴阳”模型表达：太极成骨精气演生的骨骼数量，以阴阳偶对表达其相对待。这种阴阳偶对在上肢骨表现为两个方面：

阳位骨与阴位骨

奇数骨与偶数骨

如 1 块肱骨，2 块尺、桡骨，则肱骨为阳位骨（或上位骨），尺、桡骨为阴位骨（或下位骨）。1 为奇数骨，2 为偶数骨。其余类推。

(4)“三才”模型表达：上肢骨祖细胞团，从上位到下位依次按三才“一源三歧”而初化，产生三大骨骼群落：

臂骨、腕骨、掌骨

对应着数学语言：1、2、3

(5)“五行”模型表达：在三才基础上再接再厉，上肢骨祖细胞团，继续以五行的“一源五歧”而大化，产生呈线性增长的五大类骨骼。上肢与下肢有完全相同的演化骨骼序列，以上肢骨为例（结合万有时空位演化原则图）。

肱骨（B2）1 块

尺骨、桡骨（B1）2 块

上腕骨（A2）3 块：舟骨、月骨、三角骨（再演化出 1 块子骨：豌豆骨）。

下腕骨（B1）4 块：大多角骨、小多角骨、头状骨、钩骨。

掌骨（O）5 块：第一掌骨、第二掌骨、第三掌骨、第四掌骨、第五掌骨。

一串自然数：1、2、3、4、5，分别对着万有时空位的 B2B1、A2A1、O。而手掌又作为一个相对独立的演化单元，骨骼演化又重复同样的五行模型的五值演化原则，并与五大时空位相配合：拇指（B1）、食指（A1）、中指（O）、无名指（A2）、小指（B2）。在图 2-3 中，早已完全表达出来。说明，上肢在纵向上，与掌骨在横向上，演化数学模型高度统一。

下肢骨亦然。

奇数成阳，偶数为阴。在上肢骨序数演化中，阴阳属性差异的表达有二：一是序位定阴阳，如上位为阳，下位为阴。如 1 块肱骨在上位，所以为阳位之骨，2 块尺、桡骨在下位，所以为阴位之骨；二是奇偶性定阴阳，1、3、5 为奇数，所以代表阳位之骨，如 1 块肱骨、3 块上腕骨、5 根指骨，均为奇数，属阳位之骨。2、4

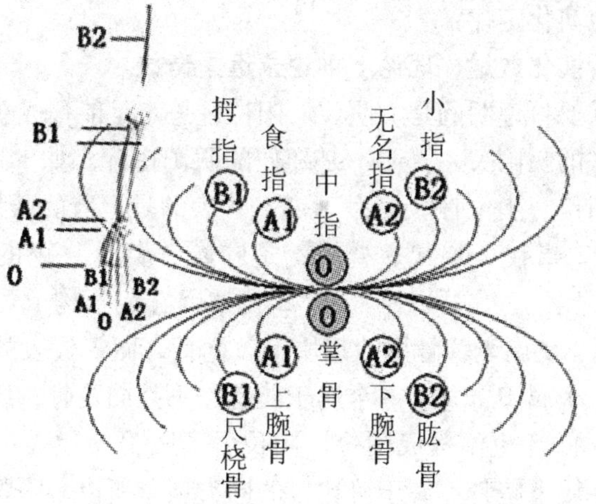

图2－3　五指骨及上肢骨统一的时空位演化分布

为偶数，所以代表阴位之骨，如2块尺、桡骨，4块下腕骨。在此，阴阳之异，从序位的上下、奇数偶数的阴阳偶对上，表达出来。

《灵枢·根结》："阴道偶，阳道奇。"推论，构成阴阳偶对的阳位骨与阴位骨的数量和，一定为奇数。因为：一个奇数＋一个偶数＝另一个奇数。所以参上述五行表达数集｛1，2，3，4，5｝，1＋2＝3，3＋4＝7，均是奇数。5，也是奇数，它没有演进到6。所以上述数集在纵向演化上，以5为最大演化基数项。所以3、5、7，均奇数也。但五指作为承载了上肢骨演化的潜势，也以"一源五歧"而各自演化，那么五指中的每一指，都有演化出5节小指骨的潜力。如果都能演化出来，那么一掌将演化出25块小指节骨，而不是现在的人类19节，仍然是奇数，符合奇数演化公式。理论上推论，每一同源骨演化的总骨骼数量和，永远是个奇数。所以，如果五指的每一指，将潜在的"一源五歧"之势均演化出来，那么每一上肢骨，可演化出的骨骼数量＝1＋2＋3＋4＋5×5＝35块（不包括1块子代豌豆骨），是个奇数。下肢骨亦然。于是我们得到骨骼奇数演化定律：

同源骨演化数量，理论上推论永远是奇数。

这里需要再说明的是，阴位、阳位，一定是能构成有演化意义的、有关联的阴阳关系，而不是随便的阴阳搭配。如1、2，3、4，就各构成阳位、阴位骨。因为1、2，代表的是上肢的臂骨。1指代1块肱骨，2指代2块尺、桡骨，是同属“臂骨”里的比较同类项，具有可比性。之所以不让2、3比，因它们不构成可比较的阴位、阳位骨。2属于臂骨里的2块尺、桡骨，而3代表的却是3块上腕骨。一个属于臂骨，一个属于腕骨，不是同类骨，所以无可比性。同理，4、5也不构成阴位、阳位骨，因为5代表掌骨的5根指骨，与4块下腕骨不属于可比较的同类项。所以，阴阳相对待一定纳入可比较的阴阳范畴、同类项比较，而不是随心所欲。

骨骼演化，先演化阳位骨，后演化阴位骨。在数学上，即先演奇数，再演偶数。如上述五行数列。1、2阴阳对应，先演奇数1，后演偶数2。3、4互对，先演奇数3，后演偶数4。其余类推。说明骨骼演化是有时间先后的。每一构成阴阳偶对的骨骼或器官演化，均有鲜明的时空性。

下肢亦然。因为下肢骨的演化序列，同上肢骨。在节肢动物，如蜈蚣长有19对足，而昆虫有3对足。哺乳类动物只是保留了两对足，在直立动物中，前边一对足进化成了手。所以，上下肢骨骼演化，应该具有相同的生物学原理。

人类的五指（趾），从进化观而论，是从爬行动物的五趾演化而来。而爬行动物的五趾，是从鱼类的前后鳍演化而来。动物的鳍，多由众多的平行小鳍组成，数量远远大于五条。但却像植物叶脉一样，每个鳍有一主鳍为演化中轴线呈左右对称演化，所以演化数量总数符合素数演化简式 $S=2m+1$。只是由于进化的实用主义原则，当鱼进化到爬行动物，前后鳍多进化成五指（趾）。所以人类保留有五指（趾），是进化的结果，而不是必然的定论。但却与鱼类鳍的鳍纹演化，具有统一的素数演化简式。只是在人类，五指

（趾）骨不是独立现象，它与头盖骨、椎骨的五分法演化雷同，才证明着骨骼演化有极限问题。也许换个角度考虑，从多纹鱼鳍到进化到人类的五指（趾），确实具有某些必然，而不是偶然的结果。

2. 下肢骨辐射演化

因为下肢骨骼与上肢骨骼具有相同的骨序排列，所以演化同理。解说相似：

（1）“道”模型表达：下肢亦演化于一个小肢芽，相当于“道”。

（2）“太极”模型表达：下肢亦统一于小肢芽里的同一团骨祖细胞，它们是下肢骨的统一之“太极”、之“一”元精气。它潜于“道”中。

（3）“阴阳”模型表达：下肢太极成骨精气演生的骨骼数量，也同上肢一样，以阴阳偶对表达其相对待。这种阴阳偶对在下肢骨表现亦为两个方面：

阳位骨与阴位骨

奇数骨与偶数骨

如1块股骨，2块胫、腓骨。则股骨为阳位骨（或上位骨），胫、腓骨为阴位骨（或下位骨）。1为奇数骨，2为偶数骨。其余类推。

（4）“三才”模型表达：下肢骨祖细胞团，从上位到下位也依次按三才“一源三歧”而初化，产生三大骨骼群落：

股骨、踝腕骨、足骨

对应着数学语言：1、2、3

（5）“五行”模型表达：亦在三才基础上，下肢骨祖细胞团，继续以五行的“一源五歧”而大化，产生呈线性演化的五大类骨：

股骨（B2）1块

胫骨、腓骨（B1）2块

上踝骨（A2）3块：跟骨、距骨、足舟骨。

下踝骨（A1）4 块：骰骨、外侧楔骨、中间楔骨、内侧楔骨。

跖骨（O）5 块：第一跖骨、第二跖骨、第三跖骨、第四跖骨、第五跖骨。

用数字表示：

1、2、3、4、5

包含于五行的数集｛1，2，3，4，5｝中。

这里需要说明一点是髌骨的存在。髌骨是独立的子骨，它是将大腿的股骨与小腿的胫、腓骨连接起来的“连接骨”。连接骨的存在，不影响下肢同呈数列存在。故不单述。如果五趾每一趾都以“一源五歧”再化演出 5 块子骨，那么下肢骨演化数量也同上肢骨，数量 =1 +2 +3 +4 +5 ×5 =35 块（不包括 1 块髌骨），符合同源骨奇数演化定律。

3. 脊椎骨线性演化

脊椎骨，在脊索动物中，只是统一的一条脊索，到了脊椎动物，就演变成了一条脊椎。所以，推断出它是同源演化。

(1)“道”模型表达：脊椎骨骼群落，亦演于相同的一团成条索状存在的成骨物质，相当于“道”。

(2)“太极”模型表达：脊椎这团成骨物质，只有里边具有生命演化本能的一团骨祖细胞，才是脊椎骨统一之“太极”、之“一元”精气。它潜于“道”中。

(3)“阴阳”模型表达：脊椎骨从太极统一精气演生的骨骼数量，也以阴阳偶对表达其相对待。这种阴阳偶对在脊椎骨中表现为两个方面：

阳位骨与阴位骨

奇数骨与偶数骨

如 5 块腰椎骨，12 块胸椎骨。则腰椎骨为阴位骨（或下位骨），胸椎骨为阳位骨（或上位骨）。5 为奇数骨，12 为偶数骨。其余类推。这里的阴阳位与奇偶数表达，可以“位数”不符，如胸椎骨在上位在阳位，但却是偶数12，而腰椎骨相比较在下位在阴位，却是奇数5。正说明演化的复杂性，是阴中有奇，阳中有偶的表现。正是这种位与数的不符性，让生命演化丰富多彩。

（4）“三才”模型表达：脊椎成骨物质的骨祖细胞团，从上位到下位也依次按三才“一源三歧”而初化，产生三大骨骼群落：

骶尾骨——骶椎、尾椎（对应髋部）

胸腰骨——胸椎、腰椎（对应胸部）

颈骨——颈椎（对应头部）

每一子骨也以三才为最基本演化模型而化演，如脊柱的每一块椎骨，前面是圆柱面，后面总是有3个突：1个棘突，2个横突。只是这3个突的基底部融合在一起，预示着同源演化。对应着数学语言：1、2、3。

（5）“五行”模型表达：亦在三才基础上，脊椎成骨物质的一团骨祖细胞，再以五行的“一源五歧”而大化，产生呈线性增长的五大类骨。

脊椎骨也是一个相对独立的骨骼演化单位。从上到下演化出与五大时空位对应着的骨骼群落：

颈椎骨（0）：7块

胸椎骨（A1）：12块

腰椎骨（A2）：5块

骶椎骨（B1）：5块（人类多融合为1块）

尾椎骨（B2）：4块（人类多3~4块，已经融合成1块）

共有5大类骨，亦包含于五行的数集{1，2，3，4，5}中。演化序向是从下向上，即从尾椎向颈椎骨演化。因为生命是从水生运动演化而来，所以它应该先从统一的脊椎骨中演化出具有摆动功能的“尾巴”，所以先演出尾骨。椎骨演化顺序从下到上是：尾椎、骶椎、腰椎、胸椎、颈椎。

其中，尾椎骨、骶椎骨，构成阴阳偶对骨，二者椎形最相似，且极易融合成“一”，形成功能“联合体”，与髋骨结盟构成“盆腔”。在人类五块骶骨融合成一块，四块尾椎也已经融合成一块。腰椎骨、胸椎骨，也构成阴阳偶对骨。二者椎形也极其相似。

4. 头盖骨弧形演化

头骨作为统一混元成骨物质，也是演化于相同的骨祖细胞群，以“一阴一阳之谓道”而演化出阴、阳两类骨：头盖骨、颅底骨。头盖骨也叫头顶骨、天骨；颅底骨，叫地骨。而头顶骨的五大版块，正像地球的五大版块。它仍然符合上述骨骼群落的演化解说。

(1)“道”模型表达：头顶骨是头骨成骨物质演化出的“天骨”，亦是一团成骨物质，相当于“道”。

(2)“太极”模型表达：头顶骨这团成骨物质，它的骨祖细胞团，是未来头顶骨演化的统一之“太极”、之“一”元精气。它潜于“道”中。

(3)“阴阳”模型表达：头盖骨作为统一的太极精元，它演生的骨骼数量，也以阴阳偶对表达其相对待。这种阴阳偶对在头盖骨上只表现在一个方面：

阳位骨与阴位骨

中医禀承着“左阳右阴”的传统，那么就有左骨为阳、右骨为阴。如左顶骨、右顶骨，左前额骨、右前额骨，各自成为阴阳偶对骨。均为奇数1。说明头作为人体之大“中才”演化，它的阴阳演化，不以奇偶数定其差异，而是以左右方位定其阴阳。

(4)“三才”模型表达：头顶骨成骨物质的骨祖细胞团，从前位到后位也依次按三才“一源三歧”而初化，产生三大骨骼：额骨、顶骨、枕骨。对应着数学语言：1、2、3。

(5)“五行”模型表达：亦在三才基础上，头骨成骨物质的一团骨祖细胞，再以五行的“一源五歧”而细化，呈二维面性存在的弧形演化，产生五大块骨：

头盖骨也是一个相对独立的骨骼演化单元，拥有五大空位，像

地球有五大版块。（如图2－4）

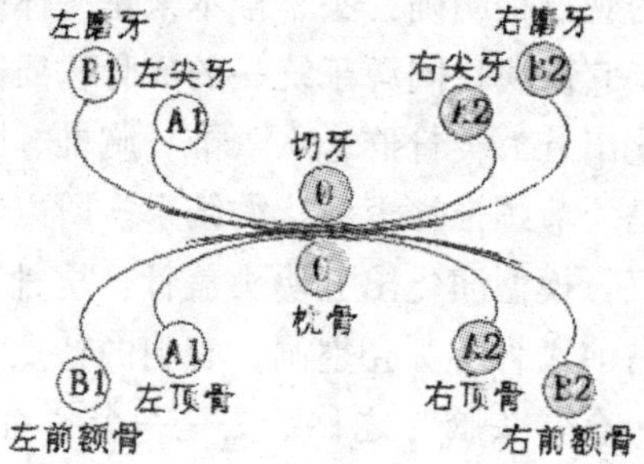

图2－4　牙齿骨、头盖骨统一五值演化原则时空位演化分布

枕骨（O）：1块

左顶骨（A1）：1块

右顶骨（A2）：1块

左前额骨（B1）：1块

右前额骨（B2）：1块

5块头盖骨，亦包含在五行的数集｛1，2，3，4，5｝中。只是成年人，左右前额骨融合成一块前额骨，让五行模型演化变得面目全非。头顶骨，先是以“一源三歧”而小化为三大块骨：额骨、顶骨、枕骨。然后额骨、顶骨再各阴阳对待演化成阴阳偶对“左额骨、右额骨”“左顶骨、右顶骨”，而枕骨“涛声依旧”维持原样。故最后成了五大块骨，恰合五行的“一源五歧”演化模型。

头盖骨是身体中轴演化的顶端器官，所以它只演化出五块独立的单块骨——五类骨，就是五块骨，昭示着它言简意赅的特点。它的阴阳对立性，是从顶骨、前额骨演化出的“左、右”两块骨而表达的，而不是从数字的奇偶性来表达。可见，阴阳属性之差异，不同生命演化单位，其表达方式是不一样的。但头盖骨演化的子骨数量，最终是5块，符合同源骨演化的奇数定律。

头是如何演化而来？

模型中医学的观点很明确：头、椎本来是一体的，是中时空位演化器官，决定了它们演化同源于统一的成骨物质。而椎骨以五行模型五值原则演化出五大类骨群——颈椎、胸椎、腰椎、骶椎、尾椎。而头骨，只是一节颈椎膨大演化的结果。所以，头是从颈椎演化而来，亦按照五行模型演化出五块头盖骨：枕骨、左顶骨、右顶骨、左前额骨、右前额骨。头壳空洞，有腑的特点；脑质充实，有脏的特点。所以，有“头脑”之称。头是一个“奇恒脏－腑”，说明它兼有脏、腑的双重特点。

5. 牙骨演化

人类上齿骨与下齿骨也是相对独立的骨骼演化单元，亦对应五行数学模型反映着的五大空位。以上齿骨为例。

(1)“道”模型表达：上牙骨是同源成骨物质演化出的骨骼群落，亦是一团成骨物质，相当于“道”。

(2)“太极”模型表达：上牙骨这团成骨物质，它的骨祖细胞团，是未来上牙骨演化的统一之“太极”、之“一”元精气。它潜于“道”中。

(3)“阴阳”模型表达：上牙骨作为统一的太极精元，它演生的骨骼数量，也以阴阳偶对表达其相对待。这种阴阳偶对在上牙表现在两对阴阳偶对骨的演生：

左尖牙、右尖牙

左磨牙、右磨牙

(4)“三才”模型表达：上牙骨成骨物质的骨祖细胞团，从前位到后位也依次按三才“一源三歧”而初化，产生三大骨骼群落：切牙、尖牙、磨牙。对应着数学语言：1、2、3。

(5)“五行”模型表达：亦在三才基础上，上牙骨成骨物质的一团骨祖细胞，再以五行的“一源五歧”的五值原则而细化，呈二维面性存在的弧形演化。在人类产生五大时空位，对应不同数量的牙齿演化：

切牙（O）：4个

左尖牙（A1）：1个

右尖牙（A2）：1个

左磨牙（B1）：4个

右磨牙（B2）：4个

顶骨、牙骨，像四肢骨、脊椎骨一样，均有统一的时空位奇数演化律。（如图2-4）

6. 动物指（趾）演化律

马，五趾类的哺育类动物。由于进化需要，经历了从“始马、渐新马、中新马、上新马、真马”五过程演化，最后只剩下第三趾保留下来，其余四趾高度退化残余。[21]

我们详细研究推导出，人类五指（趾），马一趾，鸟类四趾。动物趾演化的数量，表面看有的呈奇数，有的呈偶数，这是进化的结果，但本质上完全统一于宇宙时空位奇数演化公式 $S=2m+1$ 中。所以，我们认为，任何动物趾都是从奇数类趾演化而来。但由于进化的需要，最后有的保留着奇数，有的保留着偶数。比较解剖学证明了这点。

比较解剖学是对各类脊椎动物的器官和系统进行解剖和比较研究的科学。比较解剖学为生物进化论提供的最重要的证据是同源器官。

同源器官是指起源相同，结构和部位相似，而形态和功能不同的器官。例如，鸟的翼、蝙蝠的翼手、鲸的鳍、马的前肢和人的上肢，从外形和功能来看，这些器官很不相同，但是比较它们的内部结构，却基本上一致。（如图2-5）那就是，它们都是以五行模型的五值原则，在纵向上演化出五部分：

肱骨、桡骨、尺骨、腕骨、掌骨

以人类为代表的高级生命，在横向上在掌上演化出五指（趾）。

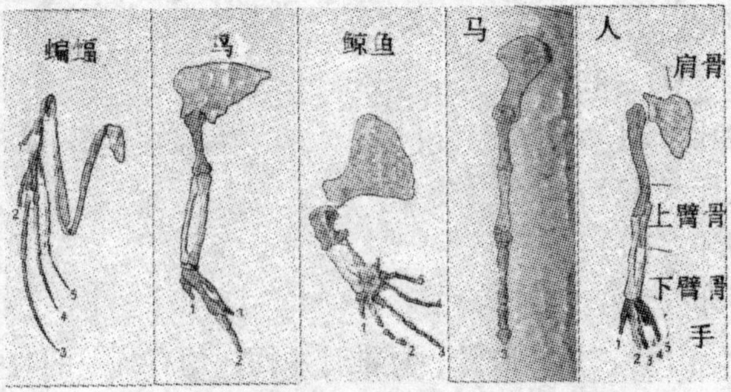

图 2－5　不同动物上肢演化比较

进化论认为，同源器官的存在，证明凡是具有同源器官的生物，都是由共同的原始祖先进化而来的。只是在进化过程中，由于它们的生活环境不同，同源器官适应于不同的生活环境，逐渐出现了形态和功能上的不同。因此，同样是前肢，鸟的翼和蝙蝠的翼手变得适于飞翔，鲸的鳍变得适于在水中游动，马的前肢变得适于奔跑，人的上肢则变得适于做各种各样的复杂动作。

但模型中医学的模型论持多元演化观点：动物可以不是同源演化，而是多元演化，只是用了相同的数学模型演化而已，不一定非要同源。

但不同动物的指或趾演化，均有中趾，说明动物是以中指（如 2－5 中的趾 3）为演化中时空位 0，向两侧对称演化。只是由于进化的原因，第 3 指（趾）不一定是最强大的一趾，如鸟。

五、骨群落精打细算再分家

道—太极—三才—五行，这条演化链是永恒的，符合万有时空位奇数演化原则 $S = 2m + 1$。其实，每一时空位的再演化旋律，仍然如此。如演化出骨骼群落后，还有继续细化的必要，它仍然按着这条“演化链”再演化。

（一）上肢骨

臂骨：上肢骨演化出的臂骨，作为统一成骨物质，又以“一阴一阳之谓道”演化出：

上位骨1块——肱骨

下位骨2块——尺骨、桡骨

对应着一对阴阳偶对：1、2。

腕骨：亦演化出了上位骨“上腕骨”3块：舟骨、月骨、三角骨（再演化出1块子骨：豌豆骨）。下腕骨4块：大多角骨、小多角骨、头状骨、钩骨。对应一对阴阳偶对：3、4。

关于一块豌豆骨，它是三角骨再演化的子骨，与三块腕骨的序位不同，正如父子的辈序不同，所以，它只是三角骨演化的子代骨类，故与三块腕骨不处于同一个层面上。

掌骨：5根指骨作为统一于“掌”的名称下，也是一团成骨物质之“道”，统一的骨祖细胞“太极”。在二维面性上来分析，它是两个三才模型共中指“串联”成“五行”模型的结果。所以五指它能解析出两个三才之化：

内三才模型：食指、中指、无名指。

外三才模型：大拇指、中指、小指。

五行模型：大拇指、食指、中指、无名指、小指。

所以，食指、无名指，大拇指、小指，各自构成阴阳偶对。

指骨：每一指骨，又可看作独立意义上的小单元而化演，以雷同的方式演化着。五指骨，各自成为独立意义上的小“道”，小“太极”，也是以三才、五行为模型而线性演化，只是正处于演化的过渡阶段。除了拇指演化出3块指骨，其余各指均演化出4块指骨，不大于数字5。笔者推论，人类指骨也许正处于演化进行中，最后的可能是每一指均演化出五节小指骨。掌的五指骨数是 $5\times5=25$。

所以理论上讲，每一根指骨再化演出的小骨节数目，最多是5

块，包含于五行的数集｛1，2，3，4，5｝中。下肢趾骨解说亦然。

（二）椎骨

由于花的演化律的发现，推导出花瓣演化是不大于自然数5为演化基数选项，对五行研究有了一个极限意义上的结论：花瓣数以5为最大极限基数，并推理生命同源演化的基数选项均有相同的意义喻示。所以，在研究椎骨演化时，笔者认为，生命既然喜欢以奇数而演化，那么这些奇数应该也在椎骨演化律中得到证实。对于脊椎骨，尾骨3块已经融合成1块，骶骨（融合于1块）、腰椎各5块，均不大于5。

胸椎12块，即3×4，倍3演化，即以4个奇数3的演化。颈椎7块，是正处于演化过渡态的变动骨序。7块颈椎骨，本身就是奇数。生命进化中，骨骼数目融合增加或减少，是很常见的生命演化现象。这正是有些规律被掩盖的主要原因。正像任何爬行动物，都有演化出五趾的权力，但由于种种原因，它们并不都能如愿以偿，哺乳类多演化出五趾，马只剩下一趾。

（三）头骨

研究头骨，选取头顶骨是有比喻意义的，像地球的五大版块构造。中医不总是强调“天人相应”吗？而颅底骨太复杂了，它在“一阴一阳之谓道”中也演化出两大类骨：上颌骨、下颌骨。

对于成年人，头顶骨只解剖出四块骨，因为左、右两块前额骨已经融合成一块，只有刚出生的婴儿“春风得意”，保留着完整的头顶骨的“五大版块”。也许小儿稚气未脱，上帝让人类头顶骨“五行”分明，昭示天意：人类是以最大基数5为最大演化基数选项的。这正是中医五行最本质的生物学演化要义！

六、上肢体里的神奇洛书

《圣经·约伯记》第37章第7节说："他封住各人的手，叫所造的万人都晓得他的作为。"即是说，每个人生下来，神便会在手掌上刻划着各种纹线，作为一种印记，让人知道他的所作所为。

人类手的秘密，显然是与上肢骨作为一个整体研究时，才会发现它的许多规律。

1. 手掌上的宇宙密码

手的秘密，应该从两个方面来研究。

（1）五指：五指，没继续演化出六指，显然是以五行之5，为最大极限数量。而病态下的六指，多是拇指侧生出的子指，而不是与五指平行的六指。这是很有意义的发现。第六指是侧生而不是平行而生，也说明一个大问题，五指极限没有被打破，第六指是五指某一指侧生出来的子代义指。如果按照五行演化模型，则每一指都可再演化出五个子指。所以，拇指长出个侧指，其实是正常的再演化形为，只是有碍于人类认识习惯，所以人类拼命折磨第六指，免不了将之"斩草除根"。

（2）五指与五行、三才关系研究：五指，能解出一个五行或两个三才。它是两个三才共中轴中指"串联"在一起。所以才有"二三得五"的奇迹。五指指骨的演化，与植物叶、花的脉纹演化，具有相同的演化公式。人类五指的存在，是产生五行理论的主要原因。也许人类从蒙昧时期就用五指算数，久而久之形成了将宇宙万类五分法的习惯，而且最后上升到一种理性的思维模型，所以才有了中医五行理论。但五行对应着的科学根据，应该说中医界研究得不够深刻。也许剖析了五指对应着生命背后共同的生物学演化意义，就真正剖析了五行。

（3）手掌纹与三才：其实手掌的纹线，是与三才模型对应的二线面性分布：天、地、人。

天，在手相学里代表感情线；地，代表健康线；人，代表智慧线。天在上，地在下，人在中。地与人相接，说明人演化在地上，而不是天上。当然受天、地的双重作用才能演化生命。手纹只有三线最清楚，说明人体是以三才为其初化或根本。三才是太极始态后第一个奇数演化模型，所以中医以三才为其理论演化的根本模型：三焦，脉学寸、关、尺三部，三部九候，小儿指纹风、气、命三关，三阴三阳构成的六经学说等等。

《史记·律书》说："数始于一，终于十，成于三。"只是将"三"凸显出来。十是二倍的五；五，是二倍的三（共中轴串联）；万数始于一；在十处，完成了以五为基数循环的周期变化。天、地、人三纹线，出现在长有五指的掌上，说明五中有三，五行中含有三才。两掌共十指，每掌均有三纹线，说明十中也有三。

2. 上肢骨序排列与洛书

一挂上肢骨演化，能读出宇宙生命演化最神奇的秘密。上肢骨，作为人体同源骨，它是由统一的一团成骨组织演化而来。从上到下，依次演化出一串自然数：1、2、3、4、5。

这里需要讨论的是，在上肢，当演化到五指骨时，数字增加之势突然停止，并没有再增加，也没有再减少，就只停留在"五指"水平上，而没有增加到"六指"（除非病态）。这说明，五行，作为一个同源演化的"一源五歧"演化模型，它的极限数是5。

如果每一块骨，用"○"表示，那么，上肢骨的演化，完全可以用下列数列，及两个变形等边三角形表示。（如图2－6）

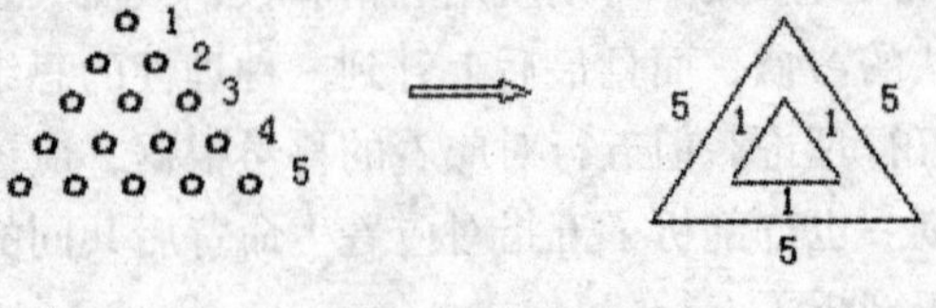

图2－6　骨序数图示

图解：

上肢骨序，一组宇宙神奇的数列。从最顶端的1块肱骨，演化到最下端的5根指骨，总共演化了5个依次增加的层面，是一个级差为1的等差数列。用变形的观点来看，也完全可以认为，这组等差数列，是由内外两组等边三角形构成。如果假设每个“○”，代表数字是1，那么，外三角形，每边边长为5，内三角形，每边边长为1。

上图揭示出上肢骨骼演化的如下解说：

三角形的3边——对应着中医的三才：天、地、人。

两个三角形——内三角形为阴，外三角形为阳。说明本质而言，五行是倍加的两个三才。

外三角形，边长为5——说明天地人，均由五行之数字5，为最大演化基数选项。

内三角形，边长为1——说明，外三角形边长的5，由内三角形边长的1演化而来。

上肢成骨组织，作为太极“1”元精气，与三才、五行，本质上高度统一。1，代表演化物质的同源“太极”阶段；3，代表“一源三歧”而初化。5，代表突破三才又以五行“一源五歧”而细化。数序的“1、2、3、4、5”的奇数、偶数，反映了演化物质的阴阳互对，属性有异。奇数为阳，偶数为阴。

数列之和为15——三才数之和。其和为15，代表天、地、人，三才的最大基数均为5。因为15=3×5。

生命骨骼的演化之数序，完全反映在洛书中。(如图2-7洛书)

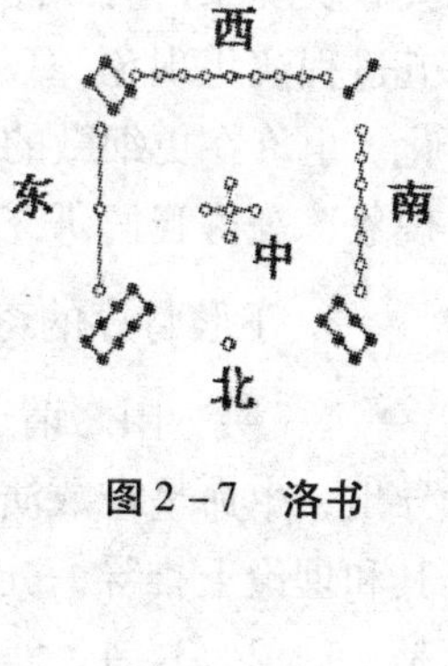

图2-7　洛书

如果每个实点与空点都代表数字1，从上到下三组数字，可表示为：

4 9 2

3 5 7

8 1 6

上面数列有一个特点：在任意横列与竖列上，任意直线上的三数之和为15；中间之数为5；任意对角线上的三数之和亦为15。

说明洛书揭示的是以5为核心的数列规律。

从数字演化，来描述宇宙自然万物的演化。此数列总三行，反映着天、地、人三才作为演化基态或基本基数选项。每横列或竖列上的任意三数之和，一定为15，说明宇宙三才的演化，是有定数的。15 = 3 × 5，即是说，三才之基数，最大值是5，即五行研究得到的最大基数。说明该数列以三才为初化，以五行为最终大化。中间之数为5，显然突出了“五行”演化模型在数列演化中的“中流砥柱”的作用。说明五行，一个宇宙生命演化中，最神奇的基数选项。

五行，其最大意义，已经不在于五行本身了，而是为什么宇宙演化选择了五行，而不是其他？也许宇宙生命在演化中，它的基数选项是很多的，但现实的宇宙，已经选择了5为最大骨类基数选项，这就是生命演化中，为什么有这么多“五过程现象”的真正原因。

四肢骨的五过程序列演化；脊椎骨的五大类分化；头盖骨的五大版块现象；内源性五脏五腑的演化……在器官层面上，这众多的五过程演化现象，反映了生命演化的统一现象——生命五过程演化。也许在更细微的细胞或基因层面上，生命演化也同样有五过程现象，等待我们研究。

3. 下肢骨序的奇偶数

“一阴一阳之谓道”是中医的潜规则。万有时空位演化简式推导出，生命呈奇数演化的秘密。同源太极一气演化出的阴阳属类，其和理论上推导一定是奇数。在上肢骨序演化中，得到骨序数列是：1、2、3、4、5。

所以，如果作为统一的“太极”一气之化，演化出的个数为：1+2+3+4+5=15。

而任何同源骨的上、下位骨数之和：

臂骨：1块肱骨+2块尺、桡骨=3

腕骨：3块上腕骨+4块下腕骨=7

掌骨5指骨，现在数目为掌指骨19节（拇指3节，其余4指均4节）。如果每指将潜在的5节指骨都演化出来，则将有25节指骨被演化出来。

以上均为奇数，符合万有时空位演化简式 $S=2m+1$。说明臂、腕、掌，作为上肢大太极之精气演化出的三个小太极精气，也同样以“一阴一阳之谓道”而演化，演化出的子代骨的数值，仍然是奇数。

七、骨骼演化律

基于上述讨论，得出人类任何同源骨的演化规律，表述如下。

骨骼演化律：

1. 人体任何相对独立的同源骨骼群落，均演化于统一的成骨组织。

2. 每一同源骨的演化，均以演化出二值偶对骨为基本方式。一类骨的产生，必定再演化出另一类骨与之相对应。

3. 人体每一同源骨演化类型，不大于自然数5。

4. 每一同源骨潜在的骨骼演化数量永远是奇数。

说明：

定律1，反映了同源骨演化的同源性。定律2，反映了骨骼呈阴阳偶对演化。定律3，反映了骨骼演化属类极限问题。定律4，反映了骨骼演化数量极限问题，并可从理论上推导，人类潜在的骨骼演化数量是个奇数，符合万有时空位奇数演化公式 $S=2m+1$。

所谓相对独立的同源骨，是指具有明显的边界性，呈群落存在，在功能上相近似，如四肢骨、脊椎骨、头盖骨。它们演化的属类完全一样，界定于不大于5的自然数集中。

人体除了各处相对独立的同源骨，剩下的就是连接骨，如锁骨、肩胛骨就是连接骨，将椎骨与上肢骨连接起来。髌骨也是连接骨，将股骨与胫骨、腓骨连接起来。髋骨也是连接骨，将椎骨与下肢骨连接起来。

连接骨的存在，不影响同源骨演化定律的成立。连接骨自己就构成独立的同源骨，而且连接骨的演化，也同样符合骨骼演化律。只是由于服从整体的需要，连接骨并没有将自己潜在的相同的骨骼演化律表达出来。正像你开会有发言权，但你也有权保持沉默一样。因此，骨骼演化律具有普遍的定律价值。每一相对独立的骨群与每一子骨，都符合这一定律。

人体骨演化大势，就是两个三才共中轴“串联”而成。如果不计肩胛骨、锁骨，则上、下肢就会靠近中轴脊柱演化，那么，每一对上、下肢，均与中轴脊柱构成一个“小”字型的三才模型，即是两个三才。这个铁律在四肢五指（趾）上又重演出来。如果四肢自然下垂，那么五指（趾）均可开发出两个“小”字型的三才模型。而三才模型，在每块脊柱椎骨中又完整地表达着。每一块椎骨，如腰椎骨，都有三个突：1个棘突，2个横突。共中轴演化的两个三才模型，可构成一个五行模型。这当是骨骼演化一个很重大的发现。论证了三才、五行的同源性，及一体两制性。

结论

生命任何同源骨，演于“有物混成”之“道”体里统一的“太极”骨祖细胞，它是未来骨骼群落演化的同源精气，以“阴阳偶对”为最基本模板，以三才模型为小化，以五行模型为大化。以不大于自然数5为演化属类极限。同源演化的骨骼总数在理论上推论永远为奇数。由于骨骼融合或处于不同的演化态，这些规律不一定表现出来。所以在骨骼演化的背后，是共同的万有时空位奇数演化简式 $S=2m+1$；而且这些规律同样适用于每块子骨的再演化。这种演化的千篇一律性，渴望会从现代生物学的基因研究中得到本质的阐述。故本节结论表述如下：

1. 骨骼是奇恒脏-腑。

2. 同源骨演化于统一的成骨组织。

3. 阴阳二值偶对演化，是任何骨骼演化最基本的形式。

4. 三才、五行模型，是骨骼演化最常见的思想模型。三才，是其小演；五行，是其大演。

5. 人体任何同源骨的演化属类，不大于5类。

6. 同源骨演化潜在的数量和，永远是奇数，符合万有时空位奇数演化原则 $S=2m+1$。

第三章 脏腑演化数学模型统一论

2004年，非常幸运，在我的恩师山东中医药大学孙广仁教授（如图3－1）的指导下，我开创了从数学模型的方法，研究脏腑演化规律。直接促使我今天提出"模型中医学"。从哲学模型、数学模型研究脏腑演化律，这是中医界的首创。

图3－1 我的导师孙广仁教授

因为传统的中医，是以气化的观点研究中医，是形而上学地玩"蒙眬"，在无形精气上，挥洒思想的大写意。我的研究思维正好反其道而行之，走的是一条"形而下学"之路，是在有形器官层面，雕刻现实的素描图。在形态器官的真实上，用中医早已储备好的哲学思维模型、数学模型，寻找客观脏腑演化的"数学"规律；并将这种研究推广到整个生命器官领域、中医学、生物学、宇宙学。

当我发现脏腑演化，与太阳系星体的演化，都具有统一的数学模型、数学公式时，我感到非常惊讶！

毕竟，中医秉承着"天人合一"的祖训！这个"一"，我认为就是统一的哲学思维、数学表达！

你我肚腹里，那些叫"内藏"的内源性脏腑演化数量与属性，显然是古代医学家尽其所能思考与研究的焦点。

因为中医藏象学说，是建立在形态脏腑之上的。从数的角度研究脏腑演化，进而建立藏象学说是必然的思路，因为“理、数、象”是中国哲学构建的三大范畴。数以喻象，象以明理。数的模型，是古人一种惯用的思维逻辑，也是一种思维模型。从数模型推论宇宙万物，最成功的当属《易》。其实，中医的太极一气、三才、五行、六经，处处充满着“数”的踪影，符合万有时空位奇数演化原则 $S=2m+1$。（如图3－2）

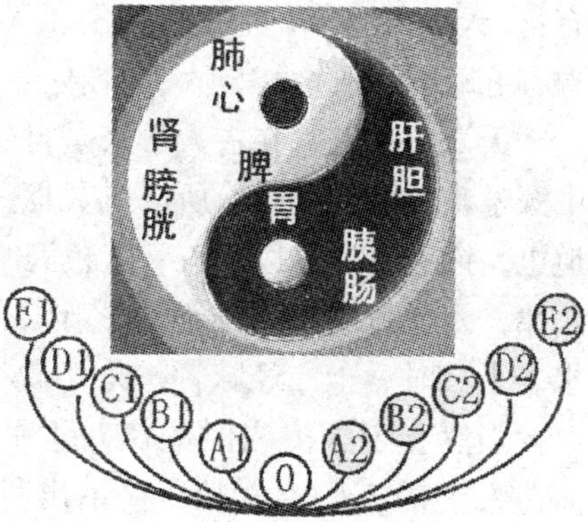

图3－2　万有时空位演化原则

与其说中医用真实的解剖来探求脏腑，不如说中医是用一种数的模型，**按“模”求脏**。脏腑的研究，在中医界首先是一种数模型的研究，一种思维模型的研究。这是中医浓重的哲学文化使然。所以，注重传统，尊重科学，是本课题研究都要考虑的。

一、脏腑背后的数字游戏

古人获得的“五脏”“六腑”的结论，显然有其历史渊源。笔者无意苛求古人，而且认为古人在那个时代，就已此勾勒出如此宏大而且有效的藏象医学模式，已经是个创举。但科学的发展要求我们，有效的东西一定要经得起科学的推敲、反驳与论证。深入研究脏腑演化数量，会发现古人许多理念已经固化成一种认知惯性。与其说用科学说事，不与说用理念或信念说事。

（一）天人相应原则

显然受“天六、地五”“天人相应”哲学思想的影响。如《国语·周语》有：“天六地五，数之常也。”《素问·天元纪大论》亦有："天以六为节，地以五为制。"《灵枢·寒热》说："天有五音，人有五藏。天有六律，人有六府。"

天六、地五，在古人看来是自然之天律，又充满着神秘色彩。中医学难免受其影响。所以《灵枢·经别》有："余闻人之合于天道也，内有五藏，以应五音五色五时五味五位也；外有六府，以应六律，六律建阴阳诸经而合之十二月、十二辰、十二节、十二经水、十二时、十二经脉者，此五藏六府之所以应天道。"

当然鉴于人类当时的认知水平，对这种模拟"天六、地五"而造人类的五脏、六腑，提不出科学的解释。但质疑声是有的，《难经·八十一难》问："脏惟有五，腑独有六，何也?"

（二）五行模型原则

《灵枢·阴阳二十五人》说："天地之间，六合之内，不离于五，人亦应之。"因为五行早已固化成一个模型或符号，所以，虽然基于真实的解剖实践，古人却得出了五脏说，而非六脏说或其他。

五脏是心、肝、脾、肺、肾，却将同样体积较大的胰脏漏掉了。虽然中医后世争吵脾、胰之非，但可以肯定地说，胰应该具有成为脏的资格。炮制一个脾无所不包，剥夺了胰天然的"脏权"，有失科学的严肃性。而心与他脏相比较，内在心室、心房是空腔，符合"空者为腑"的结构脏腑性命名原则，应该是腑，而不该归于脏。

可见古人炮制脏腑概念时，多从功能而论，忽视了结构差异才是脏腑命名的主要原则。但五行模型的符号化，才让中医最终炮制了唯功能态的"五藏"而非真实的"五脏"。

（三）对称性原则

"一阴一阳之谓道"是中医的"对称性法则"，或是一个信念。如果根据"脏实腑空"的命名原则，人类的性腺，如睾丸与卵巢，也同样有成为脏的资格。但是女性的卵巢在腹腔的盆腔里，而男子的睾丸在腹腔外，显然不对称。所以根据对称性法则，男、女胸腹腔内共有的确实是五脏，如果让女性五脏加入卵巢成六脏，就会打破这种对称性。所以将性腺排除在五脏之外，使男、女的五脏与“地五”数相符，应该也算科学的。

对称性法则，在古人思想中根深蒂固。如果一旦影响到这种对称性的表达，我们的古人也会铤而走险，做出点不得已而为之的事。如为了让五脏、六腑，与“一阴一阳之谓道”的铁律相合，更是为了最终与三阴三阳的六经“志同道合”，古人大着胆子将心“一心二用”迫害成二脏：心、心包。最后终于获得了“六脏、六腑”。无非求得脏数与腑数“心心相印”，一阴配一阳也。

显然，古人炮制的五脏、六腑或六脏、六腑，经不住逻辑的推敲，与科学意义上的脏腑演化律，相去甚远。应该以现代人的科学视野，托起脏腑演化的真实。

二、脏腑演化潜规则

狭义脏腑是与广义脏腑相对待而产生的特殊名词。它的研究对于本课题至关重要。笔者的研究方略如下：

1. 内源性脏腑

它的研究对象是内源性脏腑，也就是传统中医所说的五脏、六腑。所谓内源性，是指器官研究范围在胸腹腔内，是与胸腹腔外的器官对待而言。受“天六、地五”的思想影响，中医在内源性器官中，对应地找到了五脏、六腑，而不是其他。又受到“通天下一气耳”的思想影响，中医认为五脏、六腑“同源演化”，彼此之间相生、相克。

2. 脏腑“生”“成”论

如果从总的演化大势看，任何脏腑器官均由相同的受精卵，经过细胞分裂产生了不同的组织，然后不同的组织演变出不同的器官。从总源头而论，脏腑演化同源。但同源又有大同源与小同源之分，同源的层面不同。内源性脏腑，在大同源于同一个受精卵的同时，却各自有小同源。

笔者提出脏腑的生、成概念。

所谓生，是指脏腑由什么组织演化？在何处演化？所谓成，是指脏腑演化成功后，到何处发挥生理作用？多数情况是，脏腑所生的部位与所成的部位是相符的，如肝、胰、肠演化于内胚层的消化道，同样服务于消化道。但也有“所生”与“所成”不符。如肺在人体“来自于内胚层”，演化于内胚层的消化道上端，从“生”的角度看，应该说肺是地地道道的消化道成员，但肺演生出后却加入了血液循环系统（演化于中胚层），与所表里的心，同主气血。正如，中国培养的学生，最后拿了美国的绿卡，服务于美国一样。

脏腑“所生”，与它“所成”“所用”是不同的。我们所说的“生成”，正是强调了两个方面的含义：所生、所用。“生”是因，“成”是果。而脏腑的统一性，或五脏一体观，正是强调了脏腑演化后它们功能的“所用”。

3. 脏腑演化与模型

正是由于脏腑的所生、所用，可以发生南辕北辙的故事；所以，我们应该换个思维来看待传统中医的哲学思想。

我们总有一种蒙眬的思维定势，认为内源性脏腑是由这样的模型演化而来：演化于同一团“有物混成”混然未知晓的“道”物质，统一于其中最精华的“太极”之精气，以阴阳偶对而分演，以三才、五行为两大模型依次演化出五脏、六腑。甚至认为，这种演化模型，适用于任何所谓的同源脏腑群落或每一个相对独立意义上的脏或腑。其实不尽然，如作为独立的肾脏，它的肾上腺髓质由胚胎的外胚层演化而来，但其肾体，却是由胚胎的中胚层演化而来。说得准确一点，肾是个组装产品，由不同胚胎层提供的不同组织拼凑而成，并不是什么同源“一气”而成。

这说明，中国哲学思维里的道、太极、三才、五行等模型，充其量是个思想模型，它在将复杂问题简单化的同时，也具有显然的缺陷：与事实有许多不符。所以应该修正这些思想模型，使之更科学化。它们不应该再是“同源”演化问题，而是不同演化源的要素，是在一个特定的时空里的统一组合形为。正如人体，实在不是那个受精卵的量或质所比拟的，它只是承袭了受精卵里那套相对稳定性的DNA片段，吸收了远远大于受精卵自身重量的营养物质，才演变出一个人体。所以，人体已经具有了原始受精卵远远没有的生命品质。**统一不等于相同。**

脏腑演化同样如此。它们可以由不同胚胎层演化而来，看似不是近同源，但却在相同的胸腹腔里，使它们的功能彼此相依赖，成为一个“统一”的功能区，好像它们是“同源”演化。

三、脏腑的前生今世

以中医特有的视野探索脏腑演化，是中医理论研究最有意义的事。

对于人类，任何内源性脏、腑，均最终同源演化于同一个受精卵，是受精卵随着卵裂演生出三胚层后，由三胚层上的某些特化细胞演生出不同组织，最后再由不同组织演生出不同的器官。内源性脏腑，就是生命全部器官功能在胸腹腔里的代表成员。因为内在的五脏、五腑，分别演生于不同的三胚层，所以，它们只能是终同源于受精卵，并不近同源于一个胚层。所以，器官演化同源有一新的说法：终同源、远同源、近同源。

所谓终同源，是从演化总的始基根源而论是同源的。所谓近同源，就是演化于最近的共同的演化源。介于二者，就是远同源。如骨演化于中胚层，肝演化于内胚层，所以二者不是近同源，但任何胚均同源于同一个受精卵，所以骨与肝最终也是同源，就是终同源。

五脏、五腑，演化虽不是近同源，但却最终集合在统一的“一腔”之内。在低等动物，演化特别简单，没有绝对意义上的器官，只是由内胚层细胞围成一个叫“腔肠”的消化、循环腔。一腔两用，负责原始的消化与循环。这正是未来胸腹腔内由消化系统与循环系统主宰的原因。后腔肠动物的呼吸系统、泌尿系统，均统一在大循环系统内；内分泌系统，多统一于消化道内。可认为原始的“消化、循环”一腔两用，分成两腔：循环腔、消化腔。消化腔喜静利于消化，为阴势；循环腔好动利于传导，为阳势。(如图3-3)

图3-3　消化、循环两腔演化

所以，内源性脏腑，终同源于受精卵，统一于同一个空间——胸腹腔。如果把受精卵比喻成一个混沌状态的“道”，那么五脏、五腑，统一于“道”体里成脏腑精气演化出的所有器官的内源部分，而不是全部。但五脏、五腑，统一于同一个空间。

(一)“道”模型演化

脏腑，终同源演化于统一的受精卵，相当于古人“有物混成”的“道”。

(二)“太极”模型演化

内源性五脏、五腑，终同源演化于统一“道”体里的一部分精气。统一于相同的空间——一体之腔，是同一个“道”体里相同精气演化出的所有器官的内源部分。

(三)“阴阳”模型演化

据“一阴一阳之谓道”而产生相表里的“阴阳偶对”脏腑。这种阴阳偶对，也许不是生命演化有意识的雕刻，而是器官在功能表达时不得已而为之的被迫适应。只有一脏配一腑，一实配一空，才能让任何偶对脏腑各得其所，发挥最大作用。

人类胚共演化出五大类成阴阳偶对的器官，空、实互应，相映成趣，堪称生命演化奇迹。演化模型是"空—实"：

肠—胰

胆—肝

胃—脾

心—肺

膀胱—肾

这种阴阳偶对表现，就是中医的脏腑相表里。显然这里的表里，不是解剖意义上的内外，而是脏内泌精气主内，腑传化水谷主外。根据"先阳后阴"的阴阳演化顺序，相表里的脏腑，一般规律先演化出腑，然后再演化出与之配对的脏。如心、肺，在鱼类没有肺，用鳃呼吸，但却有相当发达的心。推测心演化早于肺。其余表里脏腑同理。

演化不可停止。肠在低等运动只是一条囊状长管，到了人类演化出主"受盛化物"的小肠，和以"传化糟粕"为己任的大肠。二者成阴阳偶对而演化。其实每一脏腑均有资格再以"一阴一阳之谓道"演化出自己的"阴阳偶对"。但是否演化出，这要看生命进化中的需要。生命演化如此艰辛，不会演化出多余的器官浪费自己的能量。它以"用进废退"为实用主义原则。所以同样符合"空者为腑"的阑尾，现在已经高度退化。但它是肠腑的演化物是不可质疑的。

（四）"三才"模型演化

受精卵作为生命演化之大"道"，以三才"一源三歧"三值原则而初化，形成三胚层，然后在三胚层演化的基础上，演化出全身众多器官。然后有些器官在内源处结集，形成五脏、五腑。

内源性五脏、五腑各由三胚层不同层演化而来。[22]

如“多细胞高等动物原肠的形成，虽因动物种类的不同有所差异，但并无本质的区别。其结果都是形成3个原始的胚层：外胚层、中胚层、内胚层。从这3个胚层出发，进一步分化为动物体的各种细胞、组织和器官系统”。

“从三个胚层形成胚体的各器官系统的一系列发育过程，叫器官演化，亦叫细胞分化。经过器官发生期以后，就发育成一个完整的机体，并结束了胚胎发育。3个胚层各形成不同的组织和器官。其中，外胚层演化出：皮肤、毛发、指甲、神经系统、肾上腺髓质、脑垂体；中胚层演化出：肌肉、血液、血管、结缔组织（包括骨）、肾、输尿管、睾丸、卵巢、输卵管、子宫、体腔膜、淋巴系统；内胚层演化出：消化管上皮、消化腺（肝、脾）上皮、气管、支气管和肺的上皮、尿道和膀胱的上皮、某些内分泌腺的上皮。”

胚之三层，细胞各异，相互识别，自相认识归队，“同气相求”，聚合在一起，形成不同的胚层，演生出不同的器官。三胚层的存在，是由于生命在进化过程中，仿三才之“天、地、人”而演化出三类黏着度有异、迁移度不同的细胞。三胚层的三才模式化生，为器官再进一步按“五行模式”细化，准备了必要条件。三才模式形成的三胚层，是中医三阴、三阳理论在胚胎学的依据。

在内源性脏腑，三才模型对应于三类有重大区别的脏腑之气的运动潜势。气的运动，是由于脏腑生理功能造成的。在纵向上看，气的运动可归为三势：升、中、降。如胰火、肝木，将消化液导入肠道，助之化生营卫上达心肺，所以胰、肝之气主升；肺金肃降、肾水主纳，二者之气下降为顺，所以为降势。脾居中位，承上达下，所以为中势。

还可换个思考角度，五脏、五腑，是由于升、降、中三势之精气演生而来。有其势之精，演其势之器。如心肌易于收缩，所以由心肌演化出的心腑，运动之势最强。

三才、三胚层、三势之脏腑、三势之精气，对应着数学语言：1、2、3。

（五）“五行”模型演化

在三才模型基础上演出三势之精气，再以五行的“一源五歧”五值原则而大化，产生五势之精气，再由五势之精气演出五类脏腑。符合万有时空位奇数演化原则 $S=2m+1$。其实，每一时空位内的脏或腑，均有如再演化之潜在，遵从统一的奇数演化律。但由于量变到质变的原因，不是每个脏或腑，都具有足够的能量演化出“五行”数学模型。肺就是一个强大的主“气”器官。上帝说人活一口气，气主灵魂。所以，人体肺脏最重要。肺已经按五行模型演化得有板有眼：

左肺2叶、右肺3叶。

而心腑，演化出了两室、两房的4个腔，显示出强大的进步“渴望”。胰、肝、脾各1个，肾演化出2个。但十万人中有1个人会演化出3肾。腑是内空器官，多演化出1个。但“肠者，长也”，战线拉得太长，具有长远打算，又自我开放演化出两个腑——大肠、小肠。

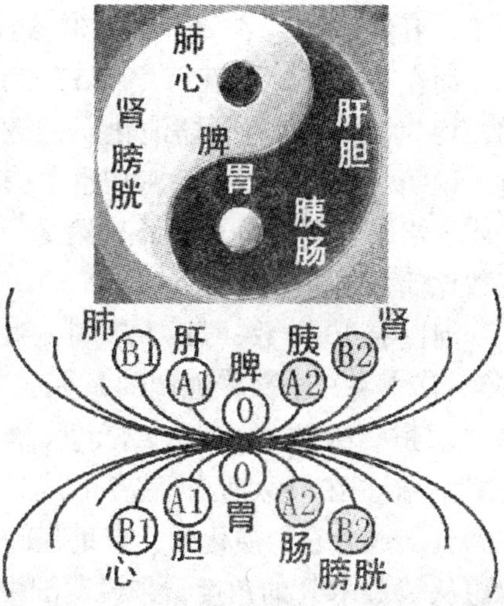

图3-4　五脏、五腑统一时空位演化

五类精气：金、木、水、火、土。

五类脏：肺、肝、肾、胰、脾。

五类腑：心、胆、膀胱、肠、胃。

从这里可以清楚看出，三才、五行，一体两制，可指无形精气层面上的演化，也指由无形演化出的有形层面上的器官。有形、无形，均统一于三才、五行演化模型里。反映出生命演化深奥的意

义。(如图3－4)

四、到肚腹里读河图、洛书

自古人们对河图、洛书倾注了无限的思考。笔者认为，它们均是以“五行”为构建中心的万物演化模型。但仍然能读出三才的影子。二图均将五行之“5”放在图的中间，反映出构图者“崇五”的中心思想。

在河图中，五行之外，有三层数相裹。这三层，代表“三才”。说明三才中有五行。三才是潜在的。河图强调的是四方：东、西、南、北。由10个自然数构成。十数为五奇数：1、3、5、7、9；五偶数：2、4、6、8、10。奇偶之数相等。

而在洛书中，以五行之“5”为中心的任何过中心之三数的和，均为15。(参看骨骼演化）三数，三才也。三才均穿“5”而过，说明三才与五行关系密切也。三才潜在着五行，或五行中含有三才。洛书强调的是八方，显然受八卦影响，由9个自然数构成，奇数比偶数多一个。

河图有10个数，最大为10，强调的是奇偶之数的“十全十美”。洛书有9个数，强调的是九、五之尊。但二图均含有相同的喻义：道、太极、三才、五行。整个图均说的是混然一气的“道”，统一在“太极”而演化，三才是其小成，五行是其大成。三、五，成为它们演化中具有里程碑式的基数选项。只是历代学者总想从“数术”的角度，来说明图中蕴藏着的宇宙天律。

正如《周易·系辞上》所说：“凡天地之数五十有五，此可以成变化而行鬼神也。”金元医学大家刘完素，在他的《素问玄机原病式·自序》中亦强调：“凡得天地之数，则大道在其中矣。”至于到底读出了多少“大道”，笔者认为，读出“道、太极、三才、五行”这些思想模型，就是大道，就是天道。因为模型是构建科学规律的骨架。

在《河图》一书中，一、三、五、七、九，代表天数属阳，

二、四、六、八、十，代表偶数属阴。阴阳，分别代表了性质相反的属性或属性相反的事物，如水与火，寒与热等。用实心黑点代表阴，空心圆点代表阳，天地之数在《河图》中表示如图3-5。

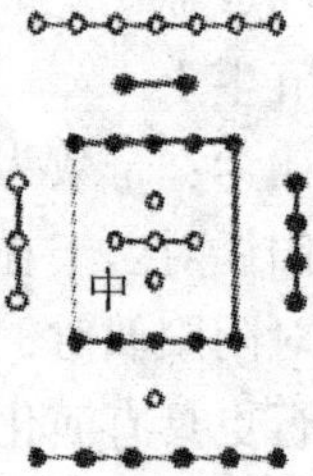

图3-5　河图五方定数

就这样，阴阳合参，奇偶相应，布于东西南北中，形成五个方位：**“天一生水，地六成于北；地二生火，天七成于南；天三生木，地八成于东；地四成金，天九成于西；天五生土，地十成于中。”**

其中一、二、三、四、五，为阴阳之生数；六、七、八、九、十，为阴阳之成数。天生则地成，地生则天成，于是阴阳推衍，五行布化，宇宙气象万千由此出矣。

而在《洛书》中，讲得相对简单些，它以一、三、五、七、九，五个奇数定五方——东、西、南、北、中，而以二、四、六、八，四个偶数间隔其中。在《洛书》中表示如图3-6。

这样，阴阳相间隔，对立而生。

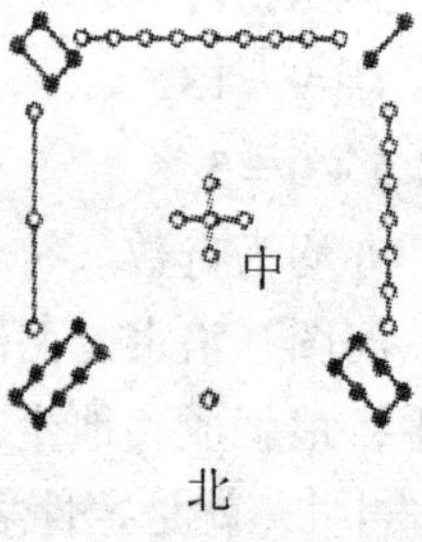

图3-6　洛书定五方

“一与六合为水（合数为七，方位在北），二与七相合为火（合数为9，方位在南），三与八相合成木（合数为11，方位在东），四与九相合成金（合数为13，方位在西），中央五为土（合数为5，方位在中）。”其中土占中央，承载四方，运化万物。在河图中，所生有五：

天一生水

地二生火

天三生木

地四成金

天五生土

规律为：奇数为“天”，偶数为“地”。水克火，金克木，成两个阴阳偶对。土在“五”位，土生万物，承载四方。说明五行中有两对阴阳偶对，一个具有与演化五行的太极相似的子太极，较其他四行更具有演化潜质。还有每一对生成数，就是一对奇偶数。所以每一对生成数和为：

1 +6 =7

2 +7 =9

3 +8 =11

4 +9 =13

5 +10 =15

所以任意奇偶数均构成阴阳偶对，它们的和均为奇数。在三才、五行中，奇偶数之和分别为3、5，所以说，三才、五行，均是一个具有生命活力的“奇数”，符合万有时空位奇数演化原则。

在洛书中，有五对合数：

1 +6 =7

2 +7 =9

3 +8 =11

4 +9 =13

5 +0 =5

亦均为奇数。符合万有时空位奇数演化原则。

河图、洛书，两图均从奇偶数上说事。天数为奇，地数为偶。天生，地就成；地生，天就成。所以奇偶数均可作生、成之数。所谓“生”，就是定性之意；所谓“成”就是定形、定质之意。天地相合，就是“生成”。证明了每一阴阳偶对演化出的奇偶数之和，理论上讲是个奇数。这正是脏腑奇偶性命名原则所揭示的。脏多偶数，腑多奇数。每一构成阴阳偶对的脏腑之和，理论上讲多成奇数。如：2 个肾体为偶数，1 个膀胱为奇数。阴阳偶对之和：

1 个左肾脏 +1 个右肾脏 +1 个膀胱腑 =3

同理：

1 个左肺 +1 个右肺 +1 个心腑 =3

1 个左睾丸奇恒之脏 +1 个右睾丸奇恒之脏 +1 个精囊奇恒之腑 =3

……

总之，从河图、洛书的图解中得到如下结论：脏腑演化最终统一于一“道”之体里的统一“太极”精气，以三才、五行，为其演化基数选项。《灵枢·根结》：“阴道偶，阳道奇。”**说明脏演化的数量多为偶数，如左肺、右肺，左肾、右肾，左睾丸、右睾丸，左卵巢、右卵巢等等。腑多为奇数，如一心、一胃、一胆、一膀胱、一肠等等**。所以说，任意“相表里”的阴阳偶对脏腑的演化数量之和，从理论上讲多是奇数，如两肺一心，两肾一膀胱，两睾丸一精囊，两卵巢一子宫等等。

五、脏腑演化律

综上所述，得出脏腑演化律，即内源性脏腑演化规律，或狭义脏腑演化律。此处内源性，指人体演化于中位的胸腹腔。可表述如下：

脏腑演化律：

1. 狭义脏腑，是同源受精卵而演化出的内源性器官。

2. 每一内源性脏腑演化，均以产生阴阳偶对为基本演化方式。一类实质的脏，必定产生另一类空腔腑与之相对应。

3. 内源性脏或腑的演化类型，没有突破自然数 5。

4. 每一相表里的阴阳偶对脏腑，其演化数量多为奇数。

说明：

规律 1：说明内源性脏腑，只能是终同源于受精卵，并不是近同源于同一个胚层。如消化腺体的肝、胰两脏，及胃、肠两腑，演化于内胚层的始消化道。而肾、膀胱、心，则演化于中胚层。而肺本来演化于内胚层消化道，但演成后加入并服务于由中胚层演出的循环系统。可见五脏、五腑，并没有近同源关系，只能是终同源于受精卵。**是同祖不同母。**但却统一于相同的胸腹腔而发挥彼此关联的作用。正如一个单位的人，来自五湖四海，但却在一个集体里如同亲弟兄一样合作着。

规律2：阴阳偶对，有一实体脏必产生空腔腑与之相对，是脏腑演化最显然的规律。其实，脏腑六大命名原则：结构性命名原则、功能性命名原则、方向性命名原则、运动性命名原则、序位性命名原则、奇偶性命名原则，都是脏腑演化规律。既是命名原则，同样也是脏腑演化定律。六大命名原则，就是六类阴阳偶对关系。说明脏腑演化差别，可从多元层面或角度上审视出来。

规律3：如骨的演化一样，胸腹腔作为相对独立的演化空间，它容纳的演化脏腑属类没有突破自然数5，是属类而不是精确的数量。几大类与几大类包含着的精确数量，是个不等的概念。正如男、女房间是两类，不是指男、女的房间精确数量一定相等。

规律4：相表里的脏腑演化数量，是一个很有意义的发现，理论上讲一定是奇数。但由于演化的复杂性，进化的多样性，这一规律不一定完全表达出来。如一脾配一胃，一肝配一胆，一胰配一肠等。但“阴道偶，阳道奇”是宇宙的铁律，脏多演化为偶数，腑多演化为奇数，所以，阴阳偶对呈表里的脏腑之数，理论上讲多为奇数。如两肾一膀胱，两肺一心，两睾丸一精囊，两卵巢一子宫等等。从而也可推断出，内源性脏腑演化总数量，也多为奇数。

结　论

1. 道、太极、阴阳、三才、五行，中医理论的轴心线，是研究内源性脏腑演化律的理论模型。

2. 内源性脏腑，终同源于相同的受精卵细胞，统一于同一个胸腹腔。

3. 脏腑呈阴阳偶对存在，是从属性论界定，而不是从生成论界定。脏腑六大命名原则，均是从属性论探讨脏腑阴阳偶对演化。其中脏实腑空，是主要的阴阳偶对演化。

4. 内源性五类脏是：胰、肝、脾、肾、肺。内源性五类腑是：肠、胆、膀胱、胃、心。

5. 脏或腑的演化类型，没有突破自然数 5。与人类没有突破五指具有同样的生物演化意义。

6. 从理论上推论，任何阴阳偶对脏腑演化数量之和为奇数。

第四章 器官演化数学模型统一论

1998年，是我难忘的一年。在我恩师江西中医学院刘晓庄教授（如图4-1）的指导下，我开创了中医气化学说的研究。我注意到一个现象，中医用五行模型，将宇宙万物拷贝到一起：五脏、五官、五味、五方、五音、五色……

图4-1 我的导师刘晓庄教授

这给我的启示是巨大的：

人体器官具有统一的数学模型吗？

就是说，任何器官，或器官群落，如细胞、感官、脏腑、四肢骨、头骨、牙骨、掌骨、趾骨等生命演化群落，具有统一的数学模型表达，具有统一的数学公式吗？

如果是，这必将是人类发现生命统一于细胞之后，又一个很有趣的发现！

有的教科书认为："脏腑是中医学特有的概念，与西医学脏器的概念不同。脏器，是西医学的一个形态学概念，是指机体的内外器官而言……就其结构来说，是一个纯形态学的或实体性的结构，而其功能则是通过直接对该器官的解剖分析而获得。反之，中医学的整体观察和‘以象测藏’的认识方法，决定了脏腑的结构是一个在形态性结构框架的基础上赋予了功能性结构成分而形成的形态功能合一性结构。”[23]

其实，这是对中医形态脏腑的误解。中医脏腑，是从“藏府”演变而来，都指具有储藏功能的结构实体或单元。从广义脏腑定义上看，与西医学的脏器可以互语或等价。从中医脏、腑、奇恒之腑概念涵盖的范畴之广，就可看出它不单纯指内源性脏腑，而是指全身器官，有实体、有空体。所以，在此，脏器、器官、脏腑，可以等价。至于“在形态性结构框架的基础上赋予了功能性结构成分”，比喻心如“倒垂莲花”，这只是运用比喻描述的方法，与器官的真实不矛盾。至于从实体脏器演生到“藏者，象也”，这只是一种认知切入点的不同或研究的思维模型不同，并不等于中医语汇里的脏腑可以脱离器官的真实。

所以，本课题的观点非常鲜明：**在形态器官指代上，中、西医没有分歧，研究的都是同一套相同的器官**。广义脏腑，就等于器官。中医的脏腑，应该与西医的相同，而不可在真实器官之外人为地炮制一套不存在的器官。至于中医用“以象测藏”得出的藏象或脏象，这只是思维方式的歧变而产生的不同语境表达。如中医“脾为后天之本”，说中医的脾是一个功能器官，可包括几个西医脏器，这只是认识的角度歧变的原因。五脏、五腑，都是真实的器官，相信“脾”也一定落在一个真实器官上才能担当其任。脾功能的歧变，不是器官本身造成的，而是中医在脾脏之上赋予了“土生万物”的思想模型。如果“后天之本”一定要找一个形态之脏来承担，那么这个器官一定是“胰”。而脾是一个循环器官，与消化一丁点关系都没有。

至于通过研究得出肝、胰都与消化关系密切，都承担了一部分“后天之本”的功能，这不能怪罪“胰”指代“脾”，而应该怪罪中医此时的“脾”以“土”来代之。

一句话，中医与西医，在形态器官层面上，指代绝对一致。至于中医走向了藏象式的“唯象医学”，走向了模糊的功能器官概念，这不是真实器官的问题，而是中医认知方法、思维模型的涉入发生的必然歧变。胸腹腔内，只有五脏、五腑，它们确有其实，确有其质，否则它们哪来的名字？上帝造人的数学公式，应该在器官层面上高度统一。（如图4－2）

图4－2　人体万有时空位演化原则

中医不但形态之脏器与西医是相同的，而且它对脏器的命名更具有科学性。如与五行对应的五大脏腑名称：脏、腑、奇恒之脏、奇恒之腑、奇恒脏腑。而“脏实腑空”的结构学命名原则，更比单纯叫脏器或器官显得精确。

一、数学模型的冷思考

阴阳、三才、五行，都是中医特有的数字模型，或思想模型。深刻领悟它的科学实质，其重要意义是显然的。长期以来，中医对此认识不清。有的学者认为，“一分为二与一分为三是两个哲学命题。‘一分为三’是宇宙的生成论，研究的是事物的空间结构和时间秩序；‘一分为二’是事物的属性论，是阴阳的对立统一。既不能把阴阳学说中的阴阳平衡作为‘一分为三’的立论依据，也不能把事物的空间结构和时间过程用‘一分为二’的观点进行分割，二者不能混淆。三阴三阳是‘一分为二’即‘一阴一阳之为道’和‘一分为三’即‘三才之道’的有机结合，是‘兼三才而两之’的结果，是中医的时、位、性三位一体的完美统一。”[24]

这是从纯粹哲学思维来研究的必然结果。其实，阴阳所谓的“一分为二”，与三才的“一分为三”、五行的“一分为五”一样，都是通观宇宙万物演化的思想模型。既是属性论，又是生成论。属性论因“生成”而生，生成论因“属性”而定。阴阳的“一阴一阳之谓道”，只是从阴阳偶对上，定其演化的属性归纳，同样也是一个生成问题、演化问题。在属类上，强调阴阳成“偶对”存在，“一阴”必有“一阳”来对待。在演化或生成上，必定有反映这种阴阳偶对成立的结构或功能表达。如脏、腑演化，有一类实的脏，肯定有另一类空的腑与之相应。这里“一类”对“另一类”，就是阴阳偶对的属性存在。而“实”与“空”，显然是一个生成或演化的结构学问题。

其实，阴阳、三才、五行，均有属性、生成双重意义。这里的属性阴阳归纳，显然也是大体的归纳，并不是细化。就是说，它强调的是具有总括意义上的属类归纳，并不涉及属类下的个数相等。如相表里脏腑，一阴对一阳；一类实体之肾，对应另一类实腔之膀胱。但不等于脏腑演化或生成个数相等。两肾显然与一个膀胱并不等量。属类，仅仅从阴阳“偶对”上作粗略的界定，并不关注偶对下演化的具体数目。而三才、五行，显然也是如此。

二、器官演化研究方略

只有用现代科学的视野，来研究中医脏腑，才能产生让现代人能理解的脏腑，形成全新可信的藏象学说。那种超越解剖的真实，一味用虚无缥缈的“功能脏腑”来研究，是本课题所尽量避免的。器官演化规律的提取，是站在一个通观全局的位置来作全方位的研究。它重点关注的是脏腑演化的源流、属性、数学表达，然后上升到规律认识总的器官演化背后相同的语言描述。器官演化规律研究方略如下：

1. 空间性

在空间性上，脏腑器官演化，有内源性脏腑演化与外源性脏腑演化之分。内源性演化，产生了狭义的脏腑；外源性演化，产生了除五脏、五腑以外的其他脏腑。在此，脏腑与脏器或器官同语。

运用逻辑学，在空间概念上，理清了传统中医脏腑序次与演化数量的问题。如三焦，是一个外源性演化的“一体之大腔”，与内在五脏、五腑，具有包含与被包含的关系，不可定位于普通的脏腑。虽然三焦符合“空者为其腑”的定义，但却不可与其他内源性五腑对等。而真正的内源性脏腑，不存在包含与被包含的关系。这就从空间概念上，在逻辑上取消了三焦与五脏、五腑对等或平等论道的资格。《难经》就倡五腑说，只是这里的五腑是“胃、大肠、小肠、胆、膀胱”，与笔者的“肠、膀胱、胆、胃、心”不完全相同。

2. 秩序性

《国语·周语》有言：“天下之气，不失其序。”秩序性，是宇宙从混沌到有序演化的必然。生命演化也当如此。

空间层面，大小层面，质地层面，结构层面等等，无他，秩序也。用秩序概念研究脏腑，就会发现生命在进化不同阶段对应的不同的生命结构。如动物演化的总路线：单细胞动物—虫类动物—鱼类动物—爬行类动物—哺乳类动物。其余是过渡态或旁支动物。如文昌鱼，是介于虫类与鱼类之间的过渡态动物。青蛙，是介于鱼类与爬行类的过渡态两栖动物。而鸟类，是远离主流演化线上、从爬行类演化而来的旁支动物。

从动物体找到的五层寄托生命品质的证明“细胞—组织—器官—系统—生命体”，就反映了生命随着演化的前进，生命品质依次递加，显示出演化的秩序性。

本书将研究的焦点，锁定在器官，即广义的脏腑层面上。

脏腑，是中医语言中特有的品种，现代医学叫器官。它是在单细胞动物进一步演化到多细胞动物后，由相同细胞产生组织，再由组织演化出一个个相对独立的器官，即广义脏腑。总的演化秩序如下：

肠、胰—膀胱、肾—胆、肝—胃、脾—心、肺。相表里脏腑，先演化出空腔之腑，然后再演化出实质之脏。如水中的鱼，没肺有心。当鱼跳出水而进化出肺鱼，它才演化出肺。这就证明，心与肺两器官，先演化出空腔的心，后再演化出实质的脏。如线形动物开始出现了消化管道，如蚯蚓，出现了较完善的消化管，已经具有了口、咽、食道、嗉囊、砂囊、小肠、肛门等均为“空腔”状的器官。说明一个大问题，**器官演化，先演化出空腔类的“腑”**。而实质的脏，是后演器官。如实体状的肺，它是后于相表里“心”腑，是从消化管上端演化出来的。

这里的“相表里”，是中医特殊的语汇，是受老子“道”的影响而产生的说法。道家重视“阴水”作用，强调内在阴柔，在卦象中，独重坤卦。养生强调虚无恬静。看问题，重视内外之别。内，即里；外，即表。表里，即外内。并认为，脏为阴主里，腑为阳主外。这里的“表里”关系，是一种认识问题的模型，与真实脏腑的位置不具有对等的关系。不能说脏在里（内），腑在表（外）。

站立位置，相表里脏腑的位置秩序是：脏上位，腑下位。

3. 结构性

任何脏腑，都从管状或囊状的器官演化而来。腔肠类动物，在中心位置演化出的腔肠，就成为内演性脏腑的演化统一空间。它一源两支，梅开二度，作为统一的“消化—循环腔”，以此为基础演化出较有相对独立意义上的“消化管、脉管”，然后在这两管的基础上，开始了声势浩大的造脏腑运动。

脏腑，最显然的差别：脏实、腑空。这是中医忽视了几千年的大问题。它的命名原则，是以结构性命名原则为最根本。脏实腑空，也是规范一切脏腑的主要参照系。

4. 数学性

伽利略有言：自然之书，以数字特征写成。

一门科学，与数学结合越近，它的科学性越高。从数字入手，找到脏腑演化的规律，是本课题最大的尝试之一。在植物花的演化中，笔者找到了花瓣数是以不大于自然数 5 为演化的基数。它让笔者敏锐地感到，这与中医五行，有某些重要的联系。在骨骼数序研究中，笔者又发现了同样规律——骨骼演化律。

骨骼与花一样，具有惊人的相似性，以不大于自然数 5 为演化基数选项。花，骨，为什么踏着同样的步伐，表达出与五行某些惊人的相似天赋？它们都是生命的器官。这迫使笔者用同样的眼光，审视生命器官演化中的数学规律。

当笔者以数学为研究切入点，来研究内源性脏腑演化，发现了同样的数学规律：五脏、五腑。

人体在器官层面上，五脏、五腑、四肢骨的五骨序列、头盖骨的五大版块、椎骨的五大类、五官等等，遵从统一的演化规律。无论在广义脏腑，或是狭义脏腑上，数学模型是一样的。

在这里，五行，不再是个机械的东西，而是一组鲜活的数学模型，只等剖析出其内在的生命演化秘密。

之所以选择了骨与内源性脏腑作为重要的研究焦点，是因为它很好地反映着数学在生命演化中的有序性与规律。其他脏腑，当不会出其范围。

5. 中轴性

中轴演化，或是中心演化，这是生命演化的铁律。植物的顶端优势，就是例证。在人体，体腔内的脏腑，是以原始腔肠为演化中轴空间。所有器官，基本是以消化道为中心轴的演化产物。四肢骨，也符合中轴演化原则。上肢，是以“中指—尺骨—肱骨”为演化中轴；下肢，是以“中趾—胫骨—骰骨”为演化中轴；脊椎，是以椎骨为演化中轴。

所有叶脉，是以中间叶脉为演化中轴。所有植物茎，都是以中轴茎为演化中心线。

如在根、茎的最前端，“是最没有任何分化的、最幼稚的、终生保持细胞分裂能力的胚性细胞”[25]。

由这样的细胞形成的胚性“原分生组织”，往往构成植物的中轴或中心，是生命元气（如生长素）最聚集的地方，所以，此处的细胞，受到充足元气的推动，生长最蓬勃。然后在这中轴（或中心）两侧或周围，再以“一阴一阳之谓道”，演化出其他的生命配件。如椎骨两侧左右演化出成对的肋骨。在植物叶，以中轴叶脉为中心线，对生或互生演化出两侧的子叶脉。

三、在模型上炮制五官

五官，眼、耳、鼻、舌、身的简称。中医的五官是眼、耳、鼻、舌、口。五行对应五官，似乎天经地义，但大家想过没有，是巧合，或是感官演化的品种确实合着中医的“五行”而对号而生？

五官，是五类感觉器官。感受器与感觉器官不同。感受器是具有感觉神经末梢的特殊感受装置，能感受刺激并将其转变为传入神经冲动。而感觉器官则是除了具有感受器外还有一些特殊的辅助装置和附属结构的器官。**五官，均演化于皮肤表层，说明它们起源的统一性。**

感受器分外感受器官与内感受器官。五官对应的所谓视觉、听觉、嗅觉、味觉及皮肤之痛、温、触等所谓的触觉，均演生于体表或近体表，所以叫外感受器。它分别由眼睛、耳朵、鼻、舌、皮肤来承载。用中医思维模型论之如下：

[1]“道”模型表达：五官，均演化于体表或近体表的感觉上皮。“感觉上皮”相当于古人“有物混成”的“道”。

[2]“太极”模型表达：“感觉上皮是上皮细胞在分化过程中，形成的具有接受特殊感觉机能的上皮细胞，例如味觉上皮、嗅觉上皮、视觉上皮和听觉上皮等。”[26]

上皮细胞是五官演生的统一之“太极”、之“一”元精气。它潜于“道”中。所以五官演化同源。

[3]“阴阳”模型表达：太极成五官精气（上皮细胞）演生的五官数量，以阴阳偶对表达其相对待。这种阴阳偶对在五官上的表现为两对感官演生：

一对只对波有感觉的器官：眼（对光波有感应）、耳（对声波有感应）。

一对只对化学物质有感应的器官：鼻（对气有感应）、舌（对味有感应）。

而触觉，是上皮细胞最早演化出的有别于其他四觉的感觉。理由是：原始多细胞动物生活在自然界中，与外界接触，最可能的是先演化出触觉。而其他四官，如眼、耳、鼻、舌，均有触觉功能，所以在五类感觉中，触觉最普遍。根据生命优生原则，“最普遍拥有的，往往是最先产生的。”[27]

从而判断触觉最早演生，其后才是其他觉的产生。

[4]“三才”模型表达：上皮细胞，依次按三才“一源三歧”而初化，产生三大感觉：

触觉

波觉——听觉（声波）、视觉（光波）

化学觉——嗅觉（气）、味觉（味）

对应着数学语言：1、2、3。

[5]“五行”模型表达：在三才基础上再接再厉，上皮细胞，继续以五行的“一源五歧”而细化，产生五大类感觉，并让五官来承载其功能：

1. 眼睛

引起视觉的外周感受器官是眼睛，眼睛由眼球及辅助装置构成。眼球由眼球壁和内部的折光物质所组成。眼球壁也仿三才之“一源三歧”而三化：外膜、中膜、内膜。

外膜富有神经末梢，感觉灵敏；中膜富有血管和黑色素的棕黑色的结缔组织膜，能保护眼球和维持眼球形状；内膜又可分内外两层，外层由色素细胞组成的色素上皮，内层由三层细胞组成的神经层（视网膜）。第一层为光感受细胞，第二层为双极细胞，第三层为神经节细胞。当视网膜上的感光细胞受刺激而发生化学反应和膜电位变化，这种电位变化作为一种视觉信息在视网膜的其他神经细胞间进行传递上达到脑，产生视觉。

2. 耳朵

听觉的外周感受器官是耳，它能适应一定频率范围的声波振动。外界的声波经外耳道传到鼓膜，引起鼓膜振动；再通过听小骨把声波传到前庭窗，引起前庭阶内的外淋巴振动，进而引起内淋巴振动。当这种冲动经过耳蜗神经末梢，把毛细胞的兴奋转为神经冲动，向中枢传送，产生听觉。

3. 鼻

嗅觉的外周感受器是鼻。嗅觉感受器位于鼻腔最上端的嗅黏膜。嗅黏膜上皮中有嗅细胞。“嗅细胞为双极神经元。其树突细长，伸到上皮表面，末端膨大呈球状，称为嗅泡。从嗅泡发出多根静止的纤毛，称为嗅毛。嗅毛为嗅觉感受器，可接受不同化学物质的刺激，产生冲动，传入中枢，产生嗅觉。”[28]

4. 舌

“舌的发生，在胚胎形成的第 4 周末，左右下颌内侧面细胞增生，形成 3 个突起，前面一对为外侧舌突、后方正中一个较小为奇结节。外侧舌突生长迅速，左右愈合形成舌体的大部分，并与奇结节合并。奇结节仅形成舌盲孔前方舌体的很小部分。”[29]

舌作为五官之一的作用，首先在于它是味觉感受器，上边布有味蕾。“味蕾主要分布在舌背面和舌缘的舌乳头中。味蕾是卵圆形的小体，是上皮细胞分化而成的结构。味觉可分甜、酸、苦、咸，但找不到对应这些味道的四种形态的感受器。这说明同一个味觉细胞对酸、甜、苦、咸均有反应，只不过是程度不同而已。”

5. 皮肤

触觉的外周感受器分布在皮肤之下。“皮肤是被覆在身体表面，是人体最大的器官……皮肤内含有丰富的神经末梢，能感受外界环境中冷、热、触、痛、压各种刺激，具有重要的感觉功能。”[30]

一般认为，“不同形态的感觉末梢是各种皮肤感觉专门的感受器，它们能分别特异性地感受作用于皮肤上不同性质的刺激，产生的传入冲动分别沿着专门神经通路，传向皮肤感觉中枢而产生不同的皮肤感觉。一般认为，皮肤中的迈斯纳小体（Meissner's corpuscle）和有毛皮肤围绕毛囊的神经末梢是触觉感受器；环状小体（pacinian corpuscle）是压觉感受器，冷觉终末器克劳氏终球（Krause's end bulb）和路菲尼氏小体（Ruffini's corpuscle）则分别是冷觉和温觉感受器，游离神经末梢（free nerve ending）为痛觉感受器。”[31]

在本课题研究中，笔者认为五类感觉，都是由皮肤的上皮细胞特化而成。触觉分布最广。只有头部特殊，中医认为是“诸阳之会”，清气上升，浊气下降。上升之清气，演化出品种最多的感觉。也许这是由于生命定向运动产生的结果。动物在向前运动过程中，神经对“前”端的事物要首先作出判断，所以久而久之，前端“头”区，成了受刺激机会最多的部分，于是开发出最丰富的感官来。

在万有时空位奇数演化原则看来，原始生物细胞是全能型的，处于元时空位。当受到外界的刺激，先演化出与中时空位 0 对应

的触觉细胞。然后再跳跃演化出与偶对时空位 A1A2 对应的“味觉细胞、嗅觉细胞”。然后再跳跃演化出与偶对时空位 B1B2 对应的“视觉细胞、听觉细胞”。可以这样说，人类五类感觉细胞，只是原始生物全能细胞的五个演化品种，或五个儿女！

因为与五行相配合，人类演化出五类感官：眼、耳、鼻、舌、身，与五行对应。“身”是广泛性的皮肤之触觉，中医的五行模型用“口”代替“身”，无非为的是与五行高度相适，亦合情理。其实，整个头部都布满着“触觉”，口只是个代表，无非为的是与“五行”对号入座。其实从广泛的演化角度看，任何皮肤细胞均可演化出五官，这是细胞的全能性决定的。只是头部这个“诸阳之会”演化的机会多，才幸运地拥有了五官。至于为什么五官演七窍，中医一直没有专门研究。下面将有专节细述。

四、脏腑演化追根求原

从广义脏腑演化来看，同源之“道”体里的同一团“太极”之精气，以“三才”演化出三胚层，然后才在此基础上再演化出众多器官。器官在不同层面的子“道”、子“太极”的基础上演生，显示出器官演化具有不同的层面性。重要的不再是器官演化一定统一于一个个叫“道”或“太极”的思维模型，而是呈群落演生的器官，按照“三才”“五行”模型展开的统一空间，发挥生理作用。好像这些器官都是同源演化于统一层面的“道”或“太极”，其他是个误解。正像一个单位的人，来自不同的地方，却很好地合作如“一”地完成工作任务。

1. 论脏腑器官的同源性

从现代胚胎学研究，显然可以肯定地得出这样的结论：任何脏腑器官，总同源于同一个受精卵。受精卵是所有脏腑演化的最终之“同源”，或大同源、终同源。但不同群落里的脏腑，它们是否演化于小同源有待考究。那种“万物同源”的绝对思维应该有新的理解。这里需要探讨的是：同源的层面是什么？同源在哪个层面上？

如五行模型解读的所谓五脏，虽然总同源于同一个受精卵，但它们却演生于同一受精卵演出的不同的三胚层。如心、肾，演化于中胚层；而肝、胰、肠等器官，却演化于内胚层；肺从内胚层的消化管上端演化而生，但却最终加入血液循环系统。

如果三胚层的每一层被认为是相对独立的一个个“小同源”，那么可以肯定，五脏并不是从同一个小同源演化而来，而是多源“小同源”演化。所以，那种纯理念式的思想模型“同源”演化观，不符合发生学或进化论。

中医的“道”“太极”，就是这样一种同源演化的思维模型。认为每一个物质系演化于统一的物质起源。这就需要认真考察同源的不同层面问题。如果说，生命脏腑演化于同一个“道”体里的统一“太极”之精气，那么这个精气，只能是受精卵。受精卵是一团混然之“道”，而道体里的那挂反反复复分演的基因，就是太极之统一精气。不是受精卵的任何部分，都具有演化生命的功能，只有那套基因有这种本领。所以，道、太极（一），是有原则区别的。道是总的载体，而太极是载体里统一的精华之物。

脏腑器官，总同源于同一个生殖之精。但每一相对独立的脏腑群落，并不绝对从同一个小同源中演化而来。分清大同源、小同源；远同源、近同源，是脏腑演化研究所必需的。

2. 论脏腑演化的同模性

中医之所以将有形之“器”，与无形之“气”，均统一于道、太极、三才、五行，这些带有强烈的思维模型里，是因为这些模型确实反映了生命演化的共性规律。只是传统中医关注的是无形之气化，对有形之脏腑的演化，思考得不多，至少没有上升到规律去认识这种模型的科学价值。

本课题从骨骼演化律、狭义脏腑演化律、五官演化律，显然可以得出这样的结论：呈群落存在的脏腑器官，它们的演化显然有其共性规律，那就是千篇一律的模型化演化。所有人体脏腑器官，总同源于大道之“受精卵”里的统一太极之基因。而各个脏腑，又由这个大太极演化出的不同胚层所化生。脏腑大同源于受精卵，但都有自己各自的小“同源”。所以，每一个看似成统一群落里的脏腑器官，如五脏，虽然也同样用五行模型来解读，似乎它们真是“一源五歧”从同一个胚层演化而来，这显然是个误解。五脏，是个杂合体，它的成员来自不同的“五湖四海”，演化于不同的胚层。那种“太极一气产阴阳，阴阳化合生五行，五行既萌，随生万物”的五行同源性，受到了挑战。同样，五脏同源性也受到了挑战。

重要的不再是五脏演化是否同源，而是它们的功能相互协调，好像它们是“一气同源”。它们都在统一的空间里，找到了思维模型让它们必须遵从的位格。有此位格，才能发挥其功能。三才、五行，都是它们功能发挥要遵守的时位分配。如骨的演化，上肢骨，先按三才而小化，呈现“三权分立”：臂骨、腕骨、掌骨。次按五行而大化，呈“五权分立”：1 块上臂骨、2 块尺桡骨、3 块上腕骨、4 块下腕骨、5 根指骨。数字 1、2、3、4、5，显然表达了这样一个含义：指骨演化有个极限问题：小于或等于 5。当演化到 5 指骨，数字嘎然停止，像接到命令一样，不再继续演化到 6。可见，五行是上肢骨最大演化基数选项，只能这样理解。至少现在的人体没有足够的理由突破这个禁令。其余的骨骼演化群落解释同理。

至于狭义脏腑演化，在胸腹腔里，男、女共有的脏确实只有五类：肺、胰、肾、肝、脾。为什么排除性腺不在五脏考虑范围，是因为男性的性腺，如睾丸，确实从胚胎演出后落出在胸、腹腔之外。所以男、女之脏，公因式确实只有五脏，而没有六脏。所以很符合五行模型的极限数之“5”。所以，古人选取五行，作为最大基数选项，肯定有许多事例来佐证。中医的一切模型，其实包含着许多重大的生命规律让我们期待。

三才、五行，都是脏腑演化呈群落存在所必需的时间序位、数学模型。只有这样的时空分布，才能让脏腑发挥正常的功能。脏腑，不在于它们是否绝对同源演化，而在于它们绝对符合一个统一模型来规范它们的时空存在。脏腑，不在于其所生，而在于其所用、其所成；不在于肺是否从消化道演化而来，而在于肺“背井离乡”扎根于循环系统发挥了正常的功能。

五、人体器官演化律

器官，就是广义脏腑，是生命体中演化出的所有器官的总称。这里的脏腑概念相当于现代医学的脏器、器官。因为古籍文献中脏腑写为“藏府”，指具有储存功能的结构单元。从这个意义上讲，脏腑确实相当于器官。

本课题重点以骨，内源性五脏、五腑，五官为研究主体。惊人地发现，它们的演化数学基数选项，一模一样；演化的思维模型也一模一样。这不能用偶然来概括，只能从规律性上，来找到统一的、共性的解释。笔者从三大方面，研究广义脏腑演化律，就是器官演化律。表述如下：

器官演化律

1. 生命体任何相对独立演化的器官或器官群落，最终同源于统一的演化起源。

2. 生命体任何相对独立演化的器官或器官群落，在其演化的每一步，都以产生出有比较意义的器官属性为结果。一类器官属性，一定会演化出另一类有差别的器官属性来对应。

3. 人体任何相对独立演化的器官或器官群落，以一源三歧而小化，以一源五歧为大化；以不大于自然数5，作为最大概率的演化基数选项。

5. 人体任何相对独立演化的器官或器官群落，潜在演化数量永远是奇数。

释：器官群落，即同源演化的器官集团。如原始腔肠动物，同一腔肠演化出的未来动物的五脏、五腑；同一脊椎骨演化出的众多的椎骨；头盖骨演化出各异的五块子骨等等，均可称为器官群落或器官集团。

器官的演化是不可能停止的。但其演化的最终模式，永远界定于统一的器官演化律中，即广义脏腑演化律中。整个宇宙中，也许生命演化，服从统一的演化基调，它的器官演化，统一于中国人发现的广义脏腑演化律。

结　论

1. 生命体里的所有器官、脏腑，演化最终同源于同一个精卵细胞。而呈群落存在的器官，并不一定演化于同一团组织。即脏腑是终同源，但不一定绝对是近同源。

2. 道、太极、三才、五行，是中医脏腑器官演化的理论模型，同样是思想模型，只具有近似意义上的理论解释意义，不具有绝对性。

3. 道，是生命演化的同一个载体；太极，是生命演化统一的精气。太极附于道而存，道因太极而化。道与太极意义不等。道可喻为种子，而太极是种子里最精华的基因。

4. 脏腑呈奇数而化演。太极（一）、三才、五行，是现实生命演化的最佳基数选项。它是现实生命演化的器官或生命部分，在时空存在或分布的理论模型。用数学表达，就是1、3、5。

5. 呈群落存在的脏腑器官，它们潜在演化的数量是奇数。

第五章 脏、腑、官、窍演化数学模型统一论

窍，是人体与外界沟通的“通道”。在头上有七窍，1 口、2 鼻孔、2 眼、2 耳也；在体面正观有三窍，1 脐、2 乳也；在体部下端有三窍，1 尿窍（前）、1 阴窍（中）、1 肛窍（后）。

窍的演化数量，有严格的规定，那就是与内在人体脏腑、器官一样，统一在万有时空位奇数演化公式：

$S=2m+1$。

脏腑各有开窍，这是中医特有的医学认知。《灵枢·脉度》：“五藏常内阅于上七窍也，故肺气通于鼻，肺和则鼻能知香臭矣；心气通于舌，心和则舌能知五味矣；肝气通于目，肝和则目能辨五色矣；脾气通于口，脾和则口能知五谷矣；肾气通于耳，肾和则能闻五音矣。五藏不和则七窍不通。”

问题是，五脏如何配七窍，中医从来没有从精确的数理模型中，提出令人信服的解释。是一脏开一窍，或是一类脏开一窍？无从而知。

寻找脏腑器官背后统一的演化数学公式，对各个生命层面上的器官或组织进行统一说明，是确立脏腑器官演化研究的主要动机之一。

一、元态演化数学模型

当 $m=0$，代入万有时空位奇数演化公式 $S=2m+1$，则 $S=1$。即表示同源生命器官的演化，高度统一于受精卵这个“道”体里

统一的“太极”之精元或基因。任何脏腑、官窍，都没有演生出来。此为生命演化元态，或始态，阴阳潜含不显。生命处于高度自恰、自足、自立的“一”态，对应着模糊数学模型“1”。

元态，生命差异完全消失或没有表达出来。这里需要再探讨的是，元态的演生经历。老子认为“道生一”，即“道（易）生太极（一）”，历代均无令人信服的解释。其实，考究种子演生，一目了然。如花生开花结果，刚开始扎根地下，结出稚幼的花生果实，内含清汁汪汪，不见种子模样，唯有一团清沏均匀的液态浆质。此时正处于“有物混成”的“道”态。此时生命之质“太极”这个“胚”还没见影子。当时日渐笃，果实渐见种子模样，最后是种子形成，再成熟。“道”体里终于孕育出生命高度统一其中的“太极”——胚，实为胚中之基因。从混元一“道”，到演出清晰可见的“太极”之胚，生命经历了“道生一”。所以，“道”是生命载体，“太极”是生命演生的统一根源。

元态，既可指“道”体，又可指“太极”精源。“道”是整体，“太极”只是整体中有生命演化源的部分。生命统一于“太极”，演于“道”体。但道之“体”混元如一，而太极之“体”清晰如一。道，糊涂混沌；太极，清楚明白。

“道生一”，是“气生精”的过程。从而来推导出，有界膜存在的细胞（精），是从更细微的无形之“气”演化而来，如《管子·心术下》：“一气能变曰精。”精是比气更精华的精微物质。

二、二值演化数学模型

阴阳偶对演化，是脏腑最普通的演化。它关注的是阴阳对待演化，并不关注演化的数量；反映出胸腹内成脏腑精气，千篇一律的“一阴一阳之谓道”。举例如下：

（一）结构性阴阳偶对模型

如脏实、腑空。脏多是实体器官，如五脏“肺、肾、脾、胰、肝”；腑多是空腔器官，如五腑“心、膀胱、胃、肠、胆”。心，中空，所以应该为腑。

（二）功能性阴阳偶对模型

脏腑功能阴阳偶对：藏而不泻为脏，传而不藏为腑。脏专于分泌，腑专于承纳。如肝泌胆汁故为脏，胆纳其汁故为腑。

（三）方向性阴阳偶对模型

脏器产生的精微物质在相表里脏腑间的流注，产生阴阳偶对：流出者为脏，流入者为腑。如，肾泌液出，下纳入膀胱，故肾为脏，膀胱为腑。

（四）运动性阴阳偶对模型

脏腑运动性阴阳偶对：相对运动弱者为脏，相对运动强者为腑。如心动为阳，故为腑；肺被动而动，故为脏。

（五）序位性阴阳偶对模型

脏腑序位性阴阳偶对：上位者为脏，下位者为腑。表里关系的脏腑，肺上位、心下位；脾后上位、胃前下位；肝上位、胆下位；肾上位、膀胱下位；胰左上位、肠右下位。

（六）奇偶性阴阳偶对模型

脏为阴多呈偶数演化，并位于中轴线两侧存在，如 2 个肾、2 个肺、2 个睾丸、2 个卵巢等等；腑为阳多呈奇数演化，并位于中轴线存在，如 1 个心、1 个胃、1 个胆、1 个膀胱等等。消化系统的脏多呈单体演化，如 1 个肝、1 个胰。而循环系统的脏多呈偶数演化，如 2 肺、2 肾、2 个性腺等。

三、三值演化数学模型

当 $m=1$，代入万有时空位奇数演化公式 $S=2m+1$，则 $S=3$。即受精卵这个“太极”一精气，按三才模型而“一源三歧”。生命处处绽放“三才”之花!

（一）三胚层与三才

在细胞这个“无形”精气层面上，受精卵选演出三胚层：外胚层、中胚层、内胚层。(如图5－1）符合道生论演化公式，即万有时空位奇数演化公式：$S=2m+1$。

受精卵的发生，是生命最小单位“细胞”的化生。它符合“太极”模型演化公式：$S=2m+1$。

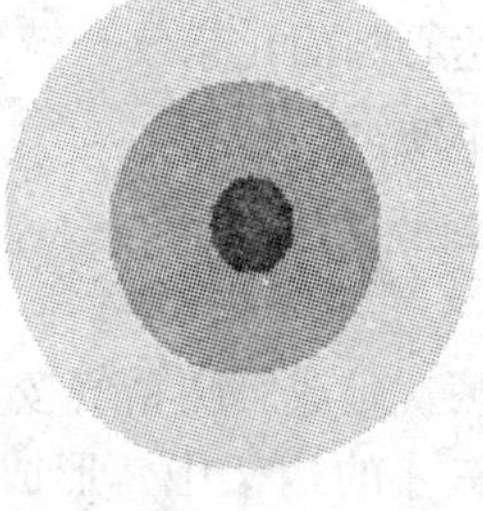

图5－1　三胚层胚元

所以受精卵以倍二演化，依次演生出：2个细胞、4个细胞、8个细胞、16个细胞、32个细胞……。所以，所谓八卦，只是倍二演化公式中，取了一个模型，即“一分为八的模式”，它只是统一太极演化模式中的一个特例。所以，细胞在自我演化的范畴内，多以太极模型而化演，以阴阳模型的倍二演化为数学表达。

（二）势态三焦与三才

对于脏腑演化，成脏腑精气均从三胚层演生。按三才而演形成三势精气：升势、中势、降势。因肺金主肃降、肾水主润下，二者由降势之气所演故为阴主降；肝木主条达为升、胰火助消化吸收上达，二者由升势之气所生故为阳主升。脾，中焦之枢，为中位成脏精气所演，承上达下，得土位占尽中势之优，故为中势。故势态三焦为：

上焦：肺、肾精气；

中焦：脾精气；

下焦：肝、胰精气。

势态三焦，较之部位三焦更具有临床意义。中医强调的是功能意义上的脏腑，所以，定位于精气层面上，以精气的运动潜势来界定五脏精气类型，提出势态三焦说，意义重大。在脏腑演化图谱中，我们显然看到，势态三焦更具有合理性。上焦，器官，多为循环系统的器官，如肺、心、肾、膀胱。下焦器官，多为消化系统的器官，如肝、胆、胰、肠等。在上焦者方能降，肺、肾是也；在下焦者方能升，肝、胰是也。下焦多升清，肝、胰将消化吸收的精微物质上达心肺而化宗气、营卫之气；上焦多降浊，肺、肾助血运而利水排小便。

（三）五脏演生与三才

五脏，是成脏腑精气按三才演化而来的。所以，五脏精气，一定会在三才的构架中，形成空间分布。五行，在三才模型的话语中，是两个三才共“中轴”串联的结果。五脏，以“土”位为演生中心。上焦“金、水”之精气，演生出两类脏：肺、肾；下焦“木、火”之精气，演生出两类脏“肝、胰”；中焦“土”类之精气，演化中位脾脏。如果一个三才用一个三角形来表示，那么，五脏是由两个三角形模式演生而来。

（四）五官演生与三才

五官：目、耳、鼻、舌、唇。它是由表皮细胞几亿年的演化过程中，习得了与五行相符合的五类感觉：视觉、听觉、嗅觉、味觉、触觉。如果在三才模型中讨论，五觉实为三类觉：

化学感觉——味觉、嗅觉

波类感觉——视觉（光波）、听觉（声波）

触类感觉——触觉

五觉与五脏，在五行模型中的解析，表示如图5-2。

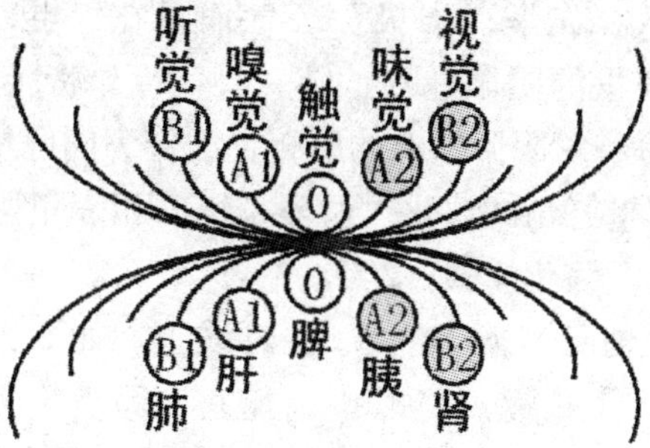

图5-2　五脏、五觉统一时空位演化

五类感觉对应着五类细胞的有序演化：原始细胞，像一团混元如一的全能生命单元，在万有时空位演化原则中，它处于元时空位。先演化出触觉细胞，然后再演化出偶对“听觉细胞、视觉细胞”“味觉细胞、嗅觉细胞”，而让触觉细胞处于中时空位O中。

原因，五类感觉细胞都有触觉特点。就是说，视觉、听觉、嗅觉、味觉、触觉五类感觉的背后，均有触觉成分。触觉成了“公有项”，所以提取公有项，将它放在万有时空位演化中的中时空位“O”位。

五类感觉细胞演化的可能顺序：触觉细胞、听觉细胞、视觉细胞、嗅觉细胞、味觉细胞。

正如五类感觉器官的演化，皮肤为寄托，依次演化出“皮肤—耳—目—鼻—嘴”，与五类感觉细胞的演化顺序对应。这种数学模型的机械对应，只说明一个大问题：器官层面上的生命演化，与细胞层面上的生命演化，数学模型统一。

注：五类感觉，与五类脏腑，具有统一的数学模型表达，不等于它们之间有任何的对应关系。只是它们均以相同的数学公式演化而已。本书作者不赞成中医“一脏开一窍之说”。因为开窍说，是简单的取类比象解释，不具有科学性。

（五）相表里脏腑的"三角"式奇数演化

成脏腑精气，先呈"太极"一气而存在，再以"一阴一阳"而对待演出相表里的阴阳偶对：肺、心；肾、膀胱；脾、胃；肝、胆；胰、肠。每一对阴阳偶对的脏腑，又作为同源精气，以三才的"一源三歧"而呈三角式演化。循环系统的相表里脏腑，呈典型的"三角式"演化。演化模式：2 脏 +1 腑。

2 脏位于中轴两侧，1 腑位于中轴线上。如 2 肺、1 心；2 肾、1 膀胱；2 睾丸、1 精囊；2 卵巢、1 胞宫。即呈"两脏一腑"型的脏腑排列，两脏又呈阴阳偶对现象，以左、右为表达方式，如左肾右肾。（如图 5－3）

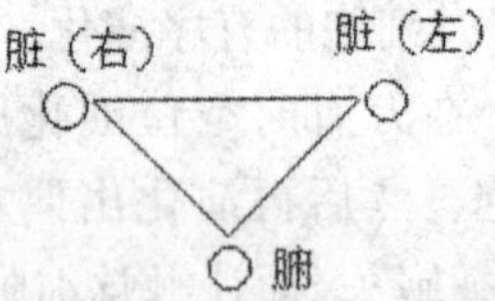

图 5－3　相表里脏腑三角式时空排列

在人体外观，也是呈"三角式"而存在：两乳房、一脐。乳是乳腺小结分泌而出，乳腺小结呈实体的"脏"态，符合脏的定义。而脐，在先天，是人体营养通道，呈空腔状的"腑"态，所以符合腑的定义。故两乳、一脐，实际是"两脏、一腑"，呈三角关系存在。可见，人体的奥秘，远远不止内在脏腑的三角式关系，在外在的体表，亦可表达得淋漓尽致。

四、五值演化数学模型

五行，是当 $m=2$，代入万有时空位奇数演化公式 $S=2m+1$，则 $S=5$。此时，同源物质演化系的"太极一气"，演化出五气，或五类气，即"一源五歧"或"一气五态"，这就是中医的"五行"演化模式。此时有两对阴阳部分，一个中轴（或中心）部分"1"。

可见，中医的元气、三才、五行，都统一于同一个万有时空位奇数演化公式，三者同源精气“1”而演化。只是五行，是比三才更高级的演化模型。中医的五脏、五腑、五指、五趾、五官，均是五行模型演化的器官。五脏，是五类脏，不是精确之数，是与五类精气“金、木、水、火、土”相对应的五类脏。五类脏的真实还在于，“五”是男、女胸、腹腔里继“一源三歧”之后最小的公因数。虽然男、女各有两个性腺亦符合“脏”的定义，但男性的睾丸却下纳于腹腔外的阴囊。只有女性卵巢还置于盆腔中。故统而言之，男、女胸、腹腔内共有的只有五类脏。

五行模型，是人体任何脏腑或脏腑演化群落至今还没有突破的一个极限。所以，它是万有时空位奇数演化公式中，一个很重要的解值。

五、脏、腑、官、窍数学统一图示

五类脏没有突破，但五类脏中演化出的脏腑精确数量，却远不是五个。如脏演化有精确个数在胸腹腔内是七脏：左肺、右肺、左肾、右肾、脾、肝、胰。

五官演化的却是七窍：口、左鼻孔、右鼻孔、左目、右目、左耳、右耳。

五脏、五官，是属性意义上的大致界定。而七脏、七窍，是从“五”的模型，跳跃到“七”的模型。脏、窍数量的高度统一，只有一个解释正确：脏、窍都是按照相同的数学模型而演化。《灵枢·脉度》的“五藏常内阅于上七窍也”，可表达为“七藏常内阅于上七窍也”。说明古人总是想让“脏－窍”联姻，形成开窍说。但本书作者不赞成这种机械唯心主义的“形而上学”。因为任何相对独立的器官单元，均以相同的数学模型而演化，不见得就一定非要有一对一的“开窍”关系。

五脏、五官，七脏、七窍，都是不同意义上的数学表达。属类不等于数量的确数，但均是奇数，统一于同一个万有时空位奇数演

化公式 $S = 2m + 1$。

如果非要坚持“一脏开一窍”，也只能说明脏与窍的分布具有相似性。经过详确的研究后，发现脏与窍的对应分布关系如下：脾对应于口；肺对应于鼻；肾对应于目；肝对应于右耳；胰对应于左耳。（如图5－4）

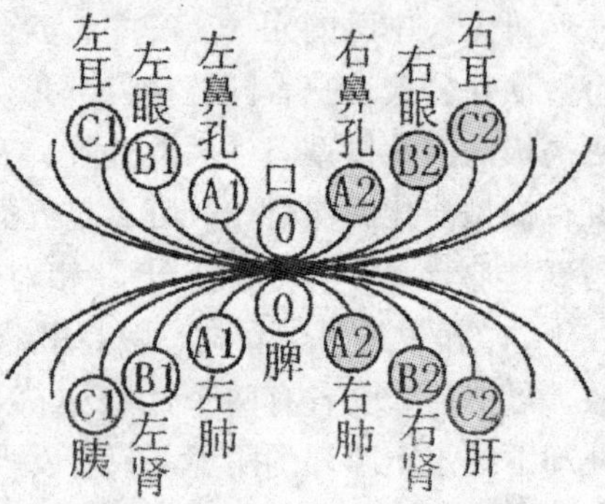

图5－4　脏、窍统一时空位演化

这些结论的意义在于，七脏是个确数，正好符合七窍；脾是中位之脏，对应于消化道，上开窍于口，显而易见；以肺呼吸，鼻翼煽动，故肺开窍于鼻易知。最难分晓的是，肾、肝、胰三脏如何开窍。中医命门概念，从目追到肾，说明目与肾肯定有更相关的密切联系。目瞳孔之“黑”，与肾水所主之“黑”同。目流泪为水，亦合肾之“水脏”。眼睛是心灵的窗口，肾在中医是生命最重要的承载之脏。所以，肾开窍于眼，至少在中医文化中也能“自圆其说”。更重要的是，现代胚胎学的研究，已经找到更为详尽的证据，来安排肾、肝、胰的最终开窍。

“**肝、胰**等消化腺体，与**中耳**、咽喉管，均发生于胚胎内胚层演化出的原肠中；而**肾上腺髓质**与**视网膜**神经，则分别演化于胚胎外胚层演化出的神经嵴、神经管中。”[32]这说明，肝、胰开窍于耳，肾开窍于目，更有科学依据。

中医拘于“有效”来得出的开窍，不符合胚胎学与发生学的考证。本课题的观点是：有效又符合科学解释，才是中医研究的必然。我们只记得了“肝病与目”的关系，没有研究在肝病中，肝与耳是否更具有相关性。肾病同理。肾虚患者耳的听力弱，但此时肯定“目”也好不哪里去。所以，传统以有效定开窍，缺乏更为科学的研究参量。而现代胚胎学恰好弥补了这一点。

根据同气相求，同侧相应的原理，左、右窍与左、右之脏对等。所以，七脏与七窍对应关系如下：

脾开窍于口；

左肺开窍于左鼻孔；

右肺开窍于右鼻孔；

左肾开窍于左目；

右肾开窍于右目；

肝开窍于右耳；

胰开窍于左耳。

口、脾，均演化于所在空间里的“中位”。可以看出，七脏是以消化道为演化中轴线；七窍是以过“口”的面部中间为演化中轴线。

七脏，可以认为是以中位“脾”为演化中心，演化出的三个三才模型：左肾、脾、右肾；左肺、脾、右肺；左肝、脾、右胰。

七窍，亦可以认为是以中位“口”为演化中心，演化出的三个三才模型：左鼻孔、口、右鼻孔；左目、口、右目；左耳、口、右耳。

以上只是附合于传统“开窍说”，硬性形成的所谓开窍关系。其实，笔者不同意这种机械的“开窍说”。只认为脏与窍具有统一的数学模型分布。至于“开窍说”成立与否，还应该进一步研究。

六、脏、腑、官、窍演化数学公式

本书研究，最大收获是找到了万有时空位奇数演化公式：

$S=2m+1$。

当 $m=0$，则 $S=1$，就是太极演化模型，生命演化于“道”体里统一的“太极”精气。如生命统一于受精卵里相同的基因。

当 $m=1$，则 $S=3$，就是三才演化模型，生命统一之太极精气，以“一源三歧”的三才模式而化演。如势态三焦说。

当 $m=2$，则 $S=5$，就是五行演化模型，生命在三才基础上，再以“一源五歧”的五行模式而化演。如五脏、五腑、五官。

当 $m=3$，则 $S=7$，就是七行演化模型，生命在五行基础上，再以“一源七歧”的七行模式而化演。如七脏、七窍。

当 $m=4$，则 $S=9$，就是九行演化模式，生命在七行基础上，再以“一源九歧”的九行模式而化演。如九脏、九窍。

……

生命演化是无穷尽的，但多呈奇数演化。统一于万有时空位奇数演化公式。九脏、九窍，是什么？

《素问·六节藏象论》说：“夫自古通天者，生之本，本于阴阳。其气九州九窍，皆通乎天气，故其生五，其气三。三而成天，三而成地，三而成人。”

这里清楚提出了九窍说，并说明九窍，是在三才基础上演化而来。因为九、五，均在“其气三”的三才模型中，找到了统一理论。九窍，按照“有一脏必有一窍”的惯性思维，应该对应着“九脏”。这就是在七脏基础上，加上两个性腺器官。

两性器官的演化：男子两睾丸、女子两卵巢，均内在充实为脏，在两侧；而男子精囊、女子胞宫，均内在空虚为腑，呈单个存在而居中间。男子外生殖器，又称外肾，如肾囊。宋代的宋慈在《洗冤录·疑难杂说》有“更验肾囊两子”，此处两肾，就是外生殖器。两个性腺虽然排除在传统的“五脏”之内，而称之为奇恒之脏，但却绝对符合脏的定义，亦是胸腹成脏腑精气所演生。在胚胎学演生中，由中胚层所化。属于大循环系统。两性腺开窍于前后两阴：左腺开窍于尿道（前阴），右腺开窍于肛道（后阴）。理论是，“左阳右阴，前阳后阴”的方向与阴阳配伍原则。

所以，成脏腑精气，以太极“1”为演化源，演化出九个脏：

左肺、右肺、左肾、右肾、肝、胰、脾、左睾丸、右睾丸（女性为左卵巢、右卵巢）。

人体也以九窍应之：

左鼻孔、口、右鼻孔、左目、右目、左耳、右耳、前阴、后阴。

所以，千古脏腑官窍的奥秘最终揭示：

脏腑及官窍，均是演化于统一的成脏腑精气。在胸腹内，以消化道为演化中轴，依次演化一个或一类脏、三个或三类脏、五个或五类脏、七个或七类脏、九个或九类脏……

相应的官窍亦如影随之：一个或一类窍、三个或三类窍、五个或五类窍、七个或七类窍、九个或九类窍……

数字，既可代表是独立意义上的器官存在，也可代表相关精气的属类或准确演化个数。如七脏，既可代表七个脏，同样可代表七脏演生的七类与之相应的精气。

在胸、腹腔中，“太极”思维模型中的“1”态精气，在演化出众多脏腑后，其“太极”中心之位，演生出一个“脾”留在此位。所以，中医有“中焦”脾的概念。不是说脾具有“后天之本，气血生化之源”，而是说脾之中位，曾是太极演化的“1”态精气，是成脏腑精气演化之元时空位；是从演生的角度而言，说脾一不小心落在了一个重要的位置上。

七、再读器官演化律

万有时空位奇数演化公式 $S=2m+1$，它最终反映了任何脏腑（相当于器官）的演化，呈奇数而化演，并以一个“太极”为演化中心。综上所述，得到器官演化定律的另类解释：

器官演化律

1. 任何器官或相对独立群落的器官，都同源演化于统一思维模型里的精源物质。

2. 器官演化基数，呈奇数而化演。

3. 器官演化基数选项，统一于相同的公式：$S=2m+1$。

4. 太极一气，是器官演化之基态；三才，为器官演化之初化；五行，为器官演化之次化。理论上讲，器官演化的奇数选项是无穷的，可以是一行、三行、五行、七行、九行、十一行……

只对定律1作解释

太极模型演化，之所以被认为是一种理想化的“思维模型”，是由于生命演化是复杂的。精卵细胞在演生的过程，时刻吸收负熵的物质或能量，并及时排除呈正熵类的代谢后的物质。所以，“太极”精气的演化，是一个时刻处于动态平衡的过程。全身脏腑器官，只能在受精卵这个原态之太极处找到绝对的“统一”，而与三才、五行相对应的所谓三焦之脏腑，之五脏、五腑，都不绝对符合理想化的“太极”模型。如五脏就不是由三胚层的一个胚层演化而来，而是化生于不同胚层。如心、肾、性腺，演化于中胚层；消化腺体之肝、胰，演化于内胚层；肾上腺体却演化于外胚层。

这说明，中医用五脏配五行，理想中似乎五脏演于统一精气，“太极一气产阴阳，阴阳化合生五行，五行既萌，随生万物”的绝对“五行同源”论，是错误的。这说明，太极、三才、五行、七行、九行等等这些呈奇数而存在的生命演化模型解值，只是提供了一种纯理想化的思维模型，与实际的生命演化复杂有许多出入。各个脏腑器官或演化群体，演出可以不同源，只是演出后，统一在同一个空间里发挥生理效应。或换个角度思考，它们只有在这些空间里，按照奇数演化公式里允许的几何学分布规律而分布，才能发挥最出色的生理效应。如所有内源性脏腑，以消化道为中轴呈对称演化；上七窍以“口”为演化核心；相表里脏腑，按三才模型而呈“三角”式空间分布等等。

本章结论

1. 脏腑演化，符合太极、三才、五行等这些思维模型中，统一于相同的万有时空位奇数演化公式 $S=2m+1$。它们只是提供了一种最理想化的演化模型，与真实的生命演化复杂，有许多不符。

2. 每一脏腑器官或脏腑器官的演化群落，统一于同一个空间里，以阴阳偶对为相对待演化模板，以三才模型的“三角式”排列，为基本定格的最小模型。以五行、七行、九行，为其更高层次的演化。

3. 脏的演化与窍的演化高度吻合。说明脏与窍的演化背后，有惊人相同的演化数学公式，即万有时空位奇数演化公式 $S=2m+1$。不一定代表脏与窍一定构成一一对应的所谓“开窍”关系。

4. 器官演化律的公式表达，只能说明演化后的脏腑，按照公式所规定的几何规律分布并发挥其功能，而不是说明它们确实绝对“演化同源”。

5. 脏腑器官或脏腑器官演化群落，按照奇数演化公式解值所规定的空间存在，而且有规律地对称排列。或换言之，是演化出的脏腑器官或官窍，严格按照公式解值确定的几何学分布而对称分布，才能发挥最佳生理效应。而不是什么演化“同源”使然。绝对的同源性是不可能的，如五脏却演生于不同的“胚层”，并非“同源一气”。如果找绝对的同源，只能找到受精卵这个“太极”一气。

6. 脏、腑、官、窍，具有统一的数学演化公式表达，只能说明它们以相同的数学模型来演化，并不能说明“一脏开一窍说”是成立的。本书不赞成没有经过严格科学证实的所谓中医的“开窍说”。

第六章 走近张颖清

——全息论、模型论两种生物观

张颖清（如图6－1）提出的全息论，和笔者提出的模型论，是两种全新的生物观。

图6－1 张颖清教授

全息论认为，任何相对独立的生物结构单元，均是全息元；在生物学特性分布上与整体相同，是整体成比例的缩小。

而模型论认为，任何相对独立的生物结构单元，均是模型元——含有统一的思维模型、数学模型的演化单元。在数学模型潜在上（注意，不是原型分布），与整体相同。

全息论强调的是各个全息元的相似性，模型论强调的是各个模型元的同模性。

全息论、模型论，均认为任何相对独立的生物结构单元，都是对大整体演化的部分或全部的重演过程。

模型论，是对全息论重大修正后的另类表达方式，就是从数学模型上，量化全息论。让全息论升华到数学模型的精确中来研究。

虽然中国学术界，有些学者对张颖清教授的评价颇有微词。但事实上是，张颖清教授提出的全息论，却是新中国成立以来，在生命科学研究领域中最重大的理论原创之一。你可以找出这个学说有许多有待改进的不足，但你找不出几个科学家，独创出能与张颖清生物全息论可相提并论的理论突破。

本章系统论述张颖清教授的理论硕果，并将全息论与模型论，作为两种完全对等的学说，阐明它们对生物学的全新观点。

一、一个自学成材的知识青年

张颖清，一个历尽磨难，自学成才的生物学大家。性格孤傲，卓尔不群，思维独特，开拓进取。他是新中国最优秀的生物学家之一。对人类最大贡献：独创了一门边缘科学——全息生物学！

还是内蒙古一个边远的草原上插队落户的“知识青年”时，张颖清天才地一鸣惊人：发现了生物体新的统一的结构和功能单位——全息胚。

张颖清是这样解释全息胚

全息胚是作为生物体组成部分的、处于某个发育阶段的特化的胚胎。一个生物体是由处于不同发育阶段的、具有不同特化程度的多重全息胚组成的。这样就给出了一个全新的生物整体观，使人们对生物体的认识，发生根本性的和观念性的改变。

全息胚学说的重大意义

全息胚学说打破了生物体部分与部分之间的绝对界限，揭示了生物体不同部分之间的统一性；给出了生物体体细胞的全能性在自然条件下最普遍、最一般的表现形式；给出了相关部位在整体上的一般分布规律；对生物进化的途径、发育和分化、癌机制等问题，给出了带有强烈震憾的全新理论解释。

1985 年，张颖清在全息生物学中提出了“哺乳动物的体细胞具有全能性，即发育成新个体的潜在能力”的理论。这一理论在 1997 年为英国科学家维尔穆特的著名克隆羊“多莉”所证实。

是中国的张颖清，打破了全世界“哺乳动物的体细胞不能发育成新个体”的所谓的金科玉律！张颖清敢于突破这样的公认观念，充分显示了他在科学上勇于创新的大无畏精神。

张颖清著作等身：《全息生物学》《全息胚及其医学应用》《生物全息诊疗法》《新生物观》等。他的多种论著被译成英、德、日、俄、挪威、蒙古、塞尔维亚等文字，在世界上广为流传！

全息生物学是一门新兴的学科，交叉于动物学、植物学、胚胎学、遗传学、生理学、病理学、生物化学、细胞学、形态学、分子生物学、生物物理学、古生物学、医学、农学等领域，不仅具有深刻的理论意义，而且有着广泛的应用价值。

张颖清多次应邀到美国、瑞典、英国、俄罗斯、新加坡、挪威、丹麦、斯里兰卡等国讲学，并在新加坡、挪威、美国，专门召开张颖清全息生物学的国际学术大会。正如在挪威首都奥斯陆举办的第二届国际全息生物学大会通过的大会宣言所指出的："全息胚学说是生物医学领域内的一个全新的具有根本性意义的理论。全息胚学说对生命科学的进步具有重大贡献，在生物学的众多领域都具有重要意义。"高度的国际评价与认可，这正是中国人强烈希望张颖清这一重大发现，能斩获诺贝尔奖的主要原因。令人悲痛的是，先生于2004年10月病逝，令人扼腕叹惜！

令人不解的是，中国科学院有许多院士，将张颖清教授的全息学说，"治理整顿"成"伪科学"。而山东有关部门，也孩子看脸色似地像领了圣旨，断了他的研究支持，人才待遇也随之"一扫光"。张颖清教授周围的人，有许多也以冷漠的态度，看待这位科学杰才的西去。更有甚者，从他不入时俗的孤傲、我行我素的科学狂人的与众不同，寻找反感他的理由。

有时我相当不理解：为什么科学原创很欠缺的中国，产生了那么多专叮屁股的所谓的"反伪科学"大军？而不知道，科学探索的过程，没有伪与不伪，只是一个发现与证实的过程！科学，怎么可以"伪"了呢？

二、全息论的生命观

生物全息论，是对达尔文生命同源演化观的重大突破。全息性在于生命演化的同源性。DNA 的半保留复制和细胞的有丝分裂，使生物体任何细胞具有与原来受精卵（有性生殖过程）或起始细胞（无性生殖过程）相同的一整套基因。

（一）生物全息论

全息论是张颖清教授的学术生命线。它有如下特点[33]：

1. 全息胚的各个部位都在整体或其他全息胚上有各自的对应部位；

2. 全息胚上的一个部位，相对于该全息胚上的其他部位，与整体或其他全息胚上所对应的部位生物学特性相似程度较大；

3. 各部位在一全息胚上分布规律与各对应部位在整体或其他全息胚上的分布规律相同；

4. 在生长轴线连接的两个全息胚，生物学特性相似程度最大的两极总是处于相隔最远的位置，从而总是对立的两极联在一起。

（二）全面理解全息论概念

要全面理解全息论，应该重点理解如下概念：

1. 全息元

生物体的每一个具有生命功能又相对独立的部分，叫全息元。它与机体有相对明显的边界，构成整体的全息元分属于不同层面。大全息元中可以再包含着小全息元。全息元的级数越高，与整体的联系愈密切。

2. 全息的含义

生物体每一相对独立的部分，在生物学特性分布上与整体相同，是整体成比例的缩小。

3. 全息胚

全息胚是作为生物体组成部分的、处于某个发育阶段的特化的胚胎，一个生物体是由处于不同发育阶段的、具有不同特化程度的多重全息胚组成的。这样就给出了一个全新的生物整体观，使人们对生物体的认识发生根本性的和观念性的改变。

4. 细胞全能性

张颖清在全息生物学中提出了“哺乳动物的体细胞具有全能

性，即发育成新个体的潜在能力”。

细胞全能性，就是中医同源演化中的整体思维的现代版，也是“克隆”技术的理论基础。

所以，整个全息论，强调的是每个相对独立的“全息元”或全息胚，都能演生出“在生物学特性分布上与整体相同”的演生规律。

（三）再读全息胚这种特殊“胚胎”

全息胚有别于我们传统认识的胚胎。它的特殊性在于[34]：

(1) 这种胚胎是生活在亲体本体上的，是亲体的组成部分；

(2) 这种胚胎是特化了的，在生物体上可以行使为整体服务的某种功能；

(3) 这种胚胎是处于某个发育阶段的，并在许多情况下，由于其本身的特化和整体对其发育的抑制，已不能继续向前发育成为独立的成体。

在此，胚胎历史性地被赋予了更广的含义：泛指处于个体发育各个阶段的新个体。这样一来，一个生物体上的不同的结构单位，在本质上都是同一种东西，即它们都是作为生物体组成部分的处于发育的特化的个体，这就是它们的共同属性。张颖清教授，定义他的全息胚：**全息胚是作为生物体组成部分的处于某个发育阶段的特化的个体。**

（四）判断全息胚

对于植物演化，张颖清教授给出了五个全息胚的判断条件[35]：

1. 某一器官或部分的主要自主发育过程，大致重演这种植物的一段个体发育过程。

2. 某一器官或部分具有发育成完整植株的潜在能力即全能性，在某种条件下这种潜在能力能够得到表现。

3. 某一器官或部分从形态特征上已可看出是完整植株。

4. 某一器官或部分，是其他已被证明是全息胚或部分的变态。

5. 某一器官或部分与其他已被证明是全息胚的器官或部分存在着过渡。

三、模型论的生命观

模型中医学，历史性地用哲学思维模型、数学模型，研究每一个相对独立的生命结构单元。思维模型，让研究具有透视深度与思辨力量；数学模型，让研究具有精确可靠与操作有据。

从哲学思维模型、数学模型，我们开发了三大研究领域：模型中医学、模型生物学、中医健康设计学。在此简单介绍前二者！

（一）模型中医学

从统一的中国古典哲学思维模型、数学模型的双重角度，研究中医学理论形成的历史演变规律。尤其用准确的数学模型，论证了中医必然的演化路径与科学价值。这是中医史上的第一次。例如，如果不从数学的高度，你解释不了三才、五行的“一体两制”；也理解不了，为什么经络是三阴三阳？也理解不了，为什么中医在眼睛上炮制出了所谓的“五轮学说”？三才、五行，只有纳于精确的数学模型研究，才能明确其含义。模型中医学研究方向：

1. 中医理论演化模型统一论

（1）中医理论统一哲学思维提取

（2）中医理论思维模型数学模型化

（3）中医理论数学模型公式化研究

（4）中医理论模型统一论

2. 中医诊断学演化模型统一论

（1）中医诊断学思维模型、数学模型研究

（2）中医诊断学多元部位的统一性研究

（3）中医诊断学泛元诊断模型统一性研究

3. 中医辨证模型统一论

（1）多维辨证模型统一思维研究

（2）多维辨证要素的数学模型研究

（3）病、证、症统一性研究

（4）辨证模型统一性研究

4. 中医治疗学演化模型统一论

（1）方药治疗学上的思维模型统一性研究

（2）中药性味上的演化模型统一性研究

（3）中医治疗学上的思维模型、数学模型统一性研究

5. 针灸学演化模型统一论

（1）经络体系演化思维模型、数学模型的统一性研究

（2）穴位演化思维模型、数学模型的统一性研究

（3）取穴思维模型、数学模型的统一性研究

（4）针灸学演化思维模型、数学模型的统一性研究

（二）模型生物学

所谓模型生物学，就是从统一的思维模型、数学模型，研究生物演化的共同规律的一门边缘科学，揭示出任何相对独立的生命结构单元，如张颖清教授的“全息元”或“全息胚”，都具有统一的数学模型公式表达，从而升华了全息论理论。让相似学意义的全息论，上升为精确的数学介入研究的模型论。

植物的根、茎、叶、花、果、花瓣、花萼、雄蕊、雌蕊、叶脉、花脉；动物的脏腑、骨骼、四肢骨、五官、趾骨、指骨、牙齿等每一相对独立的生命演化单元或演化群落，本质上数学模型统一、数学公式统一。

从而揭示出这样一个**重大发现：**

每一生命的个体，都在按着相同的数学模型，重演着生命母体

曾经历过的数学模型。只是由于进化的原因，使这一规律，被许多假象掩盖。如植物在纵向、横向轴上，演化数学模型高度统一。或者换句话说，生物器官，按照数学模型的解值规定，有规律地递变着，像是有一只无形的大手，在操作着。这就是万有时空位奇数演化律数学公式：$S = 2m + 1$。

模型生物学的研究领域，已经从传统的宏观器官形态层面，跃进到微观的基因层面。如孟德尔的豌豆杂交实验发现的两大定律，它们的基因配子的排列，都完全高度符合时空位奇数演化原则。说明，**器官的演化与基因的演化，宏观的演化与微观的演化，数学规律具有令人难以置信的统一性**。这就为生命演化总规律的寻找，提供了数学模型支持。模型生物学研究方向：

1. 脏腑演化模型统一论

（1）脏腑结构学界定

（2）脏腑命名原则

（3）腑脏演化思维模型、数学模型提取

（4）脏腑演化与时空位数学分布

（5）脏、腑、官、窍演化模型统一性研究

2. 骨骼演化数学模型统一论

（1）同源骨骼界定研究

（2）同源骨骼演化的哲学思路

（3）同源骨骼演化的数学模型表达

（4）同源骨骼演化的统一数学公式推导

（5）同源骨骼演化定律

3. 人体器官演化数学模型统一论

（1）器官的界定研究

（2）内源性器官、外源性器官、同源性器官研究

（3）器官演化的思维模型、数学模型、公式推导

(4) 器官与胚演化比较研究

(5) 器官演化定律

4. 植物演化数学模型统一论

(1) 植物器官演化递变律

(2) 植物器官纵向演化数学模式研究

(3) 植物器官横向演化数学模型研究

(4) 植物横向、纵向演化数学模型统一性研究

(5) 植物器官演化定律

5. 基因演化数学模型统一论

(1) 孟德尔两大定律基因层面上的统一性研究

(2) 现代基因研究中的数学模型提取研究

(3) 基因演化统一的数学模型表达

(4) 基因演化定律

(三) 模型与原型

许多朋友总是问我一个问题：为什么不研究原型，而是研究模型？这个物质世界，是模型具有说服力，还是原型具有说服力？

我的回答：问得很好！

我们看到的物质世界，原汁原味，是真实可靠的宇宙“原型”。由于演化或进化的原因，原型宇宙千姿百态，差别很大。从外在原型的形态学上，确实找不到统一的本质诉求。也就是说，如果究于原型，在原型上找宇宙的统一，也许我们连植物的一片叶子也难以统一。

?

因为叶子太“多情善变”了，太奇形怪状了，太“无法无天”了。所以，人类聪明地认为，原型背后的模型宇宙，才是便于研究的载体。如宇宙千变万化的背后，统一于有限的几十种元素。杂乱的宇宙，在五大自然力中找到了统一。多样的生物世界，让达尔文

读出了生命同源演化的模型思维。生物林林总总，却让中国的张颖清找到了“生物全息论”。潜含不露的生物杂交，让孟德尔发现了统一的配子分布规律的模型表达。

总之，抛开原型研究模型，是人类最聪明的表现。因为模型，可以抛开复杂的物质世界的真实差别，高度凝炼出思维的模型、思想的模型、抽象的语言或数学符号。

正如莱布尼兹，从五彩缤纷的物质世界中，抽象出0、1，作为计算机语言的数学模型，进而创造了二进制数学模型。

同样，我们提出的模型论，同样将物质世界抽象出与中医哲学思维相对应着的数学模型表达，如太极之1，阴阳之2，三才之3，五行之5等。并将这种数学模型，推导出万有时空位演化公式：$S=2m+1$。

仅以五行之“5”为数学模型。在眼睛上表达为原型为球状的“五轮学说”；在舌体上对应着原型为椭圆状的五脏分布；在手指上表达为五指；在感觉上表达为五官。所以，外在的形态，即原型，是高度不相同的，可以有球状，有面状，有条状，有扇状，没法统一。所以，我们做不到在原型上找到器官的统一。只能抛开原型的真实，在器官背后，找到统一的思维模型、数学模型。正如根、茎、叶、花、果，外在原型确实没有统一的可能，但抛弃原型的真实，我们却在这些不同器官背后，找到了它们共同的数学模型表达。这才是植物统一的重大发现：生物统一的数学模型演化规律。

庄子说“统天下一气耳”。就是从外在宇宙原型的背后，读出了宇宙的统一性：同源“气”演化。中国古人强调“智者察同，愚者察异”。就是说，有智慧的人，观察到了宇宙统一的模型“雷同”规律；愚昧的人却只缠于事物真实的原形之“差异”。

毕竟，“原型”掩盖下的“模型”，才能洞察宇宙之深奥。这里的模型，特指思维模型、数学模型。正如地球三层“地核、地幔、地壳”，与鸡蛋三层“蛋黄、蛋白、蛋壳”，在原型上没有可比性，但在数学模型上，均可抽象出统一的“3”壳层。

四、手相诊病与张颖清教授唱“对台戏”

我与张颖清教授是老相识，他是我学习的榜样，科学的引路人。下边以我们俩的一段对话加工，剖析出张颖清教授的全息论与我提出的模型论的重大区别：

王全年与张颖清，亲切地开起了玩笑！

张颖清教授，笑咪咪地指着一个看手相的老头对王全年说：“看，耳朵是一个人体缩影，手上有规律地分布着五脏六腑，这就是全息论。每一个相对独立的器官，都是人体的缩影！”（如图6－2）

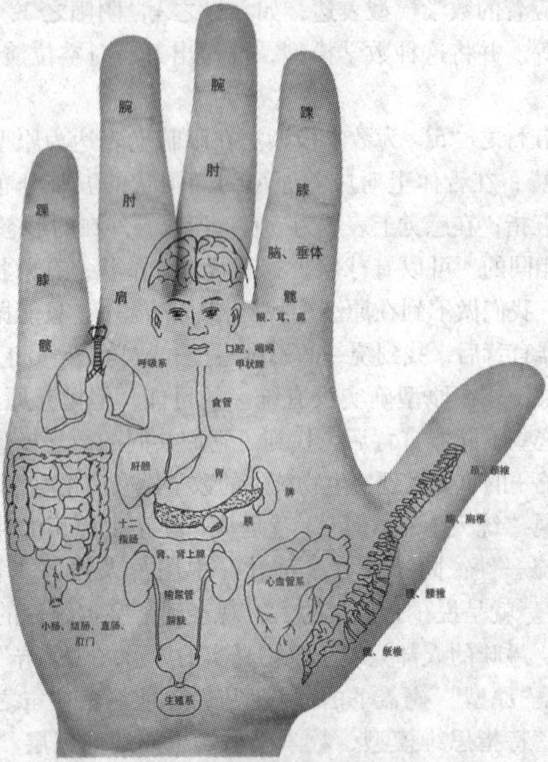

图6－2 传统手相脏腑分布图

王全年，笑咪咪地反驳："张老师，耳朵、舌、手，都是按着相同的数学模型炮制的不同的生命结构单元，是同数学模型演化，但功能特点各有千秋。耳管听，舌管尝，手管抓。再说，中医是讲气化的，气具有弥散性、自由性，胸腹里的五脏、六腑，哪能这么老实，将自己的气化'影子'跑到耳、舌或手掌上，规规矩矩排列成一个'小人'？生命是模型演化，数学模型相同，但唯独不是全息演化。"

张颖清："你们中医，可都这样用了几千年了，还能错了？"

王全年："都信神婆巫汉，中医就完了。虽然中医界骂我的声音很宏亮，但就是把中医老少爷们都得罪净了，我还是坚持我的观点。我认为中医理论，没几个弄懂的，都漂在哲学浮云上之乎者也，自以为是。比如看手相诊病，十个人十个版本，都在胡咧咧，什么在手掌上煞有介事指着肺呀、肝呀、脾呀，将胰也漏了。我不知道在手掌上逮捕着'脏腑'的依据是什么。正像我不相信舌体上有五脏分布，我同样不相信手掌上的五脏分布图。中医是实实在在的科学，弄玄乎了很危险！"

张颖清又笑了："看来，你不把我的全息论，折磨成模型论，是不算完的。"

王全年："对，我甚至不同意您'全息'这种提法，如一个细胞与一个人全息。可能吗？它们在量上，或是质上，哪能全息？一滴水反映一个世界，也只是无限夸张。整个宇宙的信息如此丰富，哪能是一滴水的体积能容下的？不过全息胚概念仍然可以用，但确实谈不上'全息'。相对独立的器官可以叫全息元，但前提是你要重新定义你的全息概念——**凡是潜在着演化出整体生命的结构单元，均可叫全息元或全息胚**。而我的模型论就好得多。我研究的是相对独立的器官，或器官演化群落，共同的数学模型表达及公式推导。我想用数学模型的精确，研究一切的生命演化规律。找到上帝造成万物的密码，将全息论思想发展成模型论思想，让数学承担这份荣誉。"

张颖清教授大笑："你办事，我放心。发展全息论的重任，就交给你了！一代自有一代的方法，我该退休了！"

王全年："接过大师旗帜，不辱使命，将全息论升华到模型论。将生物数学模型研究进行到底！"

"哈哈哈……"书房里传出了爽朗的笑声……

五、全息论、模型论两种生物演化观

全息论、模型论，两种全新的生物观。二者既有区别，又有联系。我曾经说过，是张颖清伟大的全息论，像磁铁一样，将我的研究兴趣吸引进生物奥妙的研究中。可以说，他是我的榜样。站在伟人的肩上，我看到了更能表达生物演化奥妙的另一个研究至高点——数学模型。扬弃全息论，升华到数学模型介入的模型论，是我十几年苦苦思考的结果。在此，有必要弄清楚全息论、模型论这两种生命演化观的异同点！

（一）全息论与模型论的共同点

全息论与模型论有共同特点：研究焦点，关注每一个相对独立的生命结构单元。这种结构单元，在全息论中叫"全息元"或"全息胚"，模型中医学中叫"模型元"或"模型胚"——一个含有统一数学模型的演化单位。

全息论、模型论，均是关注整体性或系统性生命演化的规律研究。找到了生物高于细胞之上的统一性的认识。说白了，二论重点锁定在生命演化任意单位的统一性，认为任意生物演化单元，都是对该生物演化曾经历的过去时态的重演；都是对生物过去历史演化全部或部分时空特征的再现。正如，一个受精卵经历的从简单到复杂的胚儿演化，重复了生物几百万年甚至上亿年演化的大致过程。

（二）全息论与模型论的异同点

全息论，强调任何生物演化单元，即全息元或全息胚的"全息性”。认为每一个全息胚，均是统一的东西——向着新整体演化的不同演化度上的胚胎，只是受生物体整体的控制，它们只能滞定在某一演化程度中。正如同样可演化出一个“人”的四肢，在人体强力强调“集团优势”中，只能演化出四肢，不能太自由化了，不能演化出四个“人”。说白了，就是个体服从整体，全民服从中央。

就是说，整体的人强调纪律，个体的器官强调自由。其实这也有它的高明之处，否则，在四肢上长出四个小“人”，也是特别恐怖的事情！

而我创立的模型论，是从数学模型入手，研究每一个相对独立的器官或器官演化群落，统一的数学模型问题。我关注的是从数学模型研究生物的统一问题，而张颖清教授，是从全息角度，关注生命演化问题。

全息论、模型论，都关注生物演化的统一性问题研究。张颖清教授，从相似学的角度，研究生命统一；而我是从精确的数学方式，研究生命统一。所以，我们关注同一个问题的研究方式，有原则的区别。

张颖清教授，认为任何全息胚，都潜在着演化成一个独立新个体的“潜能”，这是他全息论的主旋律，也是最伟大之处。但我的模型论却认为，任何一个模型胚，均潜在着统一的数学模型潜在，具有统一的数学公式表达。模型论，将全息论的思想，数学化了，精确化了。

（三）生物是全息演化，或是模型演化

这个问题，中国学术界集体都在思考。这就看我们如何理解“全息”意义。前提是，我们应该创新全息的定义：

所谓全息，就是全息胚潜在着演化成一个独立新个体的“潜能”。

如每一个人体器官，如四肢，每一节骨，心、肺、肝等任何脏腑，都是特化的全息胚或全息元，本来都潜在着演化出一个完整

“人体”的潜能。但由于服从人体这个大集体的需要，只能演化出人体“大集体”指令下的某些配件，具有特殊的生命功能，但却不能演化出一个真“人”。

但有时人们在曲解全息意义，误认为全息就是信息的完全相等。**如果从信息量的多少来定义全息，那么全息论就很难成立。**因为每一全息胚都具有特殊性，它们各自的信息哪能相等？所有文学作品、历史巨著，都在这样曲解全息。什么一叶知秋，什么耳是一个全息元，包含人体所有信息。

可能吗？

一片树叶，反映部分秋色，就够可以的了，哪能这样贪心，将整个秋天的秋色秋意尽储其中？耳朵再优良，也容纳不下一个人体巨大的信息表达？正是由于人们有时在曲解全息，才产生了不科学的相面术，典型例子就是所谓看手相。

王大友，就是韶华子先生，是我很佩服的一个学者。他的书我是不能不读，而且还要研究。因为，他被中国人快奉为看手相的“神”了。

确实，承认王大友先生，对传统文化有一种天然的亲和力与高超的悟性。这种求异求新精神，我在中医理论老师队伍里，很少见到，恕我直言！

但我用精确的数学模型，研究所谓的手相，让王大友先生很失望。因为我得出的结论是，手掌、耳、舌、面等任何相对独立的器官，张颖清教授称之为的所谓“全息胚”，是按着相同的数学模型演化的，但却不是人体的所谓“缩影”。手掌上，也没有一个胆大包天的“小人”，“死皮赖脸”地占据在手掌上。所谓耳是一个倒垂的“胚儿”，与舌体五脏划分、手相人体分布，都是子虚乌有的“梦景”，是误读了中医“整体观”的恶果！

中国中医药论坛中医整体观，只是说任何小整体，可以反映大整体的某些病理或生理现象。但从来没说，任何小整体，都包含着全部人体信息。小整体和大整体，明显地表达着不同的量，不同的信息。中医是科学的，哪能愚蠢到这种田地？

各个人体小整体，与大整体，都潜在着统一的数学模型公式表达，知足了！这已经让我们惊讶了！手掌，它有抓的功能，就是称职的器官了，就是本分的器官了！再反映一个五脏、六腑的所谓脏腑“缩影”，太越权了，太贪心了，太“背着儿媳逛泰山”了。

一句话，手相、耳朵，是人体缩影之类的思维，是误读中医整体观。至于在手、耳上诊病，这正如全身的穴位可治全身病一样，因为我的研究认为，任何穴位均具有全能治疗，只是我们将这种功能的全能，按照自己大脑中的人体“小人”，在耳朵上胡鼓捣出了一个所谓的人体缩影！正如怕鬼者，总是将鬼描写得栩栩如生，煞有介事！

再如，王大友先生的《掌纹诊病实用图谱》一书的第31页，记载了曾有一个人有牢狱之灾，找他看手相。王先生凭着那人手相的某处有个“菱形符号，上边的外侧有一上升的线，旁边有二短线”。于是王先生判定此人，曾有过牢狱之灾，并被两个人搭救了。

这种有鼻子有眼的“命中率”，我高度怀疑！

我认为这是傻猜。就是此人确有牢狱之灾，它也只是像众多灾难一样，影响到那个人的心理，或病理，断不可能像王先生说的一样，非要将牢房的“缩影”及2个救命恩人的“缩影”，一直全息“缩影”到手纹上！

模型中医学对手相或面相的态度是：

手、舌、面、耳，可以反映人体的虚、实、寒、热，像脉象一样，粗泛着，大写意着，但从来不可能神神道道在此“缩影定位”。病息是气化层面上的“自由态”“弥散状”，哪能让五脏、六腑、全身的气层面病息，跳到手上、耳上、舌上，以“缩影”的形式集结成一个个所谓的“小人”？

我理直气壮地说：中医是科学，不是巫医！将中医界都得罪肿了，我也实话实说，坚持己见！中医的伟大，不需要靠手相或面相的乱猜胡侃，来增加中医的神秘性。

中医是科学，不是迷信！

第七章 重新发现孟德尔

科学巨人孟德尔（如图7-1），炼就在修道院里。长达8年用豌豆杂交，推导出生命两大基因杂交规律：分离定律、自由组合定律。但当人们重新发现孟德尔，惊讶于他的开天辟地的天才智慧时，伟人谢世已16年了。

图7-1 孟德尔

当我们用数学模型来研究孟德尔的两大定律，却毫无例外地统一在由中国人发现的万有时空位奇数演化公式 $S=2m+1$ 中。两大定律看似不同，背后却高度统一在一起，并可借此推导出更加深刻的基因配子杂交定律。

生物，在基因杂交中自由自在地挥写着生命大写意，纷杂的组合、分离，遮不住数学模型精确的算计。在宏观的器官层面上，数学模型统一显而易见。但当潜在到微观的基因层面，如果再发现这种数学模型的统一，尤其公式表达统一，不知你的感觉如何?

我一直顽固着这样的观点：生命背后有双纤巧无比、威力万能的上帝之巨手，在织着生命的万古"一"脉，让数学模型公式的统一，来证明着一个真理——生物演化数学模型统一论。

一、修道院修出了科学巨人

从19世纪奥地利一座很平常的修道院里，走出了一个伟大的科学巨人：孟德尔。他的著名的豌豆杂交实验，杂交出了生物世界两大遗传规律：分离定律、自由组合定律。

（一）出身寒门

1822年7月22日，孟德尔出生在奥地利西里西亚（现属捷克）的一个贫寒的农民家庭，父亲和母亲都是园艺家。孟德尔受到父母的熏陶，从小很喜爱植物。

当时的欧洲，都是教会办学校。勤奋好学的孟德尔被教会看中，并派他到首都维也纳大学去念书。大学毕业以后的孟德尔，就在当地教会办的一所中学教书。由于备课认真，他很受学生的欢迎。孟德尔受过的相当系统和严格的科学教育和训练，为后来的科学实践打下了坚实的基础。孟德尔经过长期思索认识到，理解那些使遗传性状代代永恒的生物学机制，是揭示生命演化最为本质的东西。

（二）和豌豆结缘

正如下落的苹果，单单砸着了牛顿的头一样，闭花授粉最宜于做生物杂交实验的豌豆，也单单撞着了孟德尔。可以说，好运都让那些有准备的人遇着了。发现自然界奥妙，不可能是随随便便的“偶然”撞大运。

从维也纳大学回来不久，孟德尔就开始了长达8年的豌豆实验。他从许多种子商那里弄来了34个品种的豌豆，从中挑选出22个品种用于实验。它们都具有某种可以相互区分的稳定性状，例如高茎或矮茎、圆粒或皱粒、灰色种皮或白色种皮等。

孟德尔如痴如醉地培植这些豌豆，对不同代豌豆的性状和数目进行细致入微的观察、计数和分析。这需要多么大的耐心和严谨。他酷爱自己的研究工作，经常向前来参观的客人指着豌豆十分自豪地说：“这些都是我的儿女！”

八年寒暑，辛勤汗水，浇灌出丰硕成果。孟德尔发现了生物遗传的基本规律——自由分离定律、自由组合定律。在人类历史上，孟德尔第一次用严格的实验与精确的数学关系式，揭示了生物遗传奥秘的基本规律。

巴斯德说过：“机会总是偏爱有所准备的人。”

孟德尔豌豆实验，刚开始并不是有目的地为探索遗传规律而进行的。他的初衷只是希望获得优良品种，只是试验做着做着，他突然敏锐地思考到了什么，逐步把他的兴趣转向了探索遗传规律。除了豌豆以外，孟德尔还用其他植物作了大量的类似研究，其中包括玉米、紫罗兰和紫茉莉等，以证明他发现的遗传规律具有广谱价值，对多数植物都能适用。

（三）重新发现孟德尔

孟德尔对自己的发现所具有的划时代意义，是坚信不移的。他曾自信地对他的好友说：“看吧，我的时代来到了。”为此，他慎重地重复实验了多年，以期更加臻于完善。1865 年，孟德尔在布鲁恩科学协会的会议厅，将自己的研究成果郑重地向世人公布。可是，孟德尔思维和实验太超前了。尽管与会者绝多数是布鲁恩自然科学协会的会员，既有化学家、地质学家和生物学家，也有植物学家、藻类学家。然而，听众对连篇累牍的数字和繁复枯燥的论证，要么如坠云雾，要么毫无兴趣。他们实在跟不上孟德尔的火箭思维，以致这么伟大的发现，因为世人“不识庐山真面目”，让孟德尔用心血浇灌的成果，一直被埋没了 35 年之久！

1900 年，成为遗传学史乃至生物科学史上划时代的一年。来自三个国家的三位学者同时独立地“重新发现”孟德尔遗传定律。

从此，遗传学进入了孟德尔时代。

孟德尔发现豌豆杂交定律已经上百年了。人类早已将他的因子学说发展成了基因学说，并在遗传学上，取得了今非昔比的辉煌业绩。但没有谁用数学的模型、数学公式的表达，将这两个定律联系起来。这两个定律，仍然在世界各国的中学课本上，独立地孤芳自赏着。尤其那两个耀眼的比例数：

3 ∶ 1

9 ∶ 3 ∶ 3 ∶ 1

本文希望用中医承载的哲学思维模型、数学模型，揭示孟德尔两大定律背后共同的生命演化定律——配子杂交定律。

二、孟德尔第一定律

孟德尔第一定律又叫自由分离定律。这一定律的发现，得益于这样的天才假设：

1. 生命的性状是由遗传因子决定的。这些因子就像一个个独立的颗粒，既不会相互融合，也不会在传递中消灭。

2. 体细胞中遗传因子是成对存在的。就是说，是互为矛盾的遗传因子，控制着同一个性状。这些性状表现为许多成“偶对”存在的生物遗传现象：

高、矮

粗、细

长、短

圆、皱

3. 生物体在形成生殖细胞——配子时，成对的遗传因子彼此分离，分别进入不同的配子中。配子中只含有每对遗传因子中的一个。

4. 受精时，雌、雄配子的结合是随机的。

孟德尔选取了最适宜做实验的材料：豌豆。选用纯种豌豆，它的显性高茎由相同的双因子 DD 组成，产生的配子是 D。隐性矮茎也由相同的双因子 dd 组成，产生的配子是 d。

当纯种高茎豌豆的配子 D，和纯种矮茎豌豆的配子 d，在自由分离中以相同的概率进入同一个配子，那么这个配子形成的细胞，就含有杂合的遗传因子 Dd。因为 D 是显性因子，而 d 是隐性因子，所以，由 Dd 杂合因子控制的子代性状，就表达显性的 D 因子性质。于是产生的子代 Dd，均为高茎。(如图 7－2)

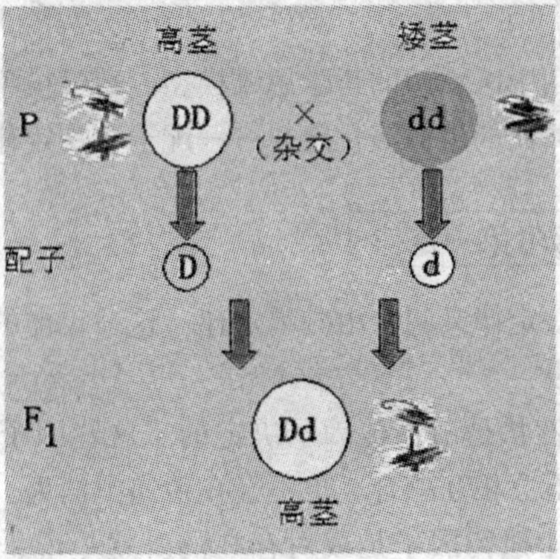

图 7－2　纯种高茎、矮茎杂交

但当子一代高茎的 Dd 进行自交，就产生出四种配子：D、d、D、d，自由组合形成四种决定高矮的配子：DD、Dd、Dd、dd。因为配子 DD、Dd 均表达显性因子 D 的性状，所以，在自交二代中，高茎、矮茎比例表现为：

3 ∶ 1

这就是著名的 3 ∶ 1 分离定律比，是 3 高、1 矮比例。虽然同为高茎，但 DD、Dd 显然不同，一个表达为纯种意义上的高茎 DD，一个表达为杂种意义上的高茎 Dd。所以，现象和本质是不同的。但在子一代 F1 自交产生的子二代 F2 中，体细胞中含有的配子类型

只有三大类：DD、Dd、dd。(如图7-3)

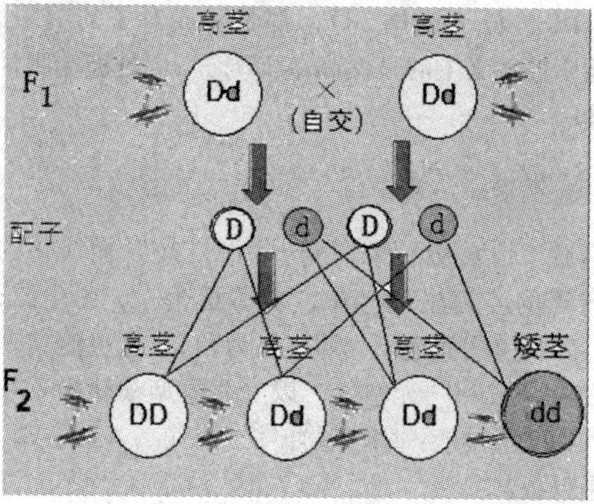

图7-3　高茎杂种自交

如果用中医思维模型来解释，这一定律完全可以解释为：

（一）太极模型一值演化

太极，是中国古典哲学的一个思维模型，表示一个同源物质系演化的共同的起始本源，是一个形质兼备的演化始态物质团。Dd作为自交的母本配子，相当于统一的“太极”精气。它是未来杂交的始端母本，相当于太极。这就决定了，它在未来演化中处于决定地位，就是说，它杂交的后代，也一定以与它相同的子代配子(子太极)，占有最大数量。如DD ∶ Dd ∶ dd的比例为1 ∶ 2 ∶ 1，就说明这一点。

（二）阴阳模型二值演化

所谓阴阳偶对模型，就是太极精气，以“一阴一阳之谓道”而对待演化。对待的意义，在于总是对立的或构成可比较意义上的两类物质或功能属性，形成一个个阴阳“对子”或“偶对”。如左与右，上与下，大与小，明与暗，空与实，高与矮等等。在豌豆杂交实验中，DD、dd（或 D、d），都是互成对子的阴阳偶对模型，一个是极端阳性意义上的显性高茎 DD，一个是极端阴性意义上的隐性矮茎 dd。

（三）三才模型三值演化

三才模型，是太极之源，以“一源三歧”而演化的一个数学模型。在老子的“道生论”中，有“道生一，一生二，二生三，三生万物。万物负阴而抱阳，冲气以为和”。这里的“三生万物”，就是统一太极之“一”元精气，以三才模型演化出了三大类有决定意义上的物质或功能：阴气、冲气、阳气。

冲气是什么？

冲气就是母本太极演化出的子太极。二者高度相同，或相似，只是载体外形可以不同。如种子之胚与种子萌发产生的胚芽，二者本质上高度一致，都含有演生出一个生命新个体的全息胚。亦如受精卵与由此演化出的体细胞，可全息等价，均含有全部的生命遗传物质储备。但外在形态，可以有许多不同。这正是现代克隆技术的理论根源。这说明太极演化具有永恒性。

太极统一精气 Dd，本身潜阴潜阳，潜显潜隐，是一个处于中庸之态的“太极”精气，以三才模型演化出三大类配子：

DD、Dd、dd

任何太极演化，它永远在未来演化系中，仍然处于中心演化位置，并且数量最大，并向两个极端呈对等递减演替。如 DD（1）、Dd（2）、dd（1）。

孟德尔第一定律（分离定律）可表达为：

在生物的体细胞中，控制同一性状的遗传因子成对存在，不相融合；在形成配子时，成对的遗传因子发生分离，分离后的遗传因子分别进入不同的配子中，随配子遗传给后代。

三、孟德尔第二定律

又是同样的豌豆实验材料，孟德尔选择了两对生物性状：黄、绿，圆、皱。显性和隐性因子表示为，大写的字母代表显性（阳），小写的字母代表隐性（阴）：

黄色圆粒：YYRR

绿色皱粒：yyrr

黄色圆粒与绿色皱粒杂交，通过减数分裂，分别产生配子：YR、yr。受精后产生的子一代遗传因子表达为：

YyRr

子一代 YyRr 再通过自交，产生四种配子：YR、Yr、yR、yr，它们之间的数量比为1：1：1：1。受精时，雌雄配子的结合是随机的。雄、雌配子的结合方式有 16 种。遗传因子的组合形式有9类：

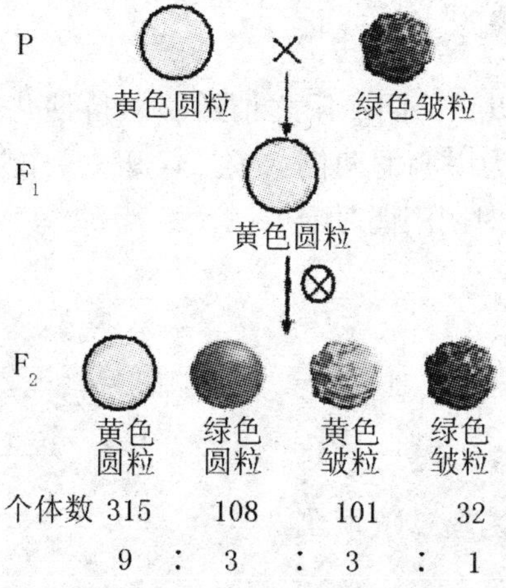

图7-4　黄圆、绿皱豌豆杂交

YYRR、YYRr、YyRR、YyRr、YYrr、Yyrr、yyRR、yyRr、yyrr。

性状表现为 4 种：黄色圆粒（无色）、黄色皱粒（浅灰色）、绿色圆粒（灰色）、绿色皱粒（黑色），它们之间的数量比是 9：3：3：1。（如图 7 -4）

所以，如果用中医模型思维来解释，这一定律完全可以解释为：

（一）太极模型一值演化

YyRr 作为自交的母本配子，相当于统一的“太极”精气。它是未来杂交的始端母本。这就决定了，它在未来演化中处于决定地位：处于演化的中心位置；数量最多。如子二代配子比例大小排列：

YYRR（1）、YYrr（1）、YYRr（2）、YyRR（2）、YyRr（4）、Yyrr（2）、yyRr（2）、yyRR（1）、yyrr（1）。

即 1：1：2：2：4：2：2：1：1

（二）阴阳模型二值演化

太极精气，以“一阴一阳之谓道”对待演化，且总是对立的配子处于以太极为中心的两侧。子二代 9 大类配子，形成以太极 YyRr 为中心的四对阴阳偶对配子：

YYRR、yyrr

YYrr、yyRR

YYRr、yyRr

YyRR、Yyrr

（三）三才模型三值演化

太极统一精气，就是 YyRr，潜含着四种显性、隐性配子 Y、y、R、r。它本身潜阴潜阳，潜显潜隐，是一个处于中庸之态的“太极”精气，以三才模型的“一源三歧”而演化。三才模型存在的证据在于，任何一对阴阳偶对配子，均以太极 YyRr 为中心构成三角式演化。子二代九大类配子，可组成四组三才模型：

YYRR、YyRr、yyrr

YYrr、YyRr、yyRR

YYRr、YyRr、yyRr

YyRR、YyRr、Yyrr

三才模型存在的证据，还表现在，子二代配子形成的数量，是以母本太极模型 YyRr 为最大数量，并向两个极端呈递减变化。(如图 7－5)

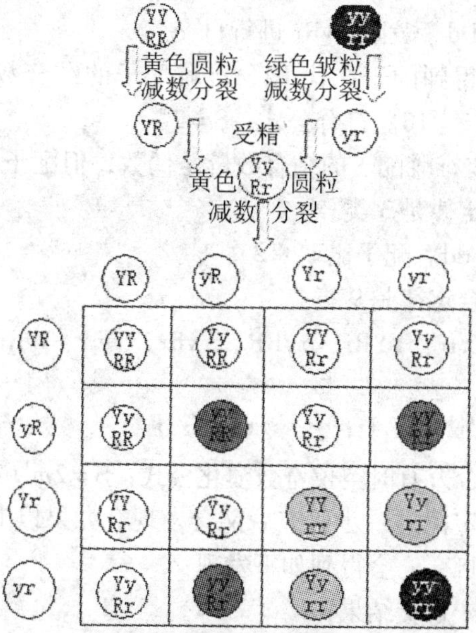

图 7－5　黄色圆粒和绿色皱粒豌豆杂交实验分析图

孟德尔第二定律（自由组合定律）：

控制不同性状的遗传因子的分离和组合是互不干扰的；在形成配子时，决定同一性状的成对的遗传因子彼此分离，决定不同性状的遗传因子自由组合。

四、孟德尔两大定律的统一论

详细研究孟德尔豌豆杂交实验，会发现这两大定律本质是统一的：

1. 实验开始均选取纯种配子。观察第一代 F1，总结第二代 F2。只是分离定律选取的是一对性状高茎 DD、矮茎 dd，而自由组合定律选取的是两对性状黄圆豌豆 YYRR、绿皱豌豆 yyrr。

2. 都用了子一代 F1 进行杂交产生第二代 F2，来进一步发现问题。如用高茎 Dd、黄圆 YyRr 进行自交。

3. 杂交后得到的子二代 F2，雄雌配子的结合数量都是偶数。一个是4，一个是16。符合公式：$S=2^m$

4. 虽然 F2 雄雌配子的结合数量是偶数，但配子的类型却都是**奇数**。如分离定律是3 类：

DD、Dd、dd。配子比 1 ∶ 2 ∶ 1

而自由组合定律是9 类：

YYRR、YYrr、YYRr、YyRR、YyRr、Yyrr、yyRr、yyRR、yyrr

配子比为：

1 ∶ 1 ∶ 2 ∶ 2 ∶ 4 ∶ 2 ∶ 2 ∶ 1 ∶ 1

两者都符合万有时空位奇数演化公式：$S=2m+1$。

自由组合定律进一步研究后又会发现，如果以 F2 的任何一种配子类型进行自交，会得到如下发现：

纯合型配子自交结果：

(1) 纯种自交：如 YYRR、YYrr、yyYY、yyrr，自交后得到的配子数均为16 种。而配子类型均为一类配子，就是自己的母本配子类型。即 YYRR 自交后仍然得到一类配子类型 YYRR，其余类推。

(2) 杂种自交：如 YYRr、YyRr、Yyrr、yyRr，自交后得到的配子数亦为16 种。除了 YyRr 自交后得到9 种配子。其余配子类型均只有三类。即 YYRr 自交得到 YYRR (4)：YYRr (8)：YYrr

(4)，比例为 1 ∶ 2 ∶ 1。YyRr、Yyrr、yyRr 亦如此，只得三类配子，比例仍然是 1 ∶ 2 ∶ 1。

这说明，用 F2 中任何类型的配子进行自交产生的后代，它们的配子组合一定是 16 种，符合偶数演化律 $S = 2^m$。但配子类型数量永远是奇数，符合奇数演化律 $S = 2m + 1$。说明，自由组合定律与分离定律，本质上是相同的。

五、配子演化律

无论自由组合定律或是分离定律，显然都有相同的规律等待我们进一步总结与认识。也许从这两大规律，揭示出更为重大的生物遗传定律。在生命演化背后，总有许多共性规律可开采。杂交的过程，就是生命遗传与变异的过程。所以，从中医学承载的模型思维看来，孟德尔两大定律均符合中医模型思维考证，于是可获得基因配子演化律的假说。此处的配子，就是基因。

配子演化律

1. 配子是同源演化的，它的独立性是不变的。

2. 同源配子，以相对立的二值原则为演化形式。

3. 同源配子与由它演化出的每一对“偶对”配子，均构成严格形式的三角式关系。

4. 同源配子的演化趋势，总是以同源配子为核心，向两极演化，直到演化出绝对意义上的两个极端配子类型，即纯显性、纯隐性配子组合类型。

5. 包括同源母本配子在内的所有潜在演化出的配子类型永远是奇数。

这一定律，完全可以从孟德尔两大规律的统一表达图中读出来。(如图 7 - 6)

图上半部分，表达自由组合定律，下半部分表达分离定律。图上半部分中间的圆（太极），表达自由组合的演化母本配子 YyRr，

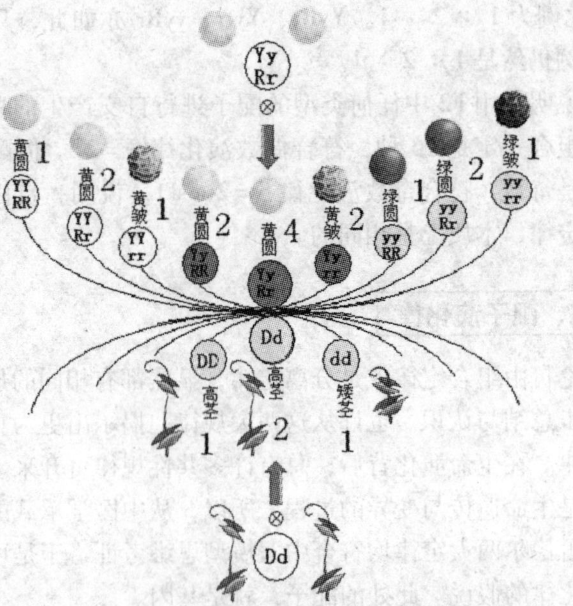

图 7－6　孟德尔两大定律时空位本质统一分布

相当于“太极”核心。图下半部分中间的圆（太极），表达分离的演化母本配子 Dd，亦相当于一个“太极”核心。它们都成为太极核心的依据是：在子代配子数量中占多数，并处于绝对核心位置。并以太极为中心，向两极呈递减演化趋势，直到演化出纯种意义上的极端显性因子、极端隐性因子。如图中的两个极端配子表达：

YYRR（纯显性）、yyrr（纯隐性）

DD（纯显性）、dd（纯隐性）

且显性、隐性之间的比例是 1 ∶ 1。正所谓阴平阳秘也。暗示生物世界里，潜在的显性因子与潜在的隐性因子，它们的数量也许相同。

每一对阴阳偶对，都与中间“太极”构成三角式的三才模型演化。三才模型存在的证据还表达在自由组合定律中，即九种配子类型，相同的配子总是有三类：

YY 型有三类：YYRR、YYRr、YYrr

Yy 型有三类：YyRR、YyRr、Yyrr

yy 型有三类：yyRR、yyRr、yyrr

RR 型有三类：YYRR、YyRR、yyRR

Rr 型有三类：YYRr、YyRr、yyRr

rr 型有三类：YYrr、Yyrr、yyrr

并且，这六大类型的存在，本身亦构成二个三才演化模型：

YY、Yy、yy

RR、Rr、rr

结　论

由此可见，孟德尔两大定律，具有相同的生命演化定律表达：

1. 以母本配子为演化中心。(太极模型)

2. 母本配子总是向着相反的两个方向演化，一个向着极端的纯显性（阳端)，一个向着极端的纯隐性（阴端)。(阴阳模型)

3. 每一对相对待意义上的配子，均与母本配子，构成绝对意义上的“三角式”演化关系。(三才模型)。

4. 子代配子自交产生的配子数，永远是偶数，符合偶数演化公式 $S=2m$ 或 $S=2^m$；而配子类型却永远是奇数，符合万有奇数演化公式 $S=2m+1$。

后　　记

《模型中医学》点睛之笔

由于秉承着这样的理念：以精确的笔，写精确的事。所以，模型中医学不忍心浪费任何读者宝贵的时间，所以不得不收住笔，与大家说声下次再见。但重新扫描一下研究的脉络，实在必要。

一、中医是什么

中医，和任何一个民族医学的发展过程是一样的。从简单的人类自救过程，产生了简单的治疗方法。当需要对这种治疗方法作出解释时，就产生了理论。中医理论最大特点，就是及时容纳当代社会形成的哲学思想，如太极、阴阳、三才、五行等等。中医界高度消化了这种哲学层面上的理论泛泛之论，但却无意识地忽略了这种哲学模型包含着的重要数学模型。所以，中医界几乎每个中医从业人员，都会将中医理论解释得让外行人像听天书一样，“之乎者也”得让人发癫，唯独听不出什么科学道理来。中医人还振振有词地说“哲学高于科学”云云。

所以，中医行业里的语言，一千人一千套版本，哼哼唧唧，云山雾海，不把外行人涮晕菜，好像不叫优秀的中医理论。有一次一个音乐家对我说：“这辈子听不懂中医在说什么。”我回答：“因为中医人都是哲学家。”

所以，二十年的追问，一路辛苦一路歌，我总是问一个老掉牙的问题：“中医是什么?”

找到了，我终于找到了，中医本质，就是哲学大写意的宇宙自然界中，精确的数学符号——一种数学模型。如太极一值演化之“1”，阴阳二值演化之“2”，三才三值演化之“3”，五行五值演化之“5”……以及奇数、偶数演化统一的万有时空位演化公式 $S=2m+1$。

原来，中医理论，是从宇宙万物演化的“数学”模型中，找到了描述宇宙万物的通用语言。难怪中医理论包罗万象，日月通吃，“阴阳者，天地之道也”。

传统中医，用这种数学模型构造了科学的思维模型，在无形的精气层面上，将中医理论打磨得无比精巧。如用太极元态模型，创造了元精、元气理论；用阴阳模型解释宇宙万物演化的动力；用三才模型建造了三阴三阳、三焦学说、脉拭“寸、关、尺”三部；用五行模型，将自然万类一扫光……

中医强调形而上学的“无形之气”层面研究，但却高度忽略了形而下学的“有形之器”层面的研究。就是说，中医界忽略了滋养中医理论产生的宇宙客观世界的准确之“数学模型”。中医人很少追问为什么古人制造了太极、阴阳、三才、五行等哲学思维模型？更没有研究这种思维模型背后精确的宇宙演化所必须服从的数学模型。这真是历史的遗憾。

《模型中医学》，历史性地拾起了这个研究课题——从中医承载的哲学思维模型，寻找宇宙万物演化的万有时空位表达出的统一的数学模型变迁规律。中医的本质，就是模型医学——思维模型、数学模型。而思维模型以哲学家的眼睛看宇宙，蒙眬有余，清楚不足；数学模型以科学家的眼睛看宇宙，清楚有余，蒙眬不足。一个是大写意，一个是素描画。

试想一想，如果没有五行模型，哪个天才的古人，能将舌头折磨成五个“殖民地”与五脏对应？又如何在眼睛上，鼓捣出所谓的“五轮学说”。中医就是用了统一的一套思维模型、数学模型，对任何相对独立的宇宙演化部分，进行统一划分。不管是舌头、耳、眼睛、手掌、每一块骨骼等等，每一相对独立的生命结构单元，也就是张颖清教授所说的“全息胚”，均是按着统一的思维模型、数学模型演化着。这才是中医的实质。

二、研究大方向

从中医承载的思维模型、数学模型、数学公式推导，我们确定了三大方向的学术研究：

模型中医学——用统一的思维模型、数学模型，研究中医理论形成与演进的问题。找到中医理论之灵魂，将任何理论要素都统一起来，并用精确的数学模型，解读它的因果联系。

模型生物学——用统一的思维模型、数学模型，研究每一个相对独立的生命单元或生命演化群落，统一的数学模型表达与公式表达，确立器官层面与基因层面的研究。这将是我们另一本新书《模型生物学》的写作要点。

中医健康设计学——用统一的思维模型、数学模型，研究每一疾病统一的数学模型公式表达。优选法寻找人体健康设计方案。

三、宇宙万有时空位演化

中国古人思考宇宙演化，用了雷同的思维模型：太极、阴阳、三才、五行等。而宇宙演化符合万有时空位演化数学公式 $S=2m+1$。（如图 1－1）

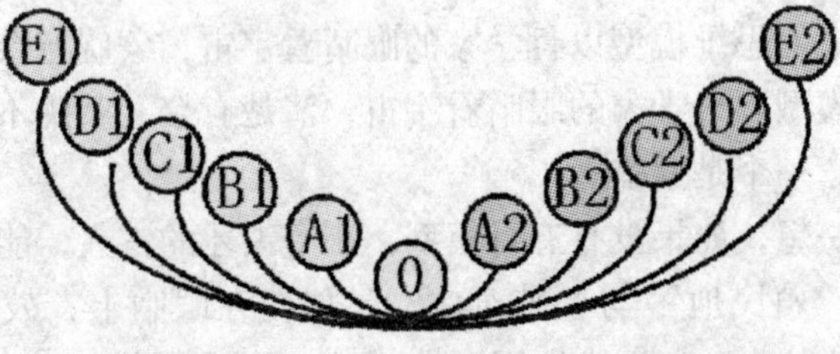

图 1－1　万有时空位演化原则

万物演化，各有起源。大宇宙从统一太极“奇点”演化而来，又分演出无数个星星点点，亿万个演化的子源。是大源套小源，无穷尽演化下去。像种子萌发，再结子代种子。

万物之化，均一气所求。正所谓“统天下一气耳”。气之化，以五行模型而概之：太易、太初、太始、太素、太极。

气之不见，谓之太易；元气始萌，谓之太初；气始成形，谓之太始；形始有质，谓之太素；形、质兼备，谓之太极。五气渐变，谓之五运。

太极，就是任何同源演化的宇宙万物演化的“始端”，可以是化合物，可以是混合物，可以是杂合体，也可以是纯合体。因为它只求是个“始端”，是时间和空间的开始状态。不过是一个“有形有质”的时态。因为太极的意义，就是形、质兼备。

在万有时空位演化简式 $S=2m+1$ 中，这个“1”，指同源“太极”演化物质所需要的中时空位“O”。它可以随遇而安，容纳任何事物——处于演化核心的事物。这就是数学之妙也。太阳系的核心“太阳”、植物的“顶芽”、五指的“中指”、五官之“口”等等。1 之为道，必有规律，规律之设，全在太极也。在宇宙“奇点”这个 1 之太极中，藏着力的较量；在种子胚的基因 1 之太极中，潜在着遗传规律。这就是太极之理也。

四、演化动力

多么希望有一个全能的上帝，一切事全凭老人家一个“万能”就万事大吉了。牛顿当年拼命找上帝的第一推动力。科学家至今也弄不明白，是什么力量，让宇宙“奇点”突然来了个大爆炸，而且让宇宙借此一膨胀就是几百亿年，力量真是够大的。唯物主义强调量变、质变是事物发展的动力，自然是宇宙自己产生的。问题是，是谁赋予了宇宙量变、质变的秉性？正如学术界一直坚持万有引力，是由一种叫引力子的“东西”产生，但到现在也没有谁发现或证明引力子的存在。正电荷、负电荷，一见面就碰头打仗产生出“电引力”，是谁赋予了电荷的“正、负”性？

其实，找到了宇宙物质与反物质、正与负的物质存在原因，其实就找到了宇宙演化的动力。因为正是这些看似平常的“阴阳”

属性的产生，才产生了阴阳相互运动，才产生了万物演化的动力。

模型中医学认为，气的运动产生的“气化”，是产生宇宙演化的动力。也许是由于宇宙演化，存进了一些必然的演化规律，或模型，如宇宙演化的物理学、化学的定律、宇宙常数，才是宇宙演化的动力。问什么是宇宙演化的动力，不如问，为什么宇宙存在着这些常数或定律公式。如 $S = 2m + 1$。是什么原因，让太极之“1”以演化出相对待的物质或物质属性为存在依据?

简言之，解析了宇宙演化模型存在的原因，也就理解了宇宙为什么如此演化有“力”，并且如此炮制！在没弄清以前，假设一位全能的上帝存在，实在是妙不可言的美事。

五、模型论

显然，中医学是比较可靠的唯物主义者。它破天荒地在科学水平不发达的古代，就聪明嫁接了古典哲学的许多概念，如道、太极、阴阳、三才之流；并巧妙地将这些哲学思维模型化，最后是数学化。让数学公式，作为最终仲裁者；使中医由于与数学接轨，昂首迈进了科学的殿堂。

太极之一，显然可数化成“1”，代表万物演化同源，或从一个始态演化而来。问题是，太极性质是什么？就是它的“精华”性，唯一性，永恒性，变异性。它是形质兼备的“绅士”，含有物质演化的定律、法则、公式等。

阴阳之二，显然可数化为“2”，说明太极之物，一阴一阳之谓道，演化出以太极为坐标“元”点的阴阳偶对。如中医成对子的所谓“偶对”概念：营与卫；寒与热；痰与饮；虚与实；表与里；气与血；燥与湿；津与液；郁与疏等等，无不是阴阳模型的偶对演化。中医许多辨证，也多是阴阳的“翻版”——**八纲**辨证、**卫气营血**辨证、**气血津液**辨证、**六经**辨证等。

三才、五行之三、五，显然可数化为“3、5”。本书极力宣扬三才、五行的一体两制，并高度赞扬三才的基础作用。因为五行，是三才的倍二演化。所以，整个中医学，一个太极，一个阴阳偶对演化，一个三才，足够了。五行？可以用三才造也，“二三得五”嘛！两个三才模型，共中轴演化，就是五行。如五指可解析出两个三才模型：

内三才模型——食指、**中指**、无名指；

外三才模型——拇指、**中指**、小指。

中指，成为手掌之“指数”共中轴演化的“中流砥柱”，具有“顶端优势”。

这里不禁要问，为什么研究模型，不研究原型？

问得好，问得妙。

宇宙演化，在真实的“原型”上，千姿百态，奇形怪状。有的呈线性演化，有的呈面性演化，有的呈球状演化，所以，在原型上统一宇宙物质演化，有难度，或者说不可能。如果追求原型上的统一，连一片叶子也难统一。所以，从唯物主义的真实中研究原型统一，我们做不到。但抛开原型，在宇宙真实的物质原型背后的“模型”上，却完全有可能统一。人类的五指、植物的五瓣花，在原型上毫无统一的可能，但抛开原型之“真”，却完全可以在模型上，统一于数学模型之“5”。可以说，模型是抛开宇宙物质真实之后抽象出的表达宇宙演化的灵魂或精神。人类一不小心，就升华了认识宇宙的方法论，让模型思维成为解释或代表宇宙万物的主心骨。不是吗？人类知识，无不是模型——语言、意识、数学、元素符号、DNA 链、电子轨道、太阳系图等等。我们是将宇宙万物的模型符号搬进了教室，而不是把真实的火星、北极熊搬进了教室。你我读的一本书，恰恰是包罗万象，广纳宇宙之模型——思维模型、数学模型，唯独不是宇宙本身。

可以说，人类的精神文明，是靠模型思维，支起了认识骨架。因为从模型中，能抽象出宇宙万物演化的本质。正如从生物界人类抽象出了统一的遗传基因密码。也正如，当年莱布尼兹，从复杂的宇宙万物原型中，抽出了两大数学模型符号“0、1”，构造了他天才的计算机二进制语言。中华民族，用了五个笔画“横、竖、撇、点、折”，酿造了优美的汉字。英语用二十六个字母之“模型”，构置了世界最流行的语言——英语。

六、模型中医学历史性贡献

模型中医学，在中医史上作出了历史性的突出贡献。

（一）创新了中医研究策略

第一次将中医哲学思维模型，升华为数学模型。因为哲学具有综括性、蒙眬性、简约性；而数学具有准确性、求实性、描述性。中医几千年，只是从中医有效性上，大致找到了她的价值，充其量是哲学层面上的定性“大写意”手法。而数学模型的精确度量，却是定量研究的“素描”手法。

传统中医研究行为，只是从有效性上，定性研究中医。或以西医的方式做动物实验，取得现代医学的结果，然后再拿中医理论作肤浅的解释。可以说，各大、中中医院校的研究行为均是如此。既没有贡献出原创理论，也没开创临床先河。可以说，中医界是在吃祖宗的饭，原创性贡献太少。

而模型中医学，研究的方式发生了革命性变化。她已经承认传播几千年的中医本来就是科学的。从这个大前提出发，用中医积淀的思维模型、数学模型，推导出准确的数学公式，以这个数学公式，再去重新提升中医理论的科学构架，并用这个公式，去解读生命演化的数学模型规律，开拓全新的中医研究领域。

模型中医学，找到了中医学的本质，就是从宇宙演化中，塑造了一整套思维模型、数学模型。中医本质就是“模型医学”。它看任何事物都用了相同的一套模型。所以，模型中医学，从眼、耳、鼻、舌、身等任何一个人体结构器官，读出了相同的意义——模型思维。这些相对独立的器官，功能各异，但却是统一的数学模型演化的结果。结构不同，但数学模型相同。

（二）统一了两大哲学流派

道生论，强调“三生万物”的三才模型奇数演化律；太极说，强调“一阴一阳之谓道”的阴阳模型偶数演化律。这两大哲学流派，研究切入点相同：

（1）强调同源演化；

（2）强调“数”的演化。

只不过，道生论强调物质的奇数演化，奇数演化律公式表达为 $S=2m+1$。太极说强调物质的偶数演化，偶数演化律公式表达为 $S=2^m$。

但在物质背后，无论奇数演化或是偶数演化，却高度统一——万有时空位奇数演化原则 $S=2m+1$。这正是宇宙万物，无论奇数演化，无论偶数演化，背后统一的时空位演化表达。

在此，中医历史上两大哲学流派——道生论的“三生万物”、太极说的“一阴一阳之谓道”，两个最光辉的哲学命题，终于握手言和，豁然而解。它们都从准确的演化“奇、偶”二相性上，研究宇宙演化。宇宙物质演化，要么奇数演化，要么偶数演化，无一例外。

受精卵在胚元时期，一个细胞一定演变成两个细胞，符合偶数演化，是太极模型的偶数演化。氢元素的同位素氕，就呈偶数演化出一对粒子——带正电的质子、带负电的电子，没有中子。所以说，“阴阳者，一分为二也”，太极模型，确实具有宇宙学演化意义。

而风水轮流转。当受精卵演化出的胎元细胞足够多，多到足以用三才的模型而演化出“三胚层”，符合奇数演化，这就是道生论的奇数演化。奇数演化是宇宙演化的主旋律。

但物质的奇数演化、偶数演化，阻挡不了物质背后统一的万有时空位奇数演化原则。这正是奇数、偶数统一本质研究——抛弃物质层面上的真实，研究物质背后统一的时空、空间位置的统一，就是“时空位”的统一。

（三）统一了奇数演化与偶数演化

如果究于真实的“物”层面，那么物质奇数、偶数演化肯定不可能统一。但拨开“物”的浮云，背后却高度统一在万有时空位奇数演化中。

是什么意思？

如四瓣花、五瓣花，二者均是同源自己的“1”之花蕾演化，但却外在花瓣奇数、偶数不等。四瓣花以偶数之“4”演化；五瓣花以奇数之“5”演化。但四瓣花，是两个“偶对”花瓣对立开放，让中时空位“O”虚空，或成了摆设唱了“空城计”。而五瓣花，有两个“偶对”花瓣对立开放，但又有一个花瓣占有中时空位“O”，就是说中时空位“O”是充实的。

所以，四瓣花、五瓣花，在花的真实演化的瓣数“4”“5”上，永远统一不起来。但在花瓣背后的时空位却是高度统一于 $S=2m+1$。

其中之“1”，就是中时空位O——万物演化，均以一个核心为演化支点。

因为中时空位O，无论是虚、实，空、有，均是客观存在的。正如正数、负数的成立条件，一定假设时空位“零”的存在。阴阳模型成立的前提，恰恰先预设有一个“中立”的中时空位“O”的存在。我们常常只顾及阴阳情绪化的“水火不相容”，而忽视了阴阳存在的大前提是“中立”位置的假设。中立意义上的“O”点存在，恰恰是阴阳存在的前提。如为什么有左臂、右臂，因为先有中间的“脊椎”存在。左眼、右眼，右耳、右耳的成立条件，因为有中间的“口”作为定位器官。1个中时空位“O”，不因物质的奇、偶数的差异而存在。

这正是四瓣花、五瓣花背后统一于万有时空位演化原则的原因。

物质奇数演化、偶数演化，统一于背后相同的万有时空位奇数演化。“太极说”与“道生论”，这两大哲学流派终于统一了。而“道生论”的“三生万物”，最终更胜一畴，因为它本身就符合万有时空位奇数演化，它本身又包含着太极说的偶数演化。“三生万物”的宇宙“三元式”或“三角式”演化模型，是宇宙一个伟大的演化原则，是宇宙真理。宇宙因为三方力量的互存，让它在演化中始终能够找到更加“稳定”的结合点。对立的极端，总是以“中势”为存在的条件。左派、右派、中间派，是对人类思维差异中的三元界定。宇宙中，只有极端的“阴阳”两体是少数的。除了氢元素只有电子、质子，其余的宇宙元素，均是“三权分立”：电子（负电）、中子（不带电）、质子（正电）。

（四）找到了中医理论演化模型统一

这种统一，首先是哲学思维模型的统一共享。无论中医诊断、治疗、处方用药，都用了相同的太极模型的“元气、元精”理论，用了相同的阴阳、五行理论。太极、阴阳、三才、五行，依次演替出数学模型的一值演化原则、二值演化原则、三值演化原则、五值演化原则等等。由于这些数学值牢牢地统一于万有时空位演化公式 $S=2m+1$ 中，所以，证明了中医理论，从数学逻辑上论证也是科学可靠的。

（五）推导出生物演化数学模型统一

这是一个大的突破：每一相对独立的生物演化单元或演化群落，均以相同的哲学思维模型、数学模型而演化，并且统一于万有时空位奇数演化原则。如四肢骨、头盖骨、脊椎骨、牙骨、五官、九窍，植物的根、茎、叶、花、果等每一器官或器官演化群落，而且无论在器官层面上，或是基因层面上，均以统一的数学模型、数学公式 $S=2m+1$ 而演化。

七、宇宙演化模型统一论

杨振宁博士，诺贝尔奖获得者，强力批判中国人受《易》的影响，受“天人合一”的影响，误认为“天人同道”。

是的，天有天道，人有人道。天、人，生命与非生命，演化的定律不一样，哪能“志同道合”，演化同理？

当年，山东莒县党校王存臻老师提出了“宇宙全息统一论”，是继张颖清教授提出“生物全息论”之后，又一大论，让中国学术界眼前一亮。问题是，宇宙到底全息在哪里？量变质变律，已经让任何独立意义上宇宙单元，不可能具有相同的信息存在。就是同一轨道上的两个最相似的电子，自旋方向却相反。我们渴望中国学术的新学说层出不穷。在沉默中，每一个学说都在经受时间的考验。

我们细细考虑过没有，天人一体观，是中华民族潜意识中的主旋律？问题不是提出“全息”的过错，而是我们问过没有，中国人的天人一体观，到底指什么？是物质层面上的，或是精神层面上的；是物理的、化学的、数学的，或是指什么？

模型中医学，找到了答案：宇宙演化模型统一论。

它用了相同的模型，来研究宇宙的一切——生命与非生命。万物演化有“道”。这个道，就是哲学思维，包括思维模型、数学模型。而数学模型，恰到好处地可以上升为数学公式，用数学公式来看宇宙万物的演化。本书提出了“万有时空位奇数演化原则”，其本质就是“宇宙演化模型统一论”。如果宇宙演化不是按着统一的思维模型、数学模型演化，中医有何理由说“阴阳者，天地之道也”？阴阳的“天地通吃”，早已潜含着宇宙演化模型是统一的。

中医的理论底线，就是万物演化同理同说：以相同的思维模型、数学模型而演化。找到了这些数学模型的公式表达，就找到了宇宙万物演化精确的数学公式表达。上帝的万能性，恰恰上帝是个最高明的设计师——用同一个数学公式，表达万物演化的数学模型迁演律。这种规律的表达，就是万有时空位奇数演化公式：

$S=2m+1$。

参考文献

[1] 张其成．易道主干［M］．北京：中国书店，1999：10－11.

[2] 王全年，管春荣，李秀美，等．走近中医［M］．北京：中医古籍出版社，2004：131.

[3] 恩格斯．自然辩证法［M］．北京：人民出版社，1955：256.

[4] 张其成．生命的“二体三用”模型［J］．北京中医药大学学报，1997，20（1）：24.

[5] 杨光华，等．中医临床思维研究［M］．南昌：江西科学技术出版社，1992：188.

[6] 朱明，戴琪．命门动静观［J］．北京中医药大学学报，2000，23（5）：5.

[7] 孙广仁，等．中医基础理论［M］．北京：中国中医药出版社，2002：222.

[8] 卢炬甫．天文万花筒［M］．北京：中国少年儿童出版社，1990：27.

[9] 祝世讷．五行学说的方法论价值［J］．山东中医学院学报，1998，12（1）：5.

[10] 赵友琴．中医的三个数学模型［J］．山东中医学院学报，1981（4）：39－40.

[11] 夏桂成．七、五、三奇数律与女性生殖生理关系之初探［J］．南京中医药大学学报，1997，13（3）：133－134.

[12] 王全年，管春荣，李秀美，等．走近中医［M］．北京：中医古籍出版社，2004：205.

[13] 黄明．花色及其变化［J］．生物学通报，1992（10）：17.

[14] 王全年，管春荣，李秀美，等．走近中医［M］．北京：中医古籍出版社，2004：266.

[15] 刘洪宾，黄磊．树木年轮中的秘密［J］．百科知识，2007，5.

[16] ［美］StanleyL. Weinberg. 生物学——对生命本质的探讨［M］．北京：

人民教育出版社，1981：115.
［17］李道云，刘德兵．花的颜色为何各不相同［J］．湖北中小学实验室，1998，6（8）：14.
［18］黄明．花色及其变化［J］．生物学通报，1992（10）：15.
［19］小钱．探索花色的秘密［J］．科学世界，1993（1）：12.
［20］牛建昭．组织与胚胎学［M］．北京：人民卫生出版社，2002：43.
［21］河北师范大学生物系，遗传育种教研组．生物进化论［M］．北京：人民教育出版社，1975：58－59.
［22］田清涞．普通生物学［M］．北京：海洋出版社，2000：420.
［23］何晓晖，等．中医基础理论［M］．北京：人民卫生出版社，2005：40.
［24］马文辉．“三阴三阳”是“兼三才而两之”［N］．中国中医药报，2006：8.
［25］田清涞．普通生物学［M］．北京：海洋出版社，2001：319.
［26］牛建昭．组织与胚胎学［M］．北京：人民卫生出版社，2002：23.
［27］王全年，刘毓健，李秀美．中国圈里的生命思考［M］．北京：中医古籍出版社，2005：171.
［28］高英茂．组织学与胚胎学［M］．北京：高等教育出版社，2004：117.
［29］牛建昭．组织学与胚胎学［M］．北京：人民卫生出版社，2002：284.
［30］牛建昭．组织学与胚胎学［M］．北京：人民卫生出版社，2002：185.
［31］田清涞．普通生物学［M］．北京：海洋出版社，2001：448.
［32］高英茂．组织学与胚胎学［M］．北京：高等教育出版社，2004：167.
［33］张颖清．生物全息律、全息胚学说与经络的实质［J］．山东中医学院学报，1987，11（1）：6.
［34］张颖清，等．第三届国际全息生物学学术讨论会文集［M］．青岛：青岛出版社，1996：6.
［35］张颖清，等．第三届国际全息生物学学术讨论会文集［M］．青岛：青岛出版社，1996：6－7.

跋

我院青年教师王全年博士，和他的夫人李秀美教师，写出了一本《模型中医学》。从模型的视野，解读中医之奥、生命之妙。

该书研究的方法独特，寻找中医承载的哲学模型“道、易、一、太极、阴阳、三才、五行”等，并将哲学模型演替成数学模型，推导数学模型中的数学公式。最后用数学公式，推演生命演化的成因、动力、模型、规律。用人体生命演生事实，如生命演化大论，反证这种研究的正确性，并间接证明了中医理论的科学性。

模型中医学与传统中医学有显然的差别：

传统中医学，重视理论在哲学领域里诠释，并重点关注这种理论指导下的有效实用性。而模型中医学，将传统的中医哲学理念模型化、数学化，重点在生命演化中求证，如生物杂交、骨骼演化、脏腑演化等，找到这种模型、模型的数学表达、公式表达。传统中医学，重视理论在无形精气方面的构建与应用，重视“气”层面的理论圆通；模型中医学，重视理论在有形器官方面的寻找与求证，重视“器”层面上的科学论证。

庄子曰：“通天下一气耳。”有形也是气，无形也是气。《模型中医学》重点锁定在有形器官演化模型与规律的研究中，这无疑拓宽了中医研究领域。其学术价值是显而易见的。

牛　阳

2009 年元旦

宁夏医科大学中医学院